Hans-Heinrich Voigt
Das Universum

Planeten – Sterne – Galaxien

Mit 28 Abbildungen und 8 Tabellen

Philipp Reclam jun. Stuttgart

Umschlagabbildung:
Sternschnuppe vor dem Hintergrund
des Andromedanebels

Universal-Bibliothek Nr. 5228
Alle Rechte vorbehalten
© 1994 Philipp Reclam jun. GmbH & Co., Stuttgart
Satz: Utesch Satztechnik GmbH, Hamburg
Druck und Bindung: Reclam, Ditzingen. Printed in Germany 1994
RECLAM und UNIVERSAL-BIBLIOTHEK sind eingetragene
Warenzeichen der Philipp Reclam jun. GmbH & Co., Stuttgart
ISBN 3-15-005228-9

Inhalt

Vorwort

Ein Überblick über das weite Feld der Astronomie für einen breiteren Leserkreis kann nach ganz unterschiedlichen Gesichtspunkten erfolgen. Es gibt herrliche Bildbände, die in farbigen Aufnahmen die Wunderwelt der Sterne darbieten. Es gibt Nachschlage- und Handbücher, in denen viele Fakten und Daten konzentriert und tabellarisch zusammengestellt sind. Es gibt Bücher, die in erzählendem Plauderton durch die Welt der Planeten, Sterne und Galaxien führen und die Vielfalt dessen, was es im Kosmos gibt, dem Leser nahebringen. Schließlich gibt es Bücher, die gezielt einzelne Themen herausgreifen und bevorzugt solche Gebiete der Astronomie beschreiben, die gerade im Zentrum der Forschung stehen und spektakuläre Ergebnisse erzielt haben.

Das vorliegende Büchlein hat eine etwas andere Zielrichtung. Es behandelt das ganze Spektrum kosmischer Objekte, konzentriert sich dabei aber weniger auf neueste, aufregende Erkenntnisse, sondern stärker auf die Grundlagen. Wichtige astronomische Fachausdrücke werden erläutert, und um möglichst viel Stoff bei vorgegebenem Umfang bringen zu können und Zusammenhänge deutlich zu machen, ist der Text konzentriert geschrieben und enthält zahlreiche Querverweise. Vor allem aber werden nicht nur die Fakten genannt, sondern es wird versucht, auch die Physik, die hinter den Fakten steht, verständlich und plausibel zu machen – teils direkt, teils durch Analogien, teils durch Hinweise auf bekannte Erscheinungen unseres täglichen Lebens. Wie weit dies im einzelnen gelungen ist, mag der Leser entscheiden.

Mein besonderer Dank gilt Frau Ursula Hermann, die das Manuskript auf sprachliche Sauberkeit und Verständlichkeit hin durchgesehen hat, und meiner Tochter Barbara für gründliches Korrekturlesen.

Göttingen, Oktober 1993   *H.-H. V.*

1 Sphärische Astronomie

(Die Vorgänge an der scheinbaren Himmelskugel)

1.1 Erdrotation und Koordinatennetz

Der Himmel erscheint uns als eine große Kugel, in deren Mittelpunkt wir stehen. An dieser Himmelskugel spielen sich allerhand Bewegungen ab, und die Beschreibung all dieser Vorgänge bezeichnen wir als *sphärische Astronomie*. Sie dienen uns unter anderem als Grundlage für die Zeitmessung und für den Kalender.

Als erstes stellen wir fest, daß Sonne, Mond und alle Sterne im Osten aufgehen, im Laufe eines Tages oder einer Nacht über den Himmel wandern und im Westen wieder untergehen. Während man früher glaubte, das Himmelsgewölbe drehe sich wirklich in 24 Stunden einmal herum, wissen wir heute, daß wir hier lediglich die Widerspiegelung der Erdrotation beobachten. In der Sprache halten sich alte Vorstellungen sehr lange, und darum reden wir auch heute noch vom *Auf-* und *Untergang* der Sonne und der Sterne.

Diese Erdrotation liefert uns zunächst einmal eine bequeme Möglichkeit, am Himmel ein Koordinatensystem festzulegen, mit dessen Hilfe wir uns dort besser zurechtfinden können. Wenn wir die Rotationsachse der Erde, ihre Polachse, verlängern, so trifft sie am Himmel auf den *Himmelspol*, der bei uns im Norden sehr nahe beim Polarstern liegt. Dieser liefert uns also stets die Nordrichtung. Um diesen Himmelspol dreht sich (scheinbar) das ganze Himmelsgewölbe. Am Südpol des Himmels steht leider kein heller Stern, so daß es für Seefahrer in südlichen Breiten sehr viel schwieriger ist, die Nord-Süd-Richtung festzulegen. Sie benutzen das Sternbild *Kreuz des Südens,* mit dessen Hilfe man den Südpol finden kann, wenn man die große Achse des Kreuzes 4½mal verlängert.

Stellen wir uns nun im Mittelpunkt der Erde eine Lichtquelle vor, die das irdische Koordinatennetz der geographischen Breiten und Längen an den Himmel projiziert, so erhalten wir dort das am meisten benutzte Koordinatensystem der Astronomen, das *Äquatorsystem*. Den an den Himmel projizierten Erdäquator nennen wir dementsprechend den *Himmelsäquator*. Wenn die Sonne am Himmelsäquator steht (am Frühlings- und am Herbstanfang), steht sie genau senkrecht über dem Erdäquator. Nun können wir auch die Koordinaten definieren. Den Abstand eines Sterns vom Himmelsäquator nennen wir seine *Deklination*, sie entspricht also genau der geographischen Breite (Abstand vom Erdäquator), und ebenso wie auf der Erde reden wir von nördlicher (Vorzeichen +) oder südlicher Deklination (Vorzeichen −). Die Deklinationen reichen also von +90° (Nordpol) bis −90° (Südpol). Zur Festlegung der geographischen Länge benötigt man auf der Erde einen bestimmten Längenkreis, von dem aus man zählt, und man hat sich 1884 auf den Längenkreis durch Greenwich geeinigt. Dasselbe müssen wir am Himmel tun, und hier wählen wir denjenigen Längenkreis, der durch den *Frühlingspunkt* geht, das ist der Punkt, an dem die Sonne am Frühlingsanfang steht, wenn sie auf ihrer jährlichen Bahn den Himmelsäquator kreuzt. Den Abstand eines Sterns von diesem »Null-Kreis« nennen wir seine *Rektaszension*. Man kann sie, wie die geographische Länge von 0° bis 360° zählen. Da sich aber das Himmelsgewölbe mitsamt dem darauf liegenden Frühlingspunkt einmal in 24 Stunden herumdreht und da wir diese Bewegung mit der Uhr messen, haben die Astronomen sich angewöhnt, diese Koordinate nicht in Winkelmaß, sondern in Zeitmaß anzugeben, also von 0^h bis 24^h. 24 Stunden entsprechen also 360°, und damit $1^h = 15°$, 1^m (Zeitminute) = 15′ (Bogenminute) und 1^s (Zeitsekunde) = 15″ (Bogensekunde). Etwas Analoges tun wir auch auf der Erde: die geographische Länge von Görlitz beträgt 15°, und dem entspricht eine Stunde Zeitunter-

schied (Greenwicher Zeit und mitteleuropäische Zeit MEZ;
→1.3).

Für einen Beobachter am Nordpol steht der Himmelspol genau im *Zenit*, so nennen wir den Punkt am Himmel, der senkrecht über dem Beobachter steht. Der Himmelsäquator liegt im Horizont des Beobachters. Alle Sterne beschreiben Kreise um den Himmelspol, sie kreisen also am Himmel, bleiben dabei aber immer in gleicher Höhe. Kein Stern geht auf oder unter. Die nördlichen Sterne sind immer zu sehen, die südlichen Sterne niemals. Ganz anders am Äquator: Jetzt liegen die beiden Pole des Himmels einander gegenüber im Horizont, der Himmelsäquator steigt genau im Osten senkrecht auf, geht über den Beobachter hinweg durch seinen Zenit und verschwindet wieder senkrecht genau im Westen. Alle Sterne gehen auf, bleiben genau 12 Stunden über dem Horizont und gehen wieder unter.

In Deutschland nehmen wir eine Zwischenstellung ein. Der Nordpol des Himmels steht etwa 50° über dem Horizont genau im Norden. Der Himmelsäquator startet wieder im Osten, verläuft aber nun schräg am Himmel und endet wieder im Westen. Er wird genau charakterisiert durch die Bahn der Sonne am Frühlings- und am Herbstanfang im Laufe eines Tages, denn zu diesen beiden Daten steht die Sonne im Äquator. Sie ist 12 Stunden über und 12 Stunden unter dem Horizont, darum sprechen wir auch von *Frühlings- und Herbst-Tag-und-Nacht-Gleiche,* oder von den *Äquinoktien.* Die Sterne nördlich des Äquators sind länger als 12 Stunden über und dafür kürzer als 12 Stunden unter dem Horizont (z.B. die Sonne im Sommer), bis schließlich eine Bahn kommt, die bei ihrer täglichen Bewegung gerade den Nordhorizont berührt. Sterne, die noch weiter nördlich kreisen und sich in immer engeren Bahnen um den Polarstern bewegen, gehen nie unter, wir nennen sie *Zirkumpolarsterne.* Dazu gehört bei uns zum Beispiel der *Große Wagen.* Die Sterne südlich des Äquators sind immer kürzere Zeit über dem Horizont (z.B. die Sonne im Winter), bis auch hier schließlich

eine Grenze erreicht wird. Sterne noch näher am Südpol
bleiben für uns immer unter dem Horizont, wir bekommen
sie niemals zu sehen.

1.2 **Sternzeit**

Die (scheinbare) tägliche Bewegung der Sonne und der Sterne infolge der Erdrotation dient als Grundlage unserer Zeitmessung. Jeder weiß, in einem Tag dreht sich die Erde einmal um ihre Achse. Diese Aussage gilt streng nur in bezug
auf die Himmelssphäre, also auf die Fixsterne. Wir betrachten einen Stern, der genau im Süden, wir sagen im *Meridian*,
steht. Als Folge der Erdrotation wandert er dann nach Westen, geht dort unter, geht nach einiger Zeit im Osten wieder
auf und steht schließlich wieder im Meridian, wenn die Erde
sich um 360° gedreht hat. Diese Zeit von einem Meridiandurchgang des Sterns bis zum nächsten nennen wir einen
Sterntag und teilen ihn in 24 Stunden zu je 60 Minuten ein.
Die Astronomen benutzen jedoch als Ausgangspunkt der
Sternzeit nicht einen bestimmten Stern, sondern den oben
beschriebenen Frühlingspunkt. Wenn dieser genau im Meridian steht, ist es 0^h Sternzeit. Ist er 15° weitergewandert, ist
eine Stunde Sternzeit vergangen, es ist 1^h Sternzeit usw. Den
Winkel zwischen dem momentanen Ort eines Sterns und
dem Meridian nennen wir seinen *Stundenwinkel*, und so ist
die Sternzeit identisch mit dem Stundenwinkel des Frühlingspunktes. Alle Sternwarten besitzen Sternzeituhren, mit
denen man aus den gegebenen Koordinaten eines Sterns
dessen momentanen Stundenwinkel berechnen und danach
das Fernrohr einstellen kann.
Die Bezeichnung »Sterntag« ist sprachlich nicht ganz korrekt. Eine kleine Korrektur ist notwendig. Wegen des
Schwankens der Erdachse (→1.6) ist der Frühlingspunkt
kein wirklich fester Punkt an der Himmelssphäre, sondern

wandert ganz langsam auf einem Kreis über den Himmel. Der nach dem Frühlingspunkt orientierte Sterntag entspricht darum nicht ganz genau der Rotation der Erde um exakt 360°. Die wirkliche Rotationszeit der Erde (der sog. *siderische*, also nach den wirklichen Sternen bestimmte Tag) ist 0,0084 oder rund $1/100$ Sekunde kürzer als der durch den Frühlingspunkt definierte Sterntag.

1.3 Sonnenzeit

Die Sonne bewegt sich, wie im nächsten Abschnitt genauer beschrieben wird, im Laufe eines Jahres durch alle Sternbilder des Tierkreises. Das hat zur Folge, daß der Beginn des Sterntags (0^h Sternzeit; Meridiandurchgang des Frühlingspunktes, →1.2) im Laufe eines Jahres durch alle Tageszeiten wandert. Die Sternzeit ist darum – so wichtig sie für die Astronomie ist – für unser tägliches Leben ganz ungeeignet. Unsere Uhren müssen den Tageszeiten, also dem Lauf der Sonne angepaßt werden. Wir definieren darum ganz analog 0^h *wahre Sonnenzeit,* wenn die Sonne genau im Süden, im Meridian steht. Die Zeit zwischen zwei Meridiandurchgängen der Sonne entspricht einem Sonnentag. Den Unterschied zwischen Stern- und Sonnenzeit machen wir uns leicht klar. Wir gehen aus von dem Zeitpunkt, an dem die Sonne genau im Frühlingspunkt steht. Wenn die Erde sich dann einmal um ihre Achse gedreht hat, steht der Frühlingspunkt wieder im Süden (ein Sterntag ist vergangen). In dieser Zeit ist die Sonne aber schon ein klein wenig weitergewandert, und die Erde muß sich noch 4 Minuten länger drehen, ehe die Sonne wieder im Süden steht. Der Sonnentag ist also 4 Minuten länger als ein Sterntag (genau: $3^m 56^s,55$), die Sternzeit läuft etwas schneller als die Sonnenzeit.
Die wahre Sonnenzeit wird von den Sonnenuhren angezeigt. Aber auch sie ist für unser tägliches Leben noch nicht geeig-

net. Wegen der ellipsenförmigen Bahn der Erde (→2.2) und wegen der schiefen Lage der Erdachse (→1.5) läuft die Sonne mit unterschiedlicher Geschwindigkeit über unseren Himmel. Die wahren Sonnentage sind im Laufe eines Jahres verschieden lang. Die Astronomen haben darum eine fiktive *mittlere Sonne* eingeführt, die im Laufe eines Jahres mit konstanter Geschwindigkeit einmal um den Himmelsäquator herumläuft. Der Unterschied zwischen der mittleren Sonne und der wahren Sonne heißt *Zeitgleichung*, die bis zu 16 Minuten betragen kann. Mitte Februar geht die Sonnenuhr etwa eine Viertelstunde nach, Anfang November eine Viertelstunde vor.

Ferner hat man beschlossen, den Sonnentag nicht mittags, wenn die Sonne im Meridian steht, beginnen zu lassen, sondern 12 Stunden später, wenn sie ihren tiefsten Stand erreicht. Damit wird der Datumswechsel in die Nacht verlegt.

Und nun fehlt nur noch ein Schritt bis zu der Zeit, die unsere Uhren anzeigen. Nach der bisherigen Festlegung gilt für jede geographische Länge eine eigene Sonnenzeit, und in der Tat, bis Ende des vorigen Jahrhunderts hatten alle größeren Städte (Hamburg, Köln, München u. a.) ihre eigene Zeit, die sogenannte *mittlere Ortszeit*. Im Zuge des zunehmenden Verkehrs erwies sich das als unzweckmäßig, man denke nur an die Aufstellung der Eisenbahnfahrpläne. Darum wurden 1893 weltweit die *Zonenzeiten* eingeführt: Bereiche von jeweils 15° geographischer Länge – das entspricht einer Stunde im Zeitmaß – wurden zu einer einheitlichen Zeit zusammengefaßt. Der nullte Längengrad (Greenwich) bestimmt die Westeuropäische Zeit. Der 15. Längengrad (er geht durch Görlitz) bestimmt die *Mitteleuropäische Zeit* (MEZ), die auch für Deutschland gilt, und so fort um die ganze Erde herum. Für Hamburg, das etwa auf dem 10. Längengrad liegt, ist der Unterschied zwischen Ortszeit und MEZ 20 Minuten. Die Sonne steht in Hamburg also im Mittel erst um 12^h20^m im Süden. Nimmt man noch die Zeitgleichung hinzu, so variiert der Meridiandurchgang der Sonne zwischen etwa 12^h05^m und 12^h35^m. Der Unterschied zwischen der wahren Ortszeit (Sonnenuhr) und der MEZ, die unsere normalen Uhren anzeigen, variiert in Hamburg also zwischen 5 und 35 Minuten.

Für länderübergreifende – zum Beispiel alle astronomischen oder geophysikalischen – Ereignisse ist es zweckmäßig, sich weltweit auf eine einheitliche Zeit festzulegen. Dazu hat man sich auf den nullten Längenkreis (Greenwich) geeinigt und nennt darum die Greenwicher oder die Westeuropäische Zeit auch *Weltzeit* (WZ) oder *Universal Time* (UT).

Bis Mitte unseres Jahrhunderts wurde unsere Zeit in der beschriebenen Weise durch die Erdrotation definiert; sie war das genaueste Zeitmaß, das man kannte. Dann kamen die Atomuhren. Diese gehen noch gleichmäßiger und ließen unregelmäßige und periodische Schwankungen der Erdrotation erkennen, hervorgerufen durch meteorologische Vorgänge (z.B. unterschiedliche Schneebelastung) und Gezeitenkräfte seitens der Sonne und des Mondes. Dazu kommt eine langfristige (säkulare) Verlangsamung der Erdrotation, bewirkt durch dauernde Reibung der Gezeitenwelle mit dem Erdkörper ($\rightarrow$2.3.1). Die durch die Erdrotation festgelegte *astronomische Zeit* war bald für die moderne Technik nicht mehr genau genug, und heute wird die Zeit durch Atomuhren (z.B. in der physikalisch-technischen Bundesanstalt in Braunschweig) festgelegt. Von dort aus werden das Zeitzeichen im Rundfunk, die Funkuhren u.a. gesteuert. Andererseits muß unsere bürgerliche Zeit dem Tageslauf und damit der astronomischen Zeit angepaßt sein. Das wird folgendermaßen erreicht: Immer wenn die astronomische und die Atomzeit um mehr als eine halbe Sekunde differieren, wird eine *Schaltsekunde* eingefügt. Das passiert gegenwärtig ein- bis zweimal im Jahr, und zwar in der Nacht vom 31. Dezember zum 1. Januar und – wenn nötig – vom 30. Juni zum 1. Juli.

1.4 Die Fixsternsphäre

Wenn wir von der oben beschriebenen, durch die Erdrotation bewirkten (scheinbaren) täglichen Bewegung absehen (→1.1), so haben – fast – alle Sterne am Himmel ihren festen, unveränderlichen Platz. Sie scheinen an der Himmelskugel angeheftet zu sein und heißen darum *Fixsterne*. Seit altersher haben die Menschen die Vielfalt der Sterne geordnet und sie

Tab. 1 Die Sternbilder

Nördlicher und südlicher Himmel, alphabetisch geordnet nach der lateinischen Abkürzung; Tierkreisbilder nach den Monaten.

Nördlicher Himmel

Andromeda – Andromeda	And	Delphin – Delphinus	Del
Fuhrmann – Auriga	Aur	Drache – Draco	Dra
Bootes – Bärenhüter	Boo	Füllen – Equuleus	Equ
Giraffe – Camelopardalis	Cam	Herkules – Hercules	Her
Kassiopeia – Cassiopeia	Cas	Eidechse – Lacerta	Lac
Cepheus – Cepheus	Cep	Kleiner Löwe – Leo Minor	LMi
Kleiner Hund –		Luchs – Lynx	Lyn
Canis minor	CMi	Leier – Lyra	Lyr
Haar der Berenice –		Pegasus – Pegasus	Peg
Coma Berenices	Com	Perseus – Perseus	Per
Nördliche Krone –		Pfeil – Sagitta	Sge
Corona Borealis	CrB	Dreieck – Triangulum	Tri
Jagdhunde –		Großer Bär – Ursa Major	UMa
Canes Venatici	CVn	Kleiner Bär – Ursa Minor	UMi
Schwan – Cygnus	Cyg	Füchschen – Vulpecula	Vul

Tierkreis

Widder – Aries	Ari	Waage – Libra	Lib
Stier – Taurus	Tau	Skorpion – Scorpius	Sco
Zwillinge – Gemini	Gem	Schütze – Sagittarius	Sgr
Krebs – Cancer	Cnc	Steinbock – Capricornus	Cap
Löwe – Leo	Leo	Wassermann – Aquarius	Aqr
Jungfrau – Virgo	Vir	Fische – Pisces	Psc

Tab.1 Fortsetzung

Südlicher Himmel

Luftpumpe–Antlia	Ant	Wolf–Lupus	Lup
Paradiesvogel–Apus	Aps	Tafelberg–Mensa	Men
Adler–Aquila	Aql	Mikroskop–	
Altar–Ara	Ara	Microscopium	Mic
Grabstichel–Caelum	Cae	Einhorn–Monoceros	Mon
Kiel des Schiffes–Carina	Car	Fliege–Musca	Mus
Zentaur–Centaurus	Cen	Winkelmaß–Norma	Nor
Walfisch–Cetus	Cet	Oktant–Octans	Oct
Chamäleon–Chamaeleon	Cha	Schlangenträger–	
Zirkel–Circinus	Cir	Ophiuchus	Oph
Großer Hund–		Orion–Orion	Ori
Canis major	CMa	Pfau–Pavo	Pav
Taube–Columba	Col	Phönix–Phoenix	Phe
Südliche Krone–		Maler/Malerstaffelei–	
Corona Australis	CrA	Pictor	Pic
Becher–Crater	Crt	Südlicher Fisch–	
Kreuz des Südens–Crux	Cru	Piscis Austrinus	PsA
Rabe–Corvus	Crv	Hinterdeck–Puppis	Pup
Schwertfisch / Goldfisch–		Schiffskompaß–Pyxis	Pyx
Dorado	Dor	Netz–Reticulum	Ret
Fluß Eridanus–Eridanus	Eri	Bildhauer / -werkstatt	
(chemischer) Ofen–		–Sculptor	Scl
Fornax	For	Schild–Scutum	Sct
Kranich–Grus	Gru	Schlange–Serpens	Ser
Pendeluhr–Horologium	Hor	Sextant–Sextans	Sex
Große/nördl./weibl.		Fernrohr–Telescopium	Tel
Wasserschlange–Hydra	Hya	Südliches Dreieck–	
Kleine/südl./männl.		Triangulum Austrinum	TrA
Wasserschlange–Hydrus	Hyi	Tukan–Tucana	Tuc
Indianer/Inder–Indus	Ind	Segel–Vela	Vel
Hase–Lepus	Lep	Fliegender Fisch–Volans	Vol

zu auffallenden Gruppen, zu Sternbildern, zusammengefaßt.
Die Namen der Sternbilder am nördlichen Himmel gehen
meist auf die griechische Sagenwelt zurück. Die Sternbilder
des südlichen Himmels wurden großenteils zu Beginn der

Neuzeit von den Seefahrern benannt, was sich deutlich in den Namen widerspiegelt. In Tab.1 sind die heute benutzten deutschen und lateinischen Sternbildnamen zusammengestellt. Viele helle Sterne haben eigene Namen, die meist aus dem Arabischen stammen, zum Beispiel Deneb, Aldebaran, Betelgeuze und andere. In der Astronomie werden die hellen Sterne mit einem griechischen Buchstaben und dem lateinischen Sternbildnamen (Genitivform) bezeichnet, meist wird dabei eine dreibuchstabige Abkürzung verwendet, die in Tab.1 ebenfalls angegeben ist. So hat z.B. der hellste Stern im Sternbild Leier den Namen Wega und wird in der astronomischen Literatur mit αLyrae oder αLyr bezeichnet. Die 20 hellsten Sterne am Himmel sind mit ihren Namen und Bezeichnungen in Tab.5 in Abschn. 5.5.4 zusammengestellt.

1.5   Das Jahr, die Jahreszeiten und der Kalender

Zu den Sternen, die nicht »fest« am Himmel stehen, sondern täglich ihren Ort ändern, gehört die Sonne. Im Laufe eines Jahres läuft sie auf einem großen Kreis einmal über den Himmel, und die 12 Sternbilder, die sie dabei durchläuft, sind die aus der Astrologie bekannten 12 Sternbilder des Tierkreises. In Wirklichkeit handelt es sich auch hierbei um die Widerspiegelung einer Erdbewegung. Die Erde läuft im Laufe eines Jahres einmal um die Sonne herum, und von der Erde aus gesehen, beschreibt die Sonne dann – scheinbar – einen Kreis am Himmel. Die tägliche Bewegung der Sonne vom Aufgang bis zum Untergang ist also die Widerspiegelung der Erdrotation um ihre eigene Achse, die Bewegung der Sonne unter den Fixsternen im Laufe eines Jahres ist die Widerspiegelung des Erdumlaufs um die Sonne.

Dieser (scheinbare) Lauf der Sonne am Himmel bestimmt unser Jahr und die *Jahreszeiten*. Die Erdachse steht nicht senkrecht auf ihrer Bahn, sondern ist um etwa 23½° gekippt

(Abb.1), behält aber in guter Annäherung im Raum ihre Richtung bei (auf das Schwanken der Erdachse werden wir im nächsten Abschnitt noch zu sprechen kommen). Das bedeutet, daß die Sonne zeitweise schräg von oben auf die Erde scheint. Dann ist der Nordpol immer in der Sonne, auf der nördlichen Halbkugel sind die Tage länger und die Nächte

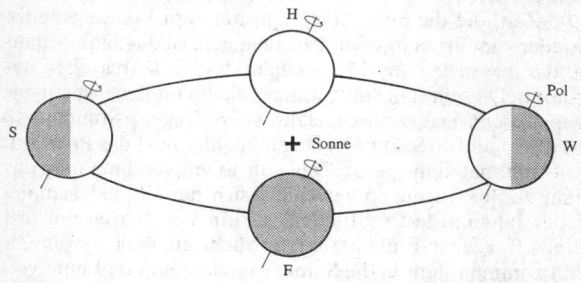

Abb. 1 Entstehung der Jahreszeiten.
F = Frühling; S = Sommer; H = Herbst; W = Winter.

kürzer als 12 Stunden, es ist bei uns Sommer, auf der Südhalbkugel dagegen Winter. Nach einem halben Jahr scheint die Sonne auf den Südpol, der Nordpol liegt im Dunkeln, bei uns herrscht Winter. Als Widerspiegelung dieser schiefen Erdachse ist die Bahn der Sonne unter den Fixsternen um $23\frac{1}{2}°$ gegen den Himmelsäquator geneigt. Diesen Jahreskreis der Sonne nennen wir die *Ekliptik*, ein griechisches Wort, das soviel wie *Finsternislinie* bedeutet, denn nur wenn der Mond auch in der Ekliptik steht, kann es zu einer Sonnen- oder Mondfinsternis (→2.3.3) kommen. Die 12 Tierkreisbilder sind also diejenigen Sternbilder, durch die die Ekliptik geht, und der Frühlingspunkt ist einer der beiden Schnittpunkte zwischen Himmelsäquator und Ekliptik. Der Winkel zwischen Äquator und Ekliptik, die oben erwähnten

23½°, wird *Schiefe der Ekliptik* genannt. Sie bestimmt auch die geographischen Breiten des Wendekreises des Krebses und des Steinbocks, also diejenigen geographischen Breiten (23½° nördlich und südlich des Äquators), für die die Sonne bei ihrem Höchst- und Tiefststand (*Sommer-* und *Winter-Solstitium*) gerade noch senkrecht über dem Beobachter steht.

Die Zeit, die die Sonne benötigt, um vom Frühlingspunkt wieder zum Frühlingspunkt zu gelangen, ist das Jahr, genauer das *tropische Jahr*, d.h. das Jahr, das die Jahreszeiten bestimmt. Diesem Jahr sollte unser Kalender möglichst gut angepaßt sein. Das tropische Jahr ist 365 Tage, 5 Stunden, 48 Minuten und 46 Sekunden lang. Und hier liegt das Problem: Das Jahr hat keine ganze Zahl von Tagen. Rechnet man das Jahr zu 365 Tagen, so verschiebt sich der Frühlingsanfang jedes Jahr um fast 6 Stunden, also in vier Jahren um fast einen Tag. Der Frühlingsanfang rückt allmählich vom 21. März immer mehr in die Sommermonate und im Laufe von etwa 1400 Jahren einmal durch alle zwölf Monate. Dieser Zyklus war schon den alten Ägyptern bekannt; sie nannten ihn die *Sothisperiode*, nach dem Stern Sirius, dessen Erscheinen am Morgenhimmel ihnen den Beginn der Nilüberschwemmung ankündigte. Um dieses Wandern des Frühlingsanfangs zu vermeiden, führten schon die Ägypter und dann konsequent Julius Caesar das Schaltjahr ein, alle vier Jahre wurde ein Tag eingeschaltet. Dies ist die Grundlage des *Julianischen Kalenders*. Caesar legte diesen Schalttag an das Ende des Jahres, und da das Jahr des römischen Kalenders am 1. März begann, war dieser Schalttag der 29. Februar, der er bis heute geblieben ist. Wenn das Jahr genau 365¼ Tage lang wäre, wäre damit alles in Ordnung. In Wirklichkeit ist es aber etwas kürzer, und man macht jedes Jahr immer noch einen Fehler von 11 Minuten und 14 Sekunden. Das ergibt etwa in 150 Jahren einen Tag. Im 16. Jahrhundert hatte sich dieser Fehler seit Caesars Zeiten also bereits auf 10 Tage vergrößert. Da führte Papst Gregor XIII. eine neue

Kalenderreform durch. Einmal sollten 10 Tage ausfallen, auf den 4. Oktober 1582 folgte sofort der 15. Oktober 1582; damit rückte der Frühlingsanfang wieder auf den 21. März. Sodann führte er eine zusätzliche Schaltregel ein: von den vollen Jahrhunderten sollten nur diejenigen ein Schaltjahr bleiben, die durch 400 teilbar sind. Die Jahre 1700, 1800, 1900 waren also *keine* Schaltjahre, das Jahr 2000 wird aber ein Schaltjahr sein. Es dauerte lange, bis sich dieser *Gregorianische Kalender* in allen Ländern durchsetzte, eines der letzten Länder war Rußland, das ihn erst nach der Revolution 1917 einführte. Darum sprechen die Russen von der »Oktoberrevolution«, obwohl diese nach unserem Kalender erst im November stattfand. Hier spürt man die 10 ausgefallenen Tage bis in unsere Zeit hinein. Der heute praktisch überall geltende Gregorianische Kalender hat noch einen Fehler von 26 Sekunden pro Jahr. Das ergibt etwa in 3300 Jahren einen Tag – aber darüber zerbrechen sich die Kalendermacher heute noch nicht den Kopf.

1.6   Das Schwanken der Erdachse (Präzession und Nutation)

Wir hatten bisher angenommen, daß die Erdachse im Raum feststeht. Das ist nicht der Fall. Die Erde ist ein Kreisel, auf dessen Bewegung Sonne, Mond und Planeten störend einwirken (es handelt sich um eine Gravitationswirkung auf den Äquatorwulst der Erde; die störenden Kräfte versuchen, die Erdachse aufzurichten, diese weicht nach den Kreiselgesetzen senkrecht aus). Das hat zur Folge, daß die Rotationsachse im Laufe von rund 25850 Jahren einen Kegel von 23½° Öffnung (identisch mit der Schiefe der Ekliptik; →1.5) beschreibt (Abb.2). Infolgedessen wandert der Schnittpunkt Himmelsäquator–Ekliptik, also der Frühlingspunkt, in dieser Zeit einmal durch alle 12 Tierkreisbilder. Das ist etwa ein

Sternbild in 2000 Jahren. Dieses Wandern nennen wir die *Präzession* (lat. *praecedere* ›vorrücken‹); sie wurde bereits 150 v. Chr. von Hipparchos entdeckt. Das bedeutet auch,

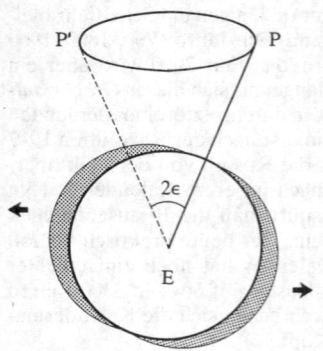

Abb. 2
Kreiselbewegung
der Erdachse (Präzession).

ε = Schiefe der Ekliptik
  = $23^1/_2°$;
P = gegenwärtige Polachse;
P' = Polachse
  in etwa 13000 Jahren

daß der Himmelsnordpol einen entsprechenden Kreis beschreibt. Der Polarstern wird nicht immer seine heutige Funktion behalten. In etwa 12000 Jahren wird der Stern Wega in der Leier Polarstern sein.

In der üblichen Astrologie wird diese Wanderung des Frühlingspunktes nicht berücksichtigt, so daß sich Stern*bilder* des Tierkreises und die Tierkreis*zeichen* in den vergangenen 2000 Jahren um ein Sternbild gegeneinander verschoben haben. Die vom 21. März bis 20. April Geborenen gelten astrologisch nach wie vor als Widdermenschen (im *Zeichen* des Widders geboren), die Sonne steht aber in dieser Zeit im Stern*bild* der Fische. Was auch immer man von den Horoskopen halten mag, mit den Sternen in dem betreffenden Sternbild haben sie nichts zu tun. Die Tierkreiszeichen sind lediglich ein Hinweis auf die Jahreszeit. Widdermenschen sind im ersten Monat nach Frühlingsanfang geboren, das Sternbild Widder spielt dabei gar keine Rolle. Der Frühlingspunkt – ursprünglich im Widder (man nennt ihn darum oft auch *Widderpunkt*) – lag in den vergangenen 2000 Jahren im Sternbild der Fische und wandert in unserer Zeit allmählich in das Sternbild Wassermann. Das ist einer der astrologischen Hintergründe für die New-Age-Bewegung, die die vergangenen 2000 Jahre als das Zeitalter der Fische bezeichnet und nun das Zeitalter des Wassermanns erwartet.

Der langsamen Präzession überlagert sich noch eine durch den Mond verursachte kleinere Störung, ein kegelförmiges Schwanken von 5° Öffnung (= Neigung der Mondbahn gegen die Erdbahn) und einer Periode von 18,6 Jahren (= Umlauf der Schnittlinie zwischen Erdbahn und Mondbahn, der sog. *Knotenlinie*). Der Himmelspol beschreibt am Himmel in 25850 Jahren also keinen glatten Kreis, sondern eine wellenförmige Linie mit 18,6jähriger Periode. Diese zusätzliche Störung nennen wir *Nutation*.

2 Die großen Planeten

2.1 **Ein Modell**

Wir bleiben zunächst in unserer engeren Heimat, in unserem Planeten- oder Sonnensystem mit der Sonne (→Kap.4) als Zentralgestirn. Sie versorgt das ganze System mit Licht, Wärme und Energie. Um sie herum kreisen neun große Planeten: Merkur, Venus, Erde, Mars, Jupiter, Saturn, Uranus, Neptun und Pluto, deren Reihenfolge in der Entfernung man sich an dem Spruch merken kann: »**M**ein **V**ater **E**rklärt **M**ir **J**eden **S**onntag **U**nsere **N**eun **P**laneten.« Sieben dieser Planeten haben ihrerseits wieder Monde und Satelliten um sich kreisen. Zu diesen großen kommen einige tausend

Tab. 2
Einige mechanische und physische Daten der großen Planeten

Entf. = Entfernung von der Sonne in Astron. Einheiten
U = Umlaufzeit in Tagen bzw. Jahren
D = Äquatordurchmesser in km
M = Masse in Erdmassen (Erdmasse$=6\cdot10^{27}$g)
Rot. = Rotationszeit (Jupiter, Saturn, Uranus zeigen differentielle Rotation, am Äquator schneller als in höheren Breiten. Die Werte beziehen sich auf mittlere Breiten)

Planet	Entf. [AE]	U [d,a]	D [km]	M [E=1]	Rot. [d,h,m]
Merkur	0,39	88^d	4880	0,055	58,6^d
Venus	0,72	225	12100	0,815	243,0^d
Erde	1,00	1,0^a	12756	1,000	23^{h}56^m
Mars	1,52	1,9	6800	0,107	24^{h}37^m
Jupiter	5,20	11,9	142980	317,90	9^{h}55^m
Saturn	9,58	29,6	120540	95,18	10^{h}39^m
Uranus	19,28	84,7	51110	14,54	17,24^h
Neptun	30,14	165,5	49530	17,13	16,11^h
Pluto	39,88	251,9	2250	0,002	6,4^d

kleine Planeten (→3.1), ferner viele Millionen oder Milliarden Kometen (→3.2) und schließlich eine Menge immer kleinerer Körper bis hinunter zu Staubteilchen und einzelnen Atomen (→3.3/3.4).

Wir wollen uns zunächst an einem anschaulichen Modell die Größenverhältnisse in diesem System deutlich machen. Dazu verkleinern wir alles in einem Maßstab 1:1000000000 (1 zu einer Milliarde), und das bedeutet: 1000 km in der Natur werden 1 mm in unserem Modell. Dann wird unsere Sonne ein fast mannsgroßer glühender Gasball von 1,5 m Durchmesser. In 60 m Entfernung kreist um diese Kugel eine Erbse, der erste Planet Merkur. In 100 m Abstand folgt eine Nuß – der Planet Venus. In 150 m Entfernung kommt wieder eine Nuß, das sind wir, unsere Erde, und in 40 cm Abstand von ihr ein Stecknadelkopf, unser Mond. In 230 m Entfernung kreist wieder eine Erbse, der Planet Mars. Dann kommen in 800 m und in 1,5 km Abstand zwei Kohlköpfe, die Riesenplaneten Jupiter und Saturn. Es folgen in 3 und 4,5 km Entfernung zwei Mandarinen, die Planeten Uranus und Neptun, und schließlich in 6 km Entfernung von der mannsgroßen Sonnenkugel wieder eine Erbse, der äußerste Planet Pluto.

Der nächste Fixstern, die nächste Sonne, die wieder eine mannsgroße glühende Kugel darstellt und möglicherweise auch von Planeten umgeben ist, folgt in diesem Modell erst in 40000 km Entfernung. Dies macht deutlich, wie ungeheuer leer der Weltraum ist. Die Größen der Planeten und ihre Abstände von der Sonne sind, zusammen mit einigen anderen Daten, in Tab. 2 zusammengestellt.

Die Körper innerhalb unseres Sonnensystems sind uns so nahe, daß wir ihre Bewegungen praktisch Tag für Tag verfolgen können. Für das bloße Auge sind das Sonne und Mond und die fünf Planeten Merkur, Venus, Mars, Jupiter und Saturn. Dies sind die sieben *Wandelsterne* der Griechen, nach denen auch die sieben Wochentage benannt sind (Tab. 3). Alle anderen Sterne sind so weit entfernt, daß ihre Bewe-

Tab. 3 Die sieben Wandelsterne und die Wochentage

Bei den Planeten sind neben den lateinischen auch die entsprechenden germanischen Götternamen angegeben, die in den deutschen und englischen Wochentagen ihren Niederschlag gefunden haben.

Wandelsterne	Wochentage		
	deutsch	französisch	englisch
Sonne	Sonntag	(Dimanche)	Sunday
Mond–Luna	Montag	Lundi	Monday
Mars–Ziu	Dienstag	Mardi	Tuesday
Merkur–Wodan	(Mittwoch)	Mercredi	Wednesday
Jupiter–Donar/Thor	Donnerstag	Jeudi	Thursday
Venus–Freyja	Freitag	Vendredi	Friday
Saturn	(Sonnabend)	(Samedi)	Saturday

gungen, wenn überhaupt, nur in sehr langen Zeiten bemerkbar sind (→13.3.1). Sie stehen scheinbar still am Himmel und werden darum Fixsterne (→1.4) genannt. Der Effekt ist derselbe, wie bei einem sehr weit entfernten Flugzeug, das sich scheinbar nur langsam am Himmel bewegt.

Alle Körper in unserem Sonnensystem sind von Natur aus dunkel. Wir sehen sie nur, weil sie von der Sonne beleuchtet werden. Alle Fixsterne am Himmel sind dagegen wie unsere Sonne selbstleuchtende glühende Gaskugeln, und sicher haben viele von ihnen Planeten. Von einigen nahen Sternen wissen wir zumindest, daß sie Riesenplaneten von der Größe des Jupiter besitzen. Aber Planeten von der Größe unserer Erde sind mit unseren gegenwärtigen Mitteln nicht festzustellen. Schon ein fiktiver Astronom auf dem Pluto hätte einige Mühe, unsere Erde zu entdecken. Sie verschwindet bereits dort in den Strahlen der Sonne.

2.2 Die Mechanik des Planetensystems

99% der Masse unseres Systems stecken in der Sonne. Diese beherrscht also das ganze System und hält alles durch ihre Schwerkraft zusammen. Die großen Planeten laufen auf nahezu kreisförmigen Bahnen um die zentrale Sonne. Ursprünglich glaubte man, dem Augenschein folgend, die Erde stände still und alles andere bewege sich um sie herum. Rein formal ist dies auch durchaus berechtigt; zur Beschreibung von Bewegungen kann man jeden Punkt als »ruhenden Bezugspunkt« oder »Nullpunkt« wählen. Wenn wir die Fahrt eines Autos beschreiben, so wählen wir selbstverständlich die Erde als ruhendes Bezugssystem, und zur Beschreibung des Wegs von der Kabine auf einem schwimmenden Schiff zum Oberdeck wählen wir das Schiff als Bezugssystem. Wählt man in unserem Planetensystem die Erde als Bezugspunkt, so kreist die Sonne um die Erde, und um die kreisende Sonne kreisen ihrerseits wieder die anderen Planeten, also »auf einen Kreis aufgesetzte Kreise«. Genau das ist im Prinzip die *Epizykeltheorie* von Ptolemäus (etwa 150 n. Chr.), und in der Tat lassen sich hiermit zwar umständlich, aber korrekt alle Bewegungen im Sonnensystem darstellen. Zwar hatte schon 400 Jahre vorher Aristarch die Meinung geäußert, die Sonne sei der Mittelpunkt und stände still, aber diese Meinung konnte sich – vor allem wegen der Autorität des Aristoteles – nicht durchsetzen. Erst zu Beginn der Neuzeit wurde das heliozentrische Weltbild von Kopernikus (1473–1543) wieder eingeführt, vor allem, weil dieses System »einfacher« war, weniger aus physikalischen Gesichtspunkten.

Den nächsten wichtigen Schritt leistete Kepler (1571–1630). Aufgrund der inzwischen sehr genauen Beobachtungen von Tycho Brahe gelang es ihm, die drei nach ihm benannten Gesetze abzuleiten, die die Bewegung der Planeten beschreiben. Das *erste Keplersche Gesetz* besagt, daß die Planeten Ellipsenbahnen beschreiben, in deren einem Brennpunkt die Sonne steht. Dabei ist die Abplattung der Ellipse, die sogenannte *Exzentrizität*, sehr klein. Stellt man die Erdbahn als einen Kreis von 1 m Durchmesser dar, so ist die kleine Achse nur um 0,2 mm kleiner als die große, also eine Abplattung von 0,2 Promille, die mit bloßem Auge überhaupt nicht zu bemerken ist; ähnlich bei den anderen Planeten. Aber schon bei so kleiner Exzentrizität rückt die Sonne merklich aus dem Mittelpunkt heraus, bei der Erde um 4%. Die Planetenbahnen werden also sehr gut durch exzentrische Kreise dargestellt, und mit solchen hat in der Tat schon Ptolemäus gearbeitet. Nur an den Grenzen des Systems sind die Verhältnisse gestörter, Merkur und Pluto haben merklich stärkere Ellipsenbahnen als die anderen Planeten.

Das *zweite Keplersche Gesetz* beschreibt das Verhalten der Geschwindigkeiten in einer Ellipsenbahn. Die Bewegung erfolgt so, daß die Verbindungslinie Planet–Sonne in gleichen Zeiten gleiche Flächen überstreicht, wir reden von konstanter *Flächengeschwindigkeit*. Das bedeutet: Die Planeten laufen im sonnennahen Teil der Bahn (im *Perihel*) schneller als im sonnenfernen Teil (*Aphel*). Da die Erde sich Anfang Juli im Aphel befindet, also langsamer läuft, ist bei uns das Sommerhalbjahr fast 8 Tage länger als das Winterhalbjahr, wie man auf jedem Kalender direkt ablesen kann.

Das *dritte Keplersche Gesetz* schließlich beschreibt den Zusammenhang zwischen den Abständen der Planeten von der Sonne und ihren Umlaufzeiten: die dritten Potenzen der Abstände verhalten sich wie die Quadrate der Umlaufzeiten. Nach diesem Gesetz bewegen sich die Planeten immer langsamer, je weiter sie von der Sonne entfernt sind. Merkur hat im Mittel eine Geschwindigkeit von 48 km/s, die Erde bewegt sich mit fast 30 km/s und der äußerste Planet Pluto nur noch mit 4,7 km/s. – In dieser einfachen Form gilt das dritte Keplersche Gesetz nur, solange man die Planetenmassen gegenüber der Sonnenmasse vernachlässigen kann. Das ist in unserem Planetensystem der Fall. In der strengen Form des Keplerschen Gesetzes steht noch die Summe der Massen der beiden Körper. Bei Doppelsternen (→Kap.9) muß dies berücksichtigt werden.

Im 17. Jahrhundert stellte dann Newton (1643–1727) das nach ihm benannte allgemeine *Gravitationsgesetz* auf, aus dem sich die Keplerschen Gesetze streng herleiten lassen. Damit hat Newton die physikalische Begründung des heliozentrischen Systems gegeben. Zugespitzt könnte man formulieren: Kopernikus sagt, *daß* die Erde um die Sonne läuft, Kepler beschreibt, *wie* sie um die Sonne läuft, und Newton schließlich, *warum* sie um die Sonne läuft.

Aus dem Newtonschen Kraftgesetz lassen sich die Bewegungsgleichungen eines Zwei-Körper-Systems, z.B. Planet–Sonne, herleiten (drei Differentialgleichungen zweiter Ordnung). Hieraus folgt, daß eine Planetenbahn durch sechs Größen, die wir *Bahnelemente* nennen, eindeutig festgelegt ist. Zwei Bahnelemente bestimmen die Form der Ellipse (z.B. große Halbachse und Exzentrizität), zwei weitere legen die Lage der Bahnebene im Raum fest (z.B. Lage der Schnittlinie zwischen Bahnebene und Ekliptik und Neigung gegen die Ekliptik), ein Bahnelement charakterisiert die Lage der Bahnellipse in ihrer Bahn (z.B. die Richtung zum Perihel) und das letzte Bahnelement bestimmt die Stellung des Planeten in seiner Bahn (z.B. Zeitpunkt des Periheldurchgangs). Aus drei Beobachtungen des Planeten von der Erde aus kann man im Prinzip die sechs Bahnelemente herleiten und so eine *Bahnbestimmung* durchführen. In der Praxis verwendet man möglichst viele Beobachtungen, um mit Hilfe einer Ausgleichsrechnung die Genauigkeit zu steigern. Für gute Bahnbestimmungen muß man die Störungen seitens der anderen Planeten berücksichtigen, also ein *Mehrkörperproblem* lösen.

Sind die Bahnelemente eines Planeten (oder eines Kometen oder eines Satelliten) einmal bekannt, so läßt sich damit der Ort des Planeten an der Himmelssphäre für jeden Zeitpunkt in der Vergangenheit und Zukunft berechnen, z.B. zur Festlegung historischer Daten oder für die Vorausberechnung von Finsternissen. Die Orte der großen Planeten werden stets auf etliche Jahre im voraus berechnet und in Jahrbüchern veröffentlicht, wir sprechen von der Berechnung der *Ephemeriden* (griech. *ephemeros* ›für einen Tag‹).

Bahnbestimmung und Ephemeridenrechnung sind wesentliche Aufgaben der Himmelsmechanik. Diese galt lange als ein abgeschlossenes Gebiet, man spricht von *klassischer Astronomie*. Heute hat sie bei der Berechnung der oft komplizierten Bahnen der Raumsonden im Zuge der Weltraumforschung (→2.5.5) neue Aktualität gewonnen.

Zwei wichtige Begriffe der Himmelsmechanik seien noch kurz erläutert: die *Kreisbahn-* und die *Entweichgeschwindigkeit* (V_{Kreis} und V_{Entw}). Nach dem dritten Keplerschen Gesetz gehört zu jedem Abstand von einem Zentralkörper eine ganz bestimmte Geschwindigkeit, um einen Begleiter des Körpers genau auf einer Kreisbahn laufen zu lassen, z.B. einen Planeten um die Sonne oder einen Mond oder Satelliten um einen Planeten. Die Kreisbahngeschwindigkeit eines erdnahen Satelliten (in 100 km Höhe) beträgt fast 8 km/s; damit ergibt sich eine Umlaufzeit von knapp anderthalb Stunden. In 35800 km Höhe beträgt die Umlaufzeit 24 Stunden. Da sich die Erde in dieser Zeit einmal um ihre Achse dreht, bleibt ein Satellit in dieser Höhe (wenn er sich über dem Äquator befindet und von West nach Ost läuft) immer über derselben Stelle der Erde, von der Erde aus gesehen steht er (scheinbar) still. Auf dieser *geostationären* Bahn kreisen z.B. die meisten Nachrichten-Satelliten, die der Übertragung von Telephongesprächen und Fernsehprogrammen dienen. Für sie ist $V_{Kreis} = 3$ km/s.

Abweichende Geschwindigkeiten führen zu Ellipsenbahnen, bei denen die Geschwindigkeit im Perihel größer, im Aphel kleiner ist als V_{Kreis}. Von einer bestimmten Größe ab kann der Zentralkörper den Begleiter nicht mehr festhalten, dieser entweicht dem System. Die Grenz- oder Entweichgeschwindigkeit ist 1,4mal so groß wie die Kreisbahngeschwindigkeit (genau: $V_{Entw} = \sqrt{2}\, V_{Kreis}$). Für die Erde ist

$V_{Entw} = 11{,}2$ km/s. Diese Geschwindigkeit muß eine Rakete mindestens haben, um dem Anziehungsbereich der Erde zu entgehen. Die Entweichgeschwindigkeit aus dem Sonnensystem am Ort der Erde ist 42 km/s. Da jede die Erde verlassende Raumfähre deren Bahngeschwindigkeit (30 km/s) automatisch mitbekommt, muß ihre Geschwindigkeit nur noch um weitere 12 km/s gesteigert werden, um sie letztlich aus dem Sonnensystem herausfliegen zu lassen. Um eine Raumsonde dagegen in die Sonne stürzen zu lassen, muß man sie von 30 km/s auf Null abbremsen. Man benötigt also wesentlich mehr Energie, eine Rakete auf die Sonne zu schießen als aus dem Sonnensystem heraus.

2.3 Das System Erde–Mond

Die Behandlung des Systems Erde–Mond gehört zu den kompliziertesten Aufgaben der Himmelsmechanik. Wegen der großen Nähe ist einmal die gegenseitige Beeinflussung sehr groß, zum andern unterliegt das System starken Störungen seitens der Sonne. Aus der Fülle der Vorgänge seien hier einige besonders auffällige herausgegriffen.

2.3.1 Die Gezeiten

Das Zusammenwirken der Anziehungskraft des Mondes und der Zentrifugalkraft (Erde und Mond drehen sich um den gemeinsamen Schwerpunkt) bewirken auf der dem Mond zugewandten und der dem Mond abgewandten Seite der Erde je einen Flutberg (dasselbe gilt auch für die Luftmassen). Diese beiden Flutberge wandern entsprechend der täglichen Umlaufzeit des Mondes in $24^h 50^m$ um die Erde, so daß ein einzelner Ort etwa alle 12½ Stunden *Flut*, in den Zwischenzeiten *Ebbe* erlebt. Der Höhepunkt der Flut sollte danach eigentlich stattfinden, wenn der Mond genau im Süden, im Meridian oder, wie man sagt, in *oberer Kulmination* steht, und entsprechend, wenn er in unterer Kulmination, also im Norden (unter dem Horizont) steht. Infolge der im Weg stehenden Landmassen und der dadurch erzwungenen Strömungen kommt der Flutberg in den einzelnen Orten jedoch verspätet an. Diese Verspätung nennt man *Hafenzeit.* In Hamburg beträgt die Hafenzeit 5 bis 6 Stunden, dort herrscht also Ebbe, wenn der Mond am höchsten steht. Der Unterschied zwischen Ebbe und Flut, der *mittlere Tidenhub,* ist örtlich sehr unterschiedlich, in Neuschottland beträgt er 15 m, in der Nordsee – hier handelt es sich um einen Ausläufer der Ozeanwelle – nur 4 m.

Nicht nur der Mond, sondern auch die Sonne übt eine gleichartige Gezeitenwirkung aus, allerdings nur etwa halb so stark. Bei Voll- und Neumond wirken beide zusammen, wir erleben *Springfluten,* bei Halbmond wirken sie gegeneinander, es kommt zu *Nippfluten.*

Unsere übliche und auch oben verwendete Ausdrucksweise »Der Flutberg wandert um die Erde« ist irreführend. Der Flutberg folgt dem Mond und wandert darum in etwa einem Monat um 360° herum. Die sehr viel schneller rotierende Erde dreht sich unter diesem Flutberg hinweg. Dabei kommt es zu einer ständigen Gezeitenreibung zwischen Wasserberg und Erdkörper, und die Erdrotation wird allmählich abgebremst. Vor ca. 370 Millionen Jahren hatte das Jahr noch 400 Tage zu je 22 »heutigen« Stunden. Damit verändert sich auch das an der Erdrotation orientierte Zeitmaß (→1.3). Dieser Abbremsungseffekt wird erst aufhören, wenn die Tageslänge einem Monat entspricht. Dann wendet die Erde dem Mond stets die gleiche Seite zu (gebundene Rotation, wie beim Mond schon heute) und der Flutberg »friert ein«.

2.3.2   Die Mondbahn

Die echte Umlaufzeit des Mondes um die Erde (360°) beträgt 27,3 Tage, das ist der sog. *siderische Monat,* weil er an den Sternen orientiert ist. Die auffallenden Mondphasen sind jedoch durch die Stellung zur Sonne bedingt. Bei Vollmond steht der Mond der Sonne gegenüber. Nach einem siderischen Umlauf ist aber die Sonne in ihrer jährlichen Bahn schon ein gutes Stück weiter gewandert, und es dauert noch etwas mehr als zwei Tage, bis der Mond wieder die gleiche Stellung zur Sonne einnimmt. Der für uns wichtige *synodische Monat* von einem Vollmond bis zum nächsten ist daher länger und beträgt 29½ Tage.

Die Sonne übt auf den Mond einen ähnlichen Effekt aus wie der Mond auf die Wassermassen der Erde (→2.3.1). Bei Voll- und Neumond versucht sie, die Entfernung Erde–Mond zu vergrößern (analog zur Flut), bei Halbmond zu verkleinern (analog zur Ebbe). Insgesamt sind Entfernung und Umlaufzeit des Mondes größer als ohne Sonne. Nun ändert sich wegen der Ellipsenbahn der Abstand Erde–Sonne. Wenn die Sonne im Perihel steht (Anfang Januar), ist die Kraft der Sonne am größten. Nach einem halben Jahr, wenn die Sonne Anfang Juli im Aphel steht, wird ihre Kraft geringer, die Erde nimmt den Mond wieder stärker an die Kandare, der Mond kommt näher und wird schneller. Die Umlaufzeit des Mondes ändert sich dadurch bis zu +/–10 Minuten. Dieses von Tycho Brahe entdeckte Wechselspiel nennt man die *jährliche Ungleichheit.*

Die Mondbahn ist 5° gegen die Erdbahn geneigt. Die Sonne versucht, die Mondbahn aufzurichten; als Folge davon beschreibt die Mondbahn eine Kreiselbewegung (analog zur Kreiselbewegung der Erdachse →1.6). Diese hat eine Periode von 18,6 Jahren und bewirkt ihrerseits eine periodische Störung der Lage der Erdachse, die in Abschn. 1.6 beschriebene *Nutation.*

2.3.3   Sonnen- und Mondfinsternisse

Bei einer *Sonnenfinsternis* steht der Mond zwischen Erde
und Sonne (Neumond) und bedeckt die Sonne ganz (*totale*
Finsternis) oder teilweise (*partielle* Finsternis). Bei einer
Mondfinsternis geht der Vollmond durch den Erdschatten
hindurch und wird von diesem ganz oder teilweise verfins-
stert. Während einer Sonnenfinsternis befindet sich der Be-

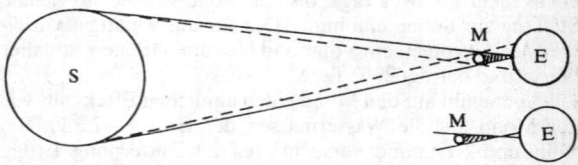

Abb. 3   Geometrische Verhältnisse bei einer Sonnenfinsternis
(nicht maßstabsgetreu). S = Sonne; M = Mond; E = Erde.
Oben: Mond in Erdnähe (totale Finsternis)
Unten: Mond in Erdferne (ringförmige Finsternis).

obachter im Schatten des Mondes. Der Kernschatten des
Mondes läuft hinten kegelförmig zu einer Spitze zusammen
(Abb.3). Sonnen- und Mondscheibe am Himmel sind von
der Erde aus gesehen zufällig etwa gleich groß. Befindet sich
der Mond in Erdnähe, ist die Mondscheibe etwas größer, sie
kann die Sonnenscheibe völlig bedecken, der Schattenkegel
reicht bis zur Erdoberfläche, wir erleben eine totale Sonnenfinsternis. Unter günstigsten Bedingungen kann die Totali-
tätsphase 7½ Minuten dauern, aber schon eine Dauer länger
als sechs Minuten ist ein seltenes Ereignis. Befindet sich der
Mond in Erdferne, ist er kleiner und kann die Sonne nicht
vollständig bedecken, der Schattenkegel reicht nicht bis zur
Erdoberfläche, und wir erleben eine *ringförmige* Sonnenfinsternis. – Die totale Phase einer Mondfinsternis kann bis zu

1,7 Stunden dauern, weil der Mond merklich kleiner ist als der Erdschatten, durch den er hindurchläuft.

Die Mondbahn ist um 5° gegen die Erdbahn (Ekliptik, →1.5) geneigt. Das hat zur Folge, daß normalerweise der Neumond am Himmel über der Sonne oder unter ihr vorbeigeht und analog der Vollmond über dem Erdschatten oder unter ihm vorbeizieht, ohne daß es zu einer Finsternis kommt. Nur wenn sich der Voll- oder Neumond gerade in oder in der Nähe der *Knotenlinie* (= Schnittlinie der beiden Ebenen) befindet, wenn diese also zur Sonne gerichtet ist, kommt es zu einer Finsternis. Das passiert zweimal im Jahr, es gibt zwei *Finsternisperioden*. Dabei kommt es *jedesmal* zu einer Sonnenfinsternis, denn wenn der eine Neumond gerade noch unter der Sonne vorbeigeht, so bedeckt der nächste zumindest noch einen Teil von ihr. Es kann sogar zu zwei Sonnenfinsternissen kommen, denn wenn der eine Neumond gerade noch unten einen Teil der Sonne bedeckt, so bedeckt der nächste noch einen Teil der oberen Hälfte (zwei partielle Sonnenfinsternisse). Der dazwischen liegende Vollmond befindet sich in diesem Fall sehr nahe beim Knoten, so daß es zwischen den beiden Sonnenfinsternissen immer zu einer Mondfinsternis kommt.

Der hinten spitz zulaufende Erdschatten ist in der Mondentfernung merklich kleiner als der Erddurchmesser, der bei Sonnenfinsternissen als Auffangfläche zur Verfügung steht. Da kann es passieren, daß der eine Vollmond noch über dem Erdschatten, der nächste aber schon unter dem Erdschatten vorbeizieht, es also zu *keiner* Mondfinsternis kommt. Folgende Kombinationen sind demnach in einer Finsternisperiode möglich: SM, MS, SMS, S (wobei S eine Sonnen- und M eine Mondfinsternis bezeichnet).

Es gibt nach dem Gesagten merklich mehr Sonnen- als Mondfinsternisse; in tausend Jahren ereignen sich im Mittel 1534 Mond- und 2375 Sonnenfinsternisse. Für einen bestimmten Ort gibt es dagegen sehr viel mehr Mond- als Sonnenfinsternisse, denn eine Mondfinsternis ist von der halben

Erde aus zu sehen, eine Sonnenfinsternis dagegen immer nur auf dem schmalen Streifen, in dem der Schatten des Mondes über die Erde zieht.

Da sich die Finsternisbedingungen periodisch wiederholen, treten Zyklen auf. Der wichtigste ist der schon den Chaldäern bekannte *Saroszyklus*: Nach einer Periode von 18 Jahren und 11 Tagen wiederholt sich der Ablauf der Finsterniskombinationen. Dieser Zyklus diente den alten Völkern zur Vorausberechnung von Finsternissen, lange ehe man deren physikalische Ursache kannte.

2.4 Geozentrische Bewegung der Planeten

Aus dem Zusammenspiel von Erd- und Planetenbewegung um die Sonne ergibt sich die Bewegung der Planeten von der Erde aus gesehen, also ihre geozentrische Bewegung. Zur formalen Behandlung (Epizykeltheorie) →Abschn. 2.2. Hier soll das äußere Erscheinungsbild beschrieben werden.

Die beiden Planeten Merkur und Venus bewegen sich innerhalb der Erdbahn um die Sonne. Von uns aus gesehen können sie sich darum nicht weit von der Sonne entfernen. Merkurs größter Sonnenabstand beträgt 28°, das ist etwas mehr als der Abstand zwischen der Daumenspitze und der Spitze des kleinen Fingers bei ausgestrecktem Arm und gespreizter Hand. Merkur ist daher nur schwierig zu sehen, entweder abends kurz nach Sonnenuntergang oder früh kurz vor Sonnenaufgang je nach seiner Stellung zur Sonne. Den Griechen war lange Zeit nicht klar, daß es sich hier um ein und denselben Stern handelt, sie nannten ihn am Abendhimmel *Hermes*, am Morgenhimmel *Apollo*. Wenn Merkur sich auf seiner Bahn hinter der Sonne befindet, sprechen wir von *oberer Konjunktion,* wenn er zwischen Erde und Sonne durchläuft, von *unterer Konjunktion*. Wenn er sich dabei genau zwischen Erde und Sonne befindet, erscheint er uns als dunkler Fleck, der über die Sonnenscheibe wandert. Der letzte *Merkur-durchgang*, wie man dieses Ereignis nennt, fand am 6. November 1993 statt. Der nächste wird sich am 15. November 1999 ereignen.

Ähnliches gilt für die Venus. Wegen ihres größeren Sonnenabstands kann sie sich bis zu 47° von der Sonne entfernen. Sie strahlt dann in großer Helligkeit und ist uns allen als heller *Abend-* oder *Morgenstern* bekannt. Sie ist dann, nach Sonne und Mond, das hellste Objekt am Himmel. Die Griechen nannten den Abendstern *Hesperos*, den Morgenstern *Phosphoros*. Auch die Venus kann gelegentlich als dunkler Fleck vor der Sonnenscheibe entlangwandern. Solche Venusdurchgänge ereignen sich paarweise alle 130 Jahre mit jeweils zwei Durchgängen im Abstand von 8 Jahren. Die beiden letzten Venusdurchgänge fanden am 8. Dezember 1874 und 6. September 1882 statt, die nächsten beiden folgen am 8. Juni 2004 und 5. Juni 2012. Venus zeigt, ähnlich wie der Mond, deutliche Phasen: mal beobachten wir sie als kleine Scheibe, mal als deutliche Sichel, je nach den Beleuchtungsverhältnissen durch die Sonne.

Die übrigen großen Planeten kreisen außerhalb der Erdbahn, können also nicht zwischen Erde und Sonne treten, also keine »untere Konjunktion« einnehmen. Bei ihrer Konjunktion stehen sie immer weit hinter der Sonne. Sie können aber auch, im Gegensatz zu Merkur und Venus, am Himmel der Sonne gegenüber, in *Opposition*, stehen und sind dann die ganze Nacht hindurch gut zu beobachten. Zur Zeit der Opposition »überholen« wir diese Planeten, weil die Erde ja schneller läuft; sie bleiben also von uns aus gesehen zurück, laufen also am Himmel unter den Fixsternen von links nach rechts. Insgesamt beschreiben sie während dieser Zeit am Himmel eine Schleifenbahn, die sogenannte *Oppositionsschleife*, deren Durchlaufen sich über einige Monate erstreckt. Das Durchlaufen aller 12 Tierkreis-Sternbilder dauert bei den äußeren Planeten immer länger, beim Pluto schließlich rund 250 Jahre.

2.5 Die großen Planeten im einzelnen

Im folgenden sollen die großen Planeten der Reihe nach ein wenig näher beschrieben werden. Hier haben wir in den vergangenen Jahrzehnten enorm viel dazugelernt, denn unser Planetensystem ist die Domäne der Weltraumfahrt. Hier können die Raumsonden hingelangen, sie können Messungen an Ort und Stelle (*in situ*) vornehmen und uns Photos von den einzelnen Körpern herunterfunken. Einige physikalische Daten der großen Planeten sind in Tab. 2 in Abschn. 2.1 mit aufgeführt.

2.5.1 Merkur

Der innerste Planet *Merkur* ist etwas größer als der Mond und sieht auf den ersten Blick genauso aus: übersät mit Einschlagkratern. Das hat seinen Grund: beide Körper besitzen keine Atmosphäre, die herunterstürzende Körper abbremsen würde, und weil sie keine Atmosphäre haben, gibt es auf ihnen auch kein »Wetter«, keinen Regen, keine Stürme, keine Erosion. Jeder Einschlagkrater bleibt Millionen von Jahren erhalten. Die Einschlagkrater stammen vorwiegend aus der Frühzeit unseres Systems. Damals war der Raum zwischen den Planeten angefüllt mit Steinbrocken (Meteorite, →3.3), die auf die großen Körper herunterprasselten. Auf dem Merkur wie auf dem Mond blieben diese Einschlagkrater erhalten. Auch unsere Erde wurde damals vor einigen Milliarden Jahren mit Meteoriteneinstürzen überdeckt, aber fast alle Spuren davon sind im Laufe der Zeit durch Erosion und tektonische Vorgänge wie Gebirgsfaltungen, Plattenverschiebungen usw. wieder verschwunden.
Wann besitzt ein Planet oder Mond überhaupt eine Atmosphäre? Hier sind zwei Größen wichtig. Einmal die Schwerkraft des Körpers, die ja die Atmosphäre festhält. Je massiver ein Körper, um so besser kann er eine Atmosphäre hal-

ten. Daneben spielt auch die Temperatur eine wichtige Rolle. Je höher die Temperatur, um so größer die Geschwindigkeit der Atome und Moleküle in der Atmosphäre, und um so größer damit die Wahrscheinlichkeit, daß ein Atom die Atmosphäre verlassen kann, die Atmosphäre also »verdampft«. Merkur ist nun klein und zum andern, da nahe an der Sonne, sehr heiß. Er kann also keine Atmosphäre festhalten. Keine Atmosphäre bedeutet auch, daß auf der Tagseite die Sonne ungehindert auf die Oberfläche scheint, und daß die Wärme nachts ungehindert wieder in den Raum entweichen kann. Bei uns wirkt die Atmosphäre wie ein dickes Federbett, das tags die Einstrahlung und nachts die Ausstrahlung weitgehend verhindert. So herrscht auf dem Merkur auf der Tagseite eine Temperatur von über 400°C, auf der Nachtseite dagegen eine Temperatur von fast −200°C, also eine Temperaturdifferenz von ca. 600°. Der Tag-Nacht-Wechsel erfolgt allerdings auf dem Merkur sehr viel langsamer als bei uns, 88 Erdentage steht die Sonne am Merkur-Äquator über dem Horizont. Auf dem Merkur ist der Tag länger als das Jahr, von einem Sonnenaufgang bis zum nächsten ist der Merkur zweimal um die Sonne gelaufen, wahrlich ungewöhnliche Verhältnisse. – Merkur besitzt einen großen Eisenkern, der etwa 27% der Gesamtmasse ausmacht, und ein schwaches inneres Magnetfeld.

2.5.2 Venus

Ein völlig anderes Bild bietet der nächste Planet, die *Venus*. Venus, nur wenig kleiner als unsere Erde, ist von einer dikken Atmosphäre und Wolkenhülle umgeben. Der »Luftdruck« an der Venusoberfläche ist rund 90mal so hoch wie an der Erdoberfläche (92000 Hektopascal gegenüber rund 1000 hPc auf der Erde). Die Atmosphäre besteht zu 96% aus Kohlendioxid (CO_2), ähnlich wie auch die Uratmosphäre der Erde, ehe diese durch Photosynthese den Kohlenstoff aus der Luft herausholte und unsere heutige Sauerstoff-Atmosphäre schuf. Die vor allem aus Schwefelsäuretröpfchen bestehende dichte Wolkenhülle reicht von etwa 50 bis 70 km Höhe über der Oberfläche. Kohlendioxid und Wolkenhülle der Venus verhindern ein Abstrahlen der Wärme von der Oberfläche, bewirken also einen enormen »Treibhaus-Effekt«, der auf der Oberfläche der Venus zu einer Temperatur von fast 500 °C führt.

Niemand hat die Oberfläche der Venus bisher wirklich gesehen, trotzdem kennen wir die dortigen Strukturen recht gut. Über 20mal ist die Venus von Raumsonden angeflogen worden. Drei künstliche Satelliten kreisen seit Jahren ständig um diesen Planeten, senden laufend Radarimpulse aus, messen die Radarechos und haben auf diese Weise die Oberfläche zu über 90% kartiert. Wir finden dort vor allem leicht gewelltes Flachland, wüstenartige Gebirge mit Rissen, Klüften und Grabensystemen, und einige Hochländer mit Hochgebirgen. Der höchste Berg, der *Maxwell Mons,* erreicht 11 km, ist also höher als der Mt. Everest. Auch Krater gibt es bis zu 600 km Durchmesser. Vermutlich hat die Venus eine starke Vulkantätigkeit.

Die Rotation der Venus um ihre eigene Achse ist mit 243,01 Tagen länger als ihr Umlauf um die Sonne. Bei 243,16 Tagen bestünde eine 5:2-Resonanz mit der Umlaufzeit der Venus relativ zur Erde (*synodische* Umlaufzeit). Dann würde uns Venus bei jeder unteren Konjunktion, also bei jeder engsten Begegnung dieselbe Seite zuwenden. Diese stabile Resonanz ist noch nicht ganz erreicht, aber die Rotation der Venus wird sich vermutlich im Laufe der Zeit infolge einer Gezeitenreibung noch etwas verlangsamen, bis diese stabile Lage erreicht ist.

2.5.3   Erde und Mond

Von unserer *Erde* kennen wir natürlich sehr viel mehr Details als von den anderen Planeten. Aber das gehört nicht mehr in den Bereich der Astronomie. Wir beschränken uns hier auf einige pauschale Angaben, wie sie denen der anderen Planeten entsprechen. Zur Mechanik des Systems Erde–Mond →Abschn.2.3.

Die Erde besitzt eine Atmosphäre, die zu 78% (nach Volumen gemessen) aus Stickstoff (N_2) und zu 21% aus Sauerstoff (O_2) besteht. Der größte Teil der Erde ist mit einer Wolkenhülle aus Wasserdampf (H_2O) bedeckt. Die mittlere Jahrestemperatur beträgt 14°C, die effektive subsolare Tagestemperatur (also in den Tropen) beträgt 22°, nachts 7°. 71% der Oberfläche sind mit Wasser bedeckt. Die Landgebiete bestehen aus Wüsten, Wäldern und Gebirgen bis zu 8 km Höhe. Der innere Aufbau läßt sich in großen Zügen so charakterisieren: Von der Oberfläche aus nach innen bis 35 km Tiefe reicht die silikatreiche Erdkruste, dann bis 1000 km der obere und bis 2900 km Tiefe der untere Erdmantel, vorwiegend aus Magnesium- und Eisenoxid (MgO und FeO). Schließlich folgt bis 5000 km der äußere und bis zum Zentrum (6400 km) der innere Erdkern, flüssige Metalle, zu 90% Eisen und Nickel.

Die Erde besitzt ein Magnetfeld, und die *Magnetosphäre* reicht weit in den Raum hinaus, in Richtung Sonne etwa 10 Erdradien und auf der Nachtseite bis zu 100 Erdradien, also noch über die Mondbahn hinaus. Dieser Unterschied kommt dadurch zustande, daß ein ständig von der Sonne kommender Teilchenstrom, der *Sonnenwind* (→3.4.2), auf der Tagseite die Magnetosphäre zusammendrückt.

Unsere Erde ist der erste Planet, der einen eigenen Mond besitzt. Wie beim Merkur haben wir es hier mit einem toten Körper zu tun, eine Sand- und Steinwüste, ohne Atmosphäre, übersät von Kratern mit Durchmessern von einigen 100 km bis hinunter zu Mikrokratern von nur Zentimetern.

Wegen der fehlenden Atmosphäre sind die Temperaturunterschiede wieder enorm, 130°C auf der Tag- und −160°C auf der Nachtseite. Der Mond ist der einzige außerirdische Körper, auf dem bisher Menschen waren. Da es kein Streulicht der Atmosphäre gibt, erscheint den Astronauten dort der Himmel nicht blau, sondern tiefschwarz, und wenn man mit dem Daumen die Sonne abdeckt, sieht man auch am Tage die Sterne am schwarzen Himmel.

Auf der Mondoberfläche unterscheiden wir zwei Hauptstrukturen, die auch mit bloßem Auge zu erkennen sind, das *Mondgesicht*, das in der Vergangenheit zu phantastischen Spekulationen Anlaß gab. Diese Hauptstrukturen sind einmal die *Terrae* (»Länder«), die 80% der Oberfläche bedecken; das sind Hochländer, Gebirge bis zu 11 km Höhe, bedeckt mit Kratern, ferner mit Rillen, Spalten, Tälern und Verwerfungen tektonischen Ursprungs. Bei den Kratern handelt es sich ganz überwiegend um Einschlagkrater von Meteoriten (→3.3). Ob und wieweit auch Vulkanismus eine Rolle spielte, ist noch umstritten. Das andere Strukturelement sind die *Maria* (Betonung auf der ersten Silbe, Plural von lat. *mare* ›Meer‹), große, alte Einschlagbecken, die sich im Laufe von etlichen Millionen Jahren mit Lava füllten. Diese Lava-Auffüllung geschah nach der Zeit der großen Meteoriten-Einstürze, sie zeigen daher relativ wenig Krater. Das *Mare Imbrium* entstand vor etwa 3,9 Milliarden Jahren. Alle größeren Krater sind nach bekannten Astronomen und anderen Naturwissenschaftlern oder Philosophen benannt (z.B. *Krater Copernikus*). Der Mond wird daher auch scherzhaft als »Friedhof der Astronomen« bezeichnet. - Die Mondoberfläche ist von *Regolith* bedeckt, eine 10–25 m dikke Schicht aus Gesteinstrümmern; die obersten etwa 3 mm bestehen aus hell- bis bräunlichgrauem *Mondstaub*.

Das Mondgestein, von dem die Astronauten Proben zur Erde brachten, ist reich an Mineralen. Zu den häufigsten gehört das Olivin, das wir auf der Erde nur an wenigen Stellen, z.B. auf der Kanarischen Insel Lanzarote, finden. Einige Minerale wurden erstmals auf dem Mond gefunden, z.B. das Pyroxferroit [(Fe,Ca)SiO$_3$]. Die ältesten Gesteinsproben vom Mond haben ein Alter von 4,5 Milliarden Jahren. Ob der Kern des Mondes geschmolzen ist oder fest, ist noch unbekannt.

Das System Erde–Mond besitzt ein extrem großes Massenverhältnis von 1:81, der Mond ist also im Vergleich zur Erde sehr viel größer als dies bei den Begleitern der anderen Planeten der Fall ist. Er ist kein Satellit im Sinne der übrigen Planetenbegleiter. Kosmogonisch handelt es sich beim Erde-Mond-System eher um einen *Doppelplaneten*.

2.5.4   Mars und seine Monde

Als nächster Planet folgt *Mars*, der »rote Planet«, der wegen dieser Farbe (Assoziation an Kriegs- und Feuersnot) diesen Namen des Kriegsgottes erhielt. Mars ist kleiner als Erde und Venus und besitzt nur eine sehr dünne Atmosphäre. Der Druck an der Oberfläche beträgt weniger als $\frac{1}{100}$ unseres irdischen Luftdrucks. Die Atmosphäre besteht, wie bei der Venus, zu rund 95% aus CO$_2$. Da sie so dünn ist und Mars nur sehr selten Wasserdampfwolken bildet, können wir ungehindert auf die Oberfläche blicken und schauen meist auf eine Sand- und Steinwüste, daher auch die rötliche Farbe. Gelegentlich beobachtet man große Sandstürme. Die Temperaturen auf der Oberfläche schwanken etwa zwischen +20°C und –100°C. Wie bei uns gibt es auf dem Mars Jahreszeiten, und auf der jeweiligen Winterseite bilden sich die berühmten *Polkappen*, teils aus normalem H$_2$O-Schnee, teils aus CO$_2$-Schnee, also Trockeneis. Wir kennen heute die Oberfläche sehr genau; der um den Mars kreisende künstliche Satellit *Mariner 9* hat seit 1971 rund 7000 Bilder zur Erde gefunkt. Auch Mars zeigt viele Krater, daneben große Verwerfungen, also Gebirgsbildungen wie auf der Erde. Der dunkle Norden zeigt überwiegend glatte, von Lava überflutete Ebenen, ähnlich den Mond-Maria, der hellere Süden besteht aus einem kraterreichen Impaktgebiet, ähnlich den Mond-Hochländern. Ferner beobachten wir ausgedehnte Schlamm-Massen, und manche Stromtäler zeigen, daß es auch heute noch gelegentlich Wasser an der Oberfläche gibt. Es stammt aus geschmolzenen Eismassen. Mars besitzt den größten bisher bekannten Vulkan im Sonnensystem – den *Olympus Mons,* mit einem Durchmesser von 600 km und einer Höhe von über 26 km; er ist also etwa doppelt so hoch wie der Mauna Loa in Hawaii über dem Meeresboden.

Es hat viele unbemannte Flüge zum Mars gegeben. Zwei 1976 auf dem Mars gelandete Viking-Geräte arbeiten bis heute als meteorologische Stationen. Sie messen laufend die täglichen Temperaturschwankungen und die Windgeschwindigkeiten (mit Spitzengeschwindigkeiten bis über 60 km/h) und senden die Meßwerte zur Erde herunter. Das Magnetfeld des Mars ist extrem klein, nur etwa $\frac{1}{1000}$ des Erdmagnetfeldes; darum besitzt Mars keine Magnetosphäre.

Man hat oft spekuliert, ob es auf dem Mars Leben gibt. Höheres Leben, wie bei uns, existiert sicher nicht, aber es ist nicht völlig ausgeschlossen, daß es irgendwo Mikroorganismen gibt. Jedoch hat man bisher bei allen Landungen keine organischen Moleküle gefunden.

Mars hat zwei Monde, *Phobos* und *Deimos*, auf deutsch: Furcht und Schrecken. Aber sie sind mit unserem Mond überhaupt nicht zu vergleichen, es sind eingefangene große Gesteinsbrocken von unregelmäßiger Gestalt und etwa 10 bis 20 km Durchmesser. Auf Phobos konnten 250 Krater lokalisiert werden. Phobos zeigt auch in seiner Bewegung am Marshimmel ein ungewöhnliches Verhalten. Mars rotiert in 24,5 Stunden, also praktisch genauso schnell wie die Erde, aber Phobos ist dem Mars so nahe, daß er ihn in knapp 8 Stunden einmal umkreist, er überholt also den langsamer rotierenden Mars. Und das bedeutet: Während die Sonne und alle Sterne wie bei uns im Osten aufgehen, im Laufe eines Tages oder einer Nacht über den Himmel wandern und im Westen untergehen, geht Phobos im Westen auf, wandert allen anderen Sternen entgegen und geht im Osten unter. Deimos umläuft den Mars in etwa 30 Stunden, also etwas langsamer als die Marsrotation. Das heißt, er wandert »normal« von Osten nach Westen, aber sehr langsam. Er bleibt fast drei Marstage über dem Horizont und durchläuft in dieser Zeit mehrmals alle Phasen.

2.5.5   Die Voyager-Mission

Es folgt eine große Lücke, und dann gelangen wir in den Bereich der Riesenplaneten, Jupiter bis Neptun. Ihre Nah-Erkundung erfolgte in den letzten 15 Jahren durch vier Raumsonden, von denen die *Voyager-2-Mission* die erfolgreichste war. Beschreiben wir kurz den Fahrplan von Voyager, denn das gibt uns noch einmal eine Vorstellung von den Ausmaßen des Systems. Voyager 2 startete im August 1977. Zwei Jahre später, im Juli 1979, erreichte er den Planeten Jupiter. Die Anziehungskraft des Jupiter wurde dazu benutzt, die Raumsonde erneut stark zu beschleunigen, und diese wurde so am Jupiter vorbeigelenkt, daß sie in einem sogenannten *swing-by* abgelenkt und zum Saturn gerichtet wurde. Diesen erreichte sie wiederum zwei Jahre später, im August 1981. In einem erneuten swing-by ging es Richtung Uranus, der nach weiteren 4,5 Jahren im Januar 1986 erreicht wurde. Schließlich erreichte Voyager nach weiteren 3,5 Jahren im Juni 1989, also 12 Jahre nach dem Start, den letzten Riesenplaneten Neptun. Von allen diesen Planeten lieferte die Sonde großartige Aufnahmen von den Planetenoberflächen und den Oberflächen der großen Monde, entdeckte bei allen Planeten zahlreiche neue Monde und bei allen vier großen Planeten auch Ringe.

Dieser ganze Weg mit dem gesamten Programm mußte 12 Jahre im voraus geplant und eingebaut werden. Während des 12jährigen Fluges konnten nur Steuerbefehle und neue

Programme für die eingebauten Computer hochgeschickt werden, aber niemand konnte an die Apparaturen heran und etwas reparieren. Dies ist eine der großartigsten Leistungen der Weltraumforschung. Jetzt befindet sich Voyager 2 außerhalb des Bereichs der großen Planeten, aber immer noch kann er Meßsignale herunterfunken, die auf ihrem Weg zur Erde etliche Stunden unterwegs sind. Voyager 2 wird in absehbarer Zeit die *Heliosphäre*, den unmittelbaren Wirkungsbereich unserer Sonne (→3.4.2) verlassen und sich dann wirklich im freien Weltraum befinden. Von diesem Übergang aus dem Magnetbereich der Sonne zum interstellaren Raum (→Kap.11) erhofft man sich noch einmal interessante Daten.

2.5.6   Jupiter und seine Monde

Jupiter, der größte Planet in unserem System, hat einen Durchmesser von etwa 10 Erddurchmessern, und seine Masse entspricht rund 320 Erdmassen. Trotz seiner Größe rotiert er sehr schnell um seine Achse, etwa einmal in knapp 10 Stunden, und benötigt fast 12 Jahre für einen Umlauf um die Sonne. Die schnelle Rotation bewirkt wegen der auftretenden Zentrifugalkräfte am Äquator eine merkliche Abplattung, die man am Fernrohr schon mit dem Auge erkennen kann.

Beim Jupiter sehen wir wiederum nur die Atmosphäre und eine dichte Wolkendecke, nicht aber die Oberfläche. Vermutlich hat er darunter überhaupt noch keine feste Oberfläche, sondern eine Schicht flüssigen Wasserstoffs und erst im Innern einen festen Kern. Die Atmosphäre hat noch weitgehend die Zusammensetzung der Urmaterie wie unsere Sonne, also 99% Wasserstoff (H_2) und Helium, denn die Schwerkraft des Planeten ist so groß, daß er auch diese leichten Elemente festhalten kann, die sich bei der Erde längst verflüchtigt haben (→2.6). Ferner hat man in der Atmosphäre etwa zehn weitere Moleküle nachgewiesen, darunter am stärksten Methan (CH_4) und Ammoniak. (NH_3), also eine für uns giftige Atmosphäre. Die Temperatur beträgt etwa $-150\,°C$. Wegen der schnellen Rotation gibt es starke äquatoriale Strömungen, und so sehen wir ein Streifenmuster von etwa zehn hellen Bändern und ebenso vielen dunklen Zonen, zonale Wolkenschichten, parallel zum Äquator. Schaut man genauer hin, so erkennt man ungeheure Stürme mit Wellen und Wirbeln, Stürme, von deren Ausmaß wir uns hier keine Vorstellung machen können. Dieses Wettergeschehen wird aber nicht, wie bei uns, durch die Sonneneinstrahlung bewirkt, sondern durch eigene, interne Wärmequellen. Auffallend und schon seit der Erfindung des Fernrohrs bekannt ist der *Große Rote Fleck.* Auch hier handelt es sich um einen gewaltigen antizyklischen Wirbel, ähnlich unseren großen Taifunen, nur in sehr viel größerem Umfang und sehr viel stabiler. Möglicherweise befindet sich darunter ein aktiver Vulkan, der diesen Wirbel immer neu nährt. Ähnlich wie die Erde besitzt Jupiter ein ausgedehntes Magnetfeld und eine große Ionosphäre. Die inneren Monde laufen durch die Magnetosphäre hindurch.

Jupiter hat eine interessante eigene Welt von Monden. Bei den vier großen, schon von Galilei entdeckten Monden – man nennt sie darum auch die *Galileischen Monde* – handelt es sich um echte Monde, ähnlich unserem Erdmond. Alle anderen sind, wie beim Mars, eingefangene kleine Körper von 10 bis knapp 200 km Durchmesser. Die meisten dieser kleinen Monde laufen sogar in entgegengesetzter Richtung um den Jupiter. Lange Zeit waren 12 Monde bekannt, vier weitere wurden durch die Raumsonden entdeckt, sicher aber besitzt Jupiter noch mehr Monde.

Die vier großen Monde sind recht unterschiedlich. Der erste Mond, *Io,* etwas größer als unser Erdmond, ist der interessanteste. Auf seiner Bahn ist er mal näher am Jupiter, mal weiter von ihm entfernt. Er unterliegt daher starken Änderungen der Gezeitenkräfte vom Jupiter. In Jupiternähe wird

Io etwas langgezogen und eiförmiger, in Jupiterferne wieder kugelförmiger. Er wird also ständig durchgewalkt. Dies hatte bereits zu der Vorhersage geführt, daß dadurch das Innere des Io sehr heiß und geschmolzen sein müsse und er darum möglicherweise aktiven Vulkanismus zeigen könne. Kurz nach Veröffentlichung dieser Prognose erreichte die erste Sonde den Jupiter, und auf dem ersten Bild von Io waren auf Anhieb mehrere Vulkane zu sehen – ein Triumph der theoretischen Astrophysik. Heute kennen wir 8 aktive und über 100 erloschene Vulkane auf diesem Mond. Io ist, soweit bisher bekannt, der einzige Mond in unserem System mit aktivem Vulkanismus. Die Auswurfgeschwindigkeiten sind erheblich größer als die Entweichgeschwindigkeit ($\rightarrow$2.2), Io kann also diese ausgeschleuderte Materie mit seiner geringen Schwerkraft größtenteils nicht halten und entgast mehr und mehr. Seine Oberfläche ist mit Schwefel- und Phosphorverbindungen bedeckt. Vom Io aus betrachtet erscheint der Jupiter am Himmel als riesige Scheibe, etwa 1800mal so groß wie von uns aus gesehen die Scheibe des Vollmonds.

Der nächste Mond, *Europa*, ist etwas kleiner und viel langweiliger. Die Oberfläche, ohne Verwerfungen, ohne große Einschlagkrater, ist völlig mit Eis bedeckt und zeigt ein reiches System von Rillen, Risse im Eis, zwischen 50 und 200 km breit und teilweise über 1000 km lang.

Es folgt *Ganymed*, der größte Mond in unserem Planetensystem, fast doppelt so groß wie unser Mond und sogar größer als der innerste Planet Merkur. Mit Becken, tektonischen Formen und vielen Einschlagkratern ist er unserem Mond sehr ähnlich. Die Oberfläche besteht aus Eis und Silikatgestein.

Schließlich kommt *Kallisto*, etwas kleiner als Ganymed, aber immer noch größer als unser Mond. Er besitzt von den vier großen Jupitermonden die älteste Oberfläche, übersät mit Millionen von Einschlagkratern.

Die 16 Jupitermonde gruppieren sich in vier Vierergruppen: Ganz innen die vier kleinen Monde *Metis, Andrastea, Amal-*

thea und *Thebe*; ihre Abstände vom Zentralkörper sind kleiner als zwei Jupiterradien. Dann folgen sehr bald die vier oben beschriebenen großen galileischen Monde mit Abständen zwischen 6 und 26 Jupiterradien. In sehr viel größerer Entfernung (155 bis 164 Jupiterradien) kommt die Gruppe *Leda, Himalia, Lysithea* und *Elara*, und schließlich nochmals in gut doppelter Entfernung (290 bis 332 Jupiterradien) die Gruppe *Ananke, Carme, Pasiphaë* und *Sinope*.

Die ersten Raumsonden bestätigten ein schon seit 1960 vermutetes Ringsystem um den Jupiter, bestehend aus Partikeln von wenigen Tausendstel mm Durchmesser. Ein heller, relativ schmaler Teil des Systems hat einen Abstand von 1,8 Jupiterradien, ist etwa 800 km breit und nur wenige km dick.

2.5.7   Saturn und seine Monde

Es folgt der schönste Planet in unserem System, *Saturn*, charakterisiert durch sein großartiges Ringsystem. Die Atmosphäre des Saturns ist derjenigen des Jupiters sehr ähnlich, überwiegend Wasserstoff und Helium und auch hier Methan und Ammoniak. In der dichten Wolkendecke beobachten wir wieder enorme Stürme mit Windgeschwindigkeiten bis zu 1800 km/h, also gut 10mal stärker als die stärksten Orkane auf der Erde.

Charakteristisch aber ist das Ringsystem. Von der Erde aus kann man zwei, unter günstigen Bedingungen drei einzelne Ringe erkennen. Auffallend ist vor allem die rund 5000 km breite *Cassini-Teilung*. Die Sonden Pionier 11 (1979) und Voyager 1 und 2 (1980 und 1981) ließen dann Hunderte von Ringen erkennen, so daß die ganze Ringebene eher wie eine Grammophonplatte aussieht. Natürlich handelt es sich nicht um massive Ringe, sondern um eine ungeheure Ansammlung von Steinen, und jeder dieser Steine – metergroße, von Eispanzern umgebene Gesteinsbrocken bis hinunter zu Staubteilchen – umkreist den Saturn wie ein eigener Mond, aber alle in der gleichen Ebene. Die Dicke der Ringebene beträgt nur an die 100 m, vielleicht sogar noch weniger. Die Ringebene ist etwas gegen die Bahnebene des Saturns geneigt, und während des fast 30jährigen Umlaufs des Saturns um die Sonne sehen wir mal von oben, mal von unten in diese Ringebene hinein. Dazwischen sehen wir den Ring nur als dünnen Strich genau von der Kante. Dies wird 1996 wieder der Fall sein.

Saturn hat eine noch reichere Mondwelt als Jupiter. Über 20 Monde sind heute bekannt, darunter 9 große, die man schon lange kennt; der Rest sind kleine Brocken, die erst beim Vorbeiflug der Raumsonden entdeckt wurden. Die neun großen Monde sind von innen nach außen: *Mimas* mit nur 400 km Durchmesser, aber einem Einschlagkrater von 130 km Durchmesser, der also einen großen Teil der Oberfläche bedeckt. Die Kraterwände erreichen eine Höhe von 9 km. *Enceladus*, der früher vermutlich einmal Vulkanismus besaß. Heute ist er von einer Eisdecke bedeckt. *Thetis* mit einem ausgeprägten Rillensystem. *Dione* und *Rhea* mit über 1000 km Durchmesser und einigen großen Einschlagkratern. Es folgt *Titan*, größer als der Merkur, und der einzige Mond in unserem System, der eine dichtere Atmosphäre besitzt. Schließlich die kraterübersäten Monde *Hyperion*, *Japetus* und ganz außen *Phoebe* von nur 220 km Größe. Dieser äußerste Mond benötigt für seinen Umlauf um den Saturn länger als die Erde um die Sonne, nämlich anderthalb Jahre. Die zahlreichen kleinen Monde treten oft als Begleiter der großen Monde auf, laufen also in ähnlichen Bahnen um den Saturn.

2.5.8   Uranus und seine Monde

Als nächster in der Reihe der großen Planeten kommt der 1781 von Herschel entdeckte *Uranus*. Er ist von uns aus gesehen so klein, daß man 200 Jahre lang praktisch nicht viel

von ihm wußte. Im Januar 1986 flog Voyager am Uranus
vorbei und brachte erste genauere Kunde. Die Atmosphäre
besteht überwiegend aus Wasserdampf. Ferner entdeckte
Voyager eine Wolkendecke über dem Südpol. Das schon
vermutete Ringsystem war nun deutlich zu erkennen. Es besteht aus elf scharf begrenzten Ringen, die zwischen 1,6 und
2 Uranusradien vom Planeten entfernt sind.

Fünf große Monde waren beim Uranus schon lange bekannt:
Miranda, Ariel, Umbriel, Titania und *Oberon* mit Durchmessern zwischen 1000 und 1500 km. Bisher waren es nur Punkte, nun konnte man Einzelheiten erkennen, z. B. Krater und
mit Rissen und Gräben durchzogene Gebiete auf Ariel, oder
eisbedeckte Flächen und eine Erhebung von 6 km Höhe auf
Oberon. Zusätzlich zu diesen fünf großen entdeckte Voyager auf Anhieb 10 weitere kleine Monde mit Durchmessern
bis zu 50 km.

Eine Besonderheit zeigt das Uranus-System, es ist sozusagen
»aus seiner Bahn gekippt«. Die Rotationsachse, die Polachse
des Uranus ist um 98° geneigt, liegt also praktisch in der
Bahnebene. Uranus wälzt sich gewissermaßen in seiner
Bahn. Zweimal im Uranusjahr (das sind 85 Erdenjahre)
steht die Sonne senkrecht über den Polen. Die Rotationszeit
beträgt 17,2 Stunden. Alle Monde kreisen etwa in der Äqua-
torebene, also senkrecht zur Bahn des Planeten.

2.5.9   Neptun und seine Monde

Der nächste Planet, *Neptun*, wurde zuerst auf dem Papier
entdeckt. Als man nach den Gesetzen der Himmelsmechanik die Bahn des Uranus und damit auch seinen Ort am
Himmel im voraus berechnete (→2.2), stellte man systematische Unterschiede zwischen Beobachtung und Rechnung
fest. Man schloß daraus auf einen weiteren Körper, der den
Uranus in seiner Bahn stört, und aus den beobachteten Abweichungen berechneten Adams und Leverrier die Bahn des

hypothetischen Planeten. Wenig später fand Galle in Berlin 1846 den neuen Planeten etwa an dem vorausberechneten Ort. Neptun ist 30mal soweit von der Sonne entfernt wie die Erde. Das bedeutet, daß man von dort aus die Sonne nicht mehr als Scheibe, sondern nur noch als sehr hellen Punkt sehen würde. Neptun ist dem Uranus sehr ähnlich. Eine Besonderheit ist der *Große Dunkle Fleck,* etwa von der Größe unserer Erde. Es handelt sich wieder um große Zyklone in der Atmosphäre. Auch das schon vermutete Ringsystem wurde bestätigt. Ringe zu besitzen, ist also bei den großen Planeten offenbar das Normale.

Zwei Monde des Neptuns waren schon lange bekannt, *Triton* und *Nereide*. Vom Triton lieferte Voyager sehr gute Aufnahmen. Die Südpolkappe erscheint leicht rosa, vermutlich langsam verdampfendes Stickstoffeis, das während des dortigen vergangenen Winters ausgefroren ist. Voyager hat ferner 6 neue Monde entdeckt, so daß wir heute 8 Monde des Neptuns kennen.

2.5.10   Pluto und sein Mond

Der 1930 entdeckte Planet *Pluto* bildet die bisherige äußere Grenze des Planetensystems. Pluto ist wesentlich kleiner als die Riesenplaneten, nur etwa so groß wie unser Mond. Er dürfte hauptsächlich aus Eis bestehen. Während alle anderen Planeten fast auf Kreisbahnen um die Sonne laufen, ist die Bahn des Pluto ellipsenförmiger, also langgestreckter. Das hat zur Folge, daß er zeitweise in die Neptunbahn »eintauchen« kann, was zur Zeit gerade der Fall ist. Von 1979 bis 1999 ist Pluto näher an der Sonne als Neptun.

Pluto besitzt einen Mond, *Charon*, der 1978 entdeckt wurde und etwa ein Drittel der Größe des Pluto erreicht. Ähnlich wie beim System Erde–Mond handelt es sich auch hier eher um einen Doppelplaneten.

Es ist nicht ausgeschlossen, daß jenseits von Pluto weitere

Planeten kreisen. Aber bisher wurde kein *Transpluto* entdeckt. Die Wahrscheinlichkeit, Planeten zu entdecken, wird
mit wachsender Entfernung auch immer geringer. Über
kleine Planeten jenseits der Plutobahn →3.1.

2.6 Kosmogonie

Der Ausdruck *Kosmogonie* wird in der Literatur unterschiedlich verwendet. Die einen beziehen ihn nur auf den
Ursprung der Grundbestandteile beim Urknall, andere verstehen unter Kosmogonie generell die Entstehung des Kosmos, der Galaxien und der Sterne, und wieder andere verwenden den Ausdruck nur im Zusammenhang mit der Entstehung unseres Planetensystems. In diesem letzten Sinne
wird er auch hier verstanden.
Die Entstehung unseres Planetensystems ist ein komplizierter und noch keineswegs in allen Details wirklich verstande-
ner Vorgang. Die Kosmogonie muß einige Eigenschaften
des Systems erklären, die nicht aus den himmelsmechani-
schen Gesetzen folgen. Dazu gehören z. B. die Tatbestände,
daß alle Planeten etwa in einer Ebene laufen, daß alle Bahnen nahezu kreisförmig sind, daß fast alle Umläufe und Rotationen im gleichen Sinn (rechtläufig) erfolgen, und daß die
Sonne 99,9% der Gesamtmasse des Systems enthält, aber
nur 0,5% des Gesamtdrehimpulses. Die modernen Theorien
knüpfen an die alten Vorstellungen von Kant (Nebularhypo-
these) und Laplace (Abschleuderungshypothese) an. Im Detail zeigen sich viele Varianten, gemeinsam ist ihnen etwa das
im folgenden beschriebene Prinzip.
Durch Kollaps einer interstellaren Wolke entstand die Protosonne (weiteres hierzu →7.1). Sie besaß eine weit ausgedehnte rotierende Gashülle mit ca. 1% Staubbeimischung
(→11.6). Infolge innerer Reibung flacht diese Wolke zu
einer rotierenden Scheibe ab. In der Scheibe kondensiert der

Staub zu größeren, festen Körpern, den *Planetesimals*, und durch weitere Akkumulation und Gasansammlung bildeten sich hieraus vor 4½ Milliarden Jahren allmählich die Planeten. Durch Gravitation und Radioaktivität kommt es zur Aufheizung und zum Aufschmelzen der Planetenkörper und dabei zur Fraktionierung, das heißt zur Bildung des Eisen-Nickel-Kerns und der silikatreichen Kruste. Das nicht von den Planeten akkumulierte Material wird durch den Sonnenwind (→3.4.2) fortgeblasen. Im Plasma sind Magnetfelder eingefroren. Darum kann auf magnetohydrodynamischem Wege Drehimpuls von der zentralen Sonne auf die langsam rotierende Hülle übertragen werden.

Die Zusammensetzung des Urnebels entsprach der Zusammensetzung der Sonne: 99% Wasserstoff und Helium. Die heißer werdende Sonne ionisiert das Gas der Umgebung, es bildet sich eine H-II-Region (Strömgrensphäre, →11.4.2); die dabei auftretende Stoßwelle bewirkt eine Expansion und entfernt die Hauptmasse des Urnebels (ca. 99%). Die kleineren Planeten wie die Erde können die leicht flüchtigen Elemente (Wasserstoff und Helium) nicht festhalten; diese verdampfen wegen zu geringer Gravitation, und es bleiben die heutigen festen Körper zurück. Die großen Planeten wie Jupiter und Saturn besitzen etwa noch die solare Zusammensetzung. – Dieser Ablauf kann die wichtigsten Eigenschaften unseres Planetensystems plausibel erklären.

3 Kleinkörper im Sonnensystem

3.1 Die kleinen Planeten

Schon Kepler war die große Lücke zwischen den Planeten Mars und Jupiter aufgefallen, und er vermutete dort einen weiteren Körper. In der Tat folgen die Abstände der damals bekannten Planeten von der Sonne recht gut einer geometrischen Reihe (*Titius-Bodesche-Beziehung*); Platz fünf – zwischen Mars und Jupiter – war jedoch unbesetzt. Als dann der 1781 entdeckte Planet Uranus genau auf Platz acht paßte, war man überzeugt, daß es zwischen Mars und Jupiter einen weiteren Planeten geben müsse, und es wurde sogar eine astronomische Gesellschaft gegründet, um systematisch nach ihm zu suchen. 1801 entdeckte Piazzi diesen fehlenden Planeten, der den Namen *Ceres* erhielt. Um die nach kurzer Zeit hinter der Sonne verschwundene Ceres wieder aufzufinden, entwickelte Gauß damals eine neue Methode der Bahnberechnung aus nur wenigen Beobachtungen (→2.2).
In einer Beziehung paßte Ceres allerdings nicht in die Reihe der Planeten, er war mit ca. 1000 km Durchmesser wesentlich kleiner als die anderen. Als dann in den folgenden Jahren drei weitere Körper – *Pallas, Juno* und *Vesta* – zwischen Mars und Jupiter gefunden wurden, war klar, daß hier nicht ein großer, sondern viele kleine Planeten ihre Bahn ziehen, und deshalb werden sie heute *kleine Planeten* oder *Planetoiden* oder *Asteroiden* genannt. Wenn von einem kleinen Planeten die Bahn bekannt ist, so daß mittels einer Ephemeridenrechnung (→2.2) sein Ort jederzeit bestimmt werden kann, erhält er eine laufende Nummer und einen Namen nach Wahl des Entdeckers. Die Zahl der kleinen Planeten stieg zunächst langsam, mit Aufkommen der Photographie dann immer schneller an und hat 1992 die Zahl 5000 überschritten. Man vermutet, daß es etwa 100000 bis Millionen dieser Körper größer als 1 km gibt.

Die meisten kleinen Planeten kreisen zwischen Mars und Jupiter, nahe der Ekliptik (→1.5), aber es gibt interessante Ausnahmen, verursacht durch Gravitationsstörungen seitens der großen Planeten. Einige kleine Planeten kreuzen die Erdbahn; man nennt sie *Erdbahn-Kreuzer* oder, nach einem ihrer Vertreter, *Apollo-Objekte*. Sie spielen eine wichtige Rolle für die Entfernungsbestimmungen im Sonnensystem (→12.1). *Hermes* kommt der Erde bis auf die doppelte Mondentfernung nahe, und der kleine Planet 1991 BA kam der Erde 1991 sogar näher als der Mond. Es gibt schätzungsweise etwa 1000 Erdbahn-Kreuzer größer als 1 km. Der Zusammenstoß mit solch einem Planetoiden könnte möglicherweise das Aussterben der Dinosaurier bewirkt haben. Der kleine Planet *Icarus* taucht sogar noch in die Merkurbahn ein und kommt bis auf 0,19 Astronomische Einheiten (rund 30 Millionen km, →12.1) an die Sonne heran, andere (z.B. *Chiron*) laufen bis fast zum Uranus hinaus.

Eine interessante Gruppe bilden die *Trojaner*. Sie laufen in der Jupiterbahn in der Nähe zweier himmelsmechanisch stabiler Punkte (*Librationspunkte*, →9.6), die 60° vor und 60° hinter Jupiter selbst in seiner Bahn um die Sonne kreisen. Die Mitglieder dieser Gruppe sind nach Gestalten aus dem Trojanischen Krieg benannt. Bei den kleinen Monden von Mars, Jupiter und Saturn handelt es sich sehr wahrscheinlich auch um eingefangene kleine Planeten. In letzter Zeit wurden einige kleine Planeten jenseits der Plutobahn aufgefunden. Möglicherweise gibt es hier eine zweite Gruppe kleiner Körper, wie schon G. Kuiper vermutete (*Kuiper-Gürtel*).

Die Durchmesser der bekannten kleinen Planeten liegen zwischen 1000 km und 200 m. Natürlich gibt es noch kleinere, und der Übergang von den Planetoiden zu den Meteoriten (→3.3) ist fließend.

Die kleinen Planeten sind sicher nicht, wie gelegentlich vermutet wurde, Überreste eines zerplatzten großen Planeten. Vielmehr kam es aus nicht ganz geklärten Gründen hier nicht zur Bildung eines großen Planeten. Die kleinen Körper

(*Planetesimals*), die sich in den anderen Bereichen nach und nach zu großen Planeten vereinigten, blieben hier getrennt und bilden heute die Gruppe der kleinen Planeten (→2.6).

3.2 Die Kometen

Bei den *Kometen* (griech. *kometes* ›Haarstern‹) handelt es sich um kleine Körper von einigen bis zu etwa 100 km Durchmesser, die auf sehr langgestreckten Ellipsenbahnen um die Sonne laufen. Nur wenn sie in die inneren Bereiche des Sonnensystems gelangen, können sie von der Erde aus beobachtet werden. Sie werden zunächst mit der Jahreszahl und einem Buchstaben in der Reihenfolge ihrer Entdeckung bezeichnet, z.B. 1975 h = achter Komet im Jahre 1975. Wenn ihre Bahn festliegt, erhalten sie neben der Jahreszahl eine römische Ziffer in der Reihenfolge des Periheldurchgangs (→2.2) und den Namen des Entdeckers; kurzperiodische Kometen bekommen zusätzlich den Buchstaben P (z.B. P/Halley). Der Kometenkatalog von 1989 enthält 810 Kometen mit bekannten Bahnen. Gelegentlich werden Kometen durch die großen Planeten so gestört, daß sie das Sonnensystem für immer verlassen (hyperbolische Bahnen). Bei den *langperiodischen* Kometen liegt der sonnenferne Punkt (Aphel) weit jenseits des äußersten Planeten Pluto, die Umlaufzeiten liegen zwischen einigen hundert und etlichen Millionen Jahren. Etwa 130 Kometen haben Umlaufzeiten von weniger als 200 Jahren. Diese *kurzperiodischen* Kometen wurden zum großen Teil schon mehrmals beobachtet. Der bekannteste ist der *Halleysche Komet* mit einer Umlaufzeit von 76 Jahren, von dem seit 240 v.Chr. bis heute 29 Erscheinungen überliefert sind. Bei rund 70 kurzperiodischen Kometen liegen die Aphele in der Nähe der Jupiterbahn, bewirkt durch dessen Gravitation; sie bilden die *Jupiterfamilie*.

Jan Oort vermutet eine große Wolke (*Oortsche Wolke*) von etlichen Milliarden Kometen weit außen in unserem Sonnensystem, übrig gebliebene, unversehrte Relikte aus der Zeit der Planetenentstehung vor 4 bis 5 Milliarden Jahren (→2.6). Durch Störungen vorbeiziehender Sterne und durch das galaktische Schwerefeld werden ab und zu einzelne dieser Körper in ihrer Bahn so beeinflußt, daß sie in das Innere des Sonnensystems gelangen.

Die Kometen bestehen im wesentlichen aus Eis mit meteoritischem Material (→3.3), sie werden darum auch treffend als »schmutzige Schneebälle« bezeichnet. Erst in Sonnennähe werden sie durch die Strahlung der Sonne aufgeheizt, das Eis verdampft, und es bilden sich die typischen Erscheinungen eines Kometen: Kern, Koma und Schweif.

Der *Kern* ist das ursprüngliche Konglomerat aus Eis und meteoritischem Material, bedeckt mit einer extrem dunklen Kruste, aus der in Sonnennähe Jets des verdampften Materials herausschießen. Durch die *Giotto-Mission* zum Kometen Halley (1985) konnte erstmals der Kern eines Kometen aus der Nähe beobachtet werden. Die Ausdehnung des Halleyschen Kometenkerns beträgt $15\,km \times 8\,km \times 8\,km$.

Aus dem in Sonnennähe nach allen Seiten verdampften Material bildet sich die *Koma* bis zu etlichen tausend km Ausdehnung, umgeben von einer noch etwa 10mal größeren, von der Erde aus nicht sichtbaren, Wasserstoffwolke. Das Spektrum zeigt das an Staubteilchen reflektierte Sonnenlicht und Emissionslinien etlicher Moleküle, Radikale und Radikalionen. Die Koma ist das, was wir normalerweise als »Komet« sehen. Kern und Koma zusammen bilden den *Kopf* des Kometen.

Die verdampfte Materie wird dann von der Sonne fortgeblasen und bildet den *Schweif*. Dieser ist also immer von der Sonne weggerichtet, so daß der Komet, wenn er sich von der Sonne entfernt, ihn gewissermaßen vor sich her schiebt. Beim Schweif müssen wir zwei physikalisch ganz verschiedene Typen unterscheiden:

Typ 1 – der *Ionenschweif*. Das verdampfte und ionisierte Gas wird vom *Sonnenwind* (→3.4.2), einer ständig von der Sonne ausgehenden Partikelstrahlung, fortgerissen und bildet einen wegen der hohen Geschwindigkeit (10 bis 100 km/s) fast gradlinigen, von der Sonne fortgerichteten Schweif. Er erreicht Längen bis zu 100 Millionen km, dann ist das Leuchten der Ionen erloschen und das Material nicht mehr zu sehen.

Typ 2 – der *Staubschweif*. Die beim Verdampfen mitgerissenen Staubteilchen werden vom Strahlungsdruck der Sonne fortgetrieben und reflektieren das Sonnenlicht. Wegen der kleineren Geschwindigkeit bleiben die Staubteilchen gegenüber dem Gas in ihrer Bewegung zurück, die Staubschweife sind darum breiter und diffuser als die Ionenschweife und oft gekrümmt.

Infolge des wiederholten Verlusts an Materie in Sonnennähe lösen sich die kurzperiodischen Kometen nach und nach auf, und ihre Materie verteilt sich allmählich auf der ursprünglichen Kometenbahn. Kreuzt die Erde eine solche Bahn, kommt es zu erhöhtem Meteoriteneinfall (→3.3).

3.3 Meteore und Meteorite

Neben den bisher besprochenen großen Planeten mit ihren Monden, den kleinen Planeten und den Kometen ist das Planetensystem erfüllt mit einer Menge von Gesteinsbrocken bis hinunter zu kleinen Staubteilchen, die alle ihre Bahn um die Sonne ziehen. Stoßen diese mit der Erde zusammen, so verglühen sie in deren Atmosphäre – wir beobachten Sternschnuppen und Feuerkugeln – oder stürzen, falls sie hinreichend groß sind, als feste Körper auf die Erdoberfläche herunter. Der Begriff *Meteor* wird umgangssprachlich oft als Oberbegriff für die Gesteinsbrocken und ihre Erscheinungen verwendet, im strengen Sinne bezeichnet Meteor nur die Leuchterscheinung in der Erdatmosphäre. Der Körper selbst heißt Meteorit, wobei das Englische noch unterscheidet zwischen *meteoroid* (deutsch auch: Meteorkörper), solange er sich im interplanetaren Raum befindet und *meteorite* als heruntergestürzter fester Körper auf der Erde.

Beim Zusammentreffen von Meteorkörper und Erde handelt es sich um einen echten Zusammenstoß. Die Anziehung der Erde spielt nur eine untergeordnete Rolle und verändert ein wenig die Bahn. Die Geschwindigkeit der Meteorite relativ zur Sonne beträgt maximal 42 km/s (das ist die Entweichgeschwindigkeit am Ort der Erde, →2.2; schnellere Meteorite hätten das Sonnensystem bereits verlassen). Da sich die Erde mit 30 km/s um die Sonne bewegt, kann die Relativgeschwindigkeit beim Zusammenstoß zwischen Erde und Meteorit bis zu 72 km/s betragen. Morgens befinden wir uns auf der Vorderseite der Erde, da ist die Zahl der Zusammenstöße groß, abends ist die Zahl klein, da treffen uns nur die Körper, die schneller sind als die Erde und uns »von hinten« treffen. Es ist ein ähnlicher Effekt wie bei einer Autofahrt im Regen: die vordere Windschutzscheibe wird stärker von Regentropfen getroffen als die Rückscheibe.

Beim Eindringen in die Erdatmosphäre werden die Körper stark abgebremst, leuchten auf und verglühen. Dies spielt sich vorwiegend zwischen 140 und 20 km Höhe ab, und wir beobachten es als *Sternschnuppe*. In einer klaren, mondlosen Nacht beobachtet man mit dem bloßen Auge rund 5 bis 10 Sternschnuppen pro Stunde. Das verdampfte Material rieselt dann ganz langsam als *Meteorstaub* auf die Erdoberfläche. Das *Aerosol* in der Stratosphäre stammt von solchem Meteorstaub. Es handelt sich bei den Sternschnuppen um winzige Staubteilchen von etwa $1/100$ g und weniger. Nach modernen Abschätzungen fallen etwa 40 t/Tag meteoritischen Materials auf die Erde herunter. Teilchen kleiner als 0,1 mm rufen keine Leuchterscheinungen mehr hervor und werden *Mikrometeorite* genannt.

Bei größeren Brocken kommt es zu starken Leuchterscheinungen und zum Zerplatzen, gelegentlich sogar verbunden mit Detonationsgeräuschen. Dann sprechen wir von *Feuer-kugeln* oder *Boliden*. Bei noch größeren Brocken dringt die Hitze nicht schnell genug nach innen; die Oberfläche ver-brennt, der Restkörper fällt, mit Schmelzgruben versehen, als *Meteorit* auf die Erde. Es gibt etwa 700 Funde, deren Niederfall beobachtet wurde, und etliche tausend Funde de-ren Niederfall nicht beobachtet wurde, vor allem in der Ant-arktis. Über die chemische Zusammensetzung gibt es sehr genaue Untersuchungen und detaillierte Klassifikationen. Ganz grob können wir drei Gruppen unterscheiden: rund 95% der Meteorite sind *Steinmeteorite*, deren Zusam-mensetzung derjenigen des Erdmantels ähnelt. Rund 5% sind *Eisenmeteorite*, die fast nur aus Eisen und Nickel beste-hen, und eine kleine Gruppe *Tektite* (oder *Glasmeteorite*), vorwiegend aus Siliziumdioxid. Bei den Funden, deren Nie-derfall nicht beobachtet wurde, überwiegen die Eisenmeteo-rite, weil Steinmeteorite weniger resistent gegen terrestri-sches Wetter und nicht so leicht von irdischem Gestein zu unterscheiden sind. Das Alter der Meteorite entspricht etwa dem des Sonnensystems. Bei etwa einem Dutzend genau re-gistrierter Meteoritenfälle handelt es sich um Material vom Mond und vom Mars. Es sind Materiebrocken, die bei einem dortigen Meteoriteneinfall weggeschleudert wurden.

Sehr selten kommt es zu einem Zusammenstoß mit einem sehr großen Körper von mehr als 10t Masse, der dann beim Aufprall einen Einschlagkrater hinterläßt, wie wir sie vom Mond kennen (→2.5.3). Auf der Erdoberfläche kennen wir knapp 100 Strukturen, die sicher oder vermutlich auf solche Ereignisse zurückzuführen sind. Drei bekannte seien ge-nannt: Der in der Wüste sehr gut erhaltene Meteorkrater in Arizona mit 1200m Durchmesser und 170m Tiefe. Hier stürzte vor knapp 50000 Jahren ein Eisenmeteorit herunter, dessen Masse nach verschiedenen Schätzungen zwischen 150000 und einigen Millionen Tonnen angegeben wird. – In Süddeutschland das *Nördlinger Ries* mit 24km Durchmes-ser. Es stammt von einem Meteoriten von rund 1km Durch-

messer, der hier vor 14,5 Millionen Jahren herabstürzte. Zu
dem dabei aus dem Krater herausgeschleuderten, geschmolzenen und in der Luft wieder fest gewordenen Material gehören zum Beispiel die berühmten *Böhmischen Gläser*. –
Der einzige bekannte Fall in historischer Zeit ist der Ein-
sturz eines Meteoriten 1908 in Sibirien (*Tungusta-Meteorit*).
Die Zerstörung des Waldes erfaßte einen Umkreis von
65 km. Die Energie des Einsturzes entsprach der von mehr
als hundert Hiroshima-Bomben. Meteoritisches Material
findet man bei diesen großen Kratern kaum, denn bei
Meteoriten von über 100 t geht beim Aufprall eine so starke
Schockwelle durch den Körper, daß dieser fast augenblick-
lich völlig verdampft.

Nach der ursprünglichen Bahnform und Herkunft der Gesteinsbrocken im Sonnensystem unterscheidet man drei
Gruppen: (1) *Planetare Meteorite*. Sie beschreiben elliptische
Bahnen kurzer Umlaufzeit und sind vermutlich Fragmente
größerer Elternkörper im Asteroidengürtel, also im Bereich
der kleinen Planeten (→3.1). Der Übergang von kleinen Planeten zu großen Meteoriten ist sicher fließend. Etwa die
Hälfte aller Meteorite gehört in diese Gruppe. – (2) Weitere
30% sind *Meteorite mit parabelnahen Bahnen*. Es sind Klein-
körper unbekannter Herkunft aus einem Bereich außerhalb
der großen Planeten, aber Mitglieder des Sonnensystems;
vielleicht stammen sie aus dem Kuiper-Gürtel (→3.1). Nur
wenige Prozent besitzen Hyperbelbahnen. – (3) *Kometari-
sche Meteorite* (rund 20%). Das sind Überreste von Kometen, die sich durch das ständige Entgasen in Sonnennähe allmählich auflösen (→3.2). Das Material verteilt sich auf die
ganze Kometenbahn und bildet einen *Meteorstrom*. Wenn
die Erde solch einen Strom kreuzt, kommt es zu einer erhöh-
ten Zahl von Sternschnuppen, unter günstigen Bedingungen
sogar zu richtigen *Meteorschauern* mit 1000 und mehr Sternschnuppen pro Stunde. Da diese Körper etwa die gleiche
Bahn beschreiben, scheinen sie alle von derselben Stelle des
Himmels, dem sog. *Radianten*, herzukommen. Benannt wer-

den die Meteorströme nach dem Sternbild, in dem der Radiant liegt. Wir kennen etwa 50 derartige Ströme, die bekanntesten sind die Perseiden, die um den 11. August auftreten, und die Leoniden Mitte November. Ursache der Perseiden ist der Komet 1862 III Swift-Tuttle mit einer Umlaufzeit von etwa 120 Jahren. Die 1982 erwartete Wiederkehr hat sich allerdings um rund 10 Jahre verspätet. Das Aphel dieses Kometen liegt jenseits der Plutobahn.

3.4 Interplanetare Materie

Der Raum zwischen den großen und kleinen Körpern unseres Sonnensystems ist nicht völlig leer. Kleine Staub- und Gaspartikel erfüllen ihn, Partikel, die aber nun nicht mehr nach den Keplerschen Gesetzen die Sonne umkreisen, sondern anderen Kräften folgen.

3.4.1 Interplanetarer Staub

Um die Sonne herum liegt eine Staubwolke in Form einer abgeflachten Scheibe, etwa in der Ekliptik, also der Bahnebene der Erde und der anderen großen Planeten (→1.5/2.2). Der Staub reflektiert das Sonnenlicht und wir sehen ihn als *Zodiakallicht*, eine kegelförmige Erhellung abends nach Sonnenuntergang oder morgens vor Sonnenaufgang im Bereich des Tierkreises, besonders in den Tropen, weil dort die Ekliptik steil vom Horizont aufsteigt. Diese Staubscheibe reicht noch über die Erdbahn hinaus, und genau im Gegenpunkt zur Sonne beobachtet man unter sehr günstigen Bedingungen eine schwache Aufhellung, den *Gegenschein*, hervorgerufen durch die etwas stärkere Rückwärtsstreuung des Sonnenlichts. Den Staub zwischen Sonne und Erde können wir normalerweise nicht beobachten, weil die Sonne alles überstrahlt, nur bei einer totalen Sonnenfinsternis sehen wir ihn als F-Korona (reflektiertes Fraunhofer-Spektrum der Sonne, →4.1.3). Mit Satelliten kann man heute den interplanetaren Staub auch direkt auffangen; die von der Erde aufgesammelten Teilchen kommen als *Mikrometeorite* herunter. Aus all diesen Informationen weiß man, daß es sich um Teilchen von 0,1 bis 100 μm (also bis zu 0,1 mm) Größe und einem Gewicht von Millionstel Gramm und weniger handelt. Ständig verdampft Staub, wenn er der Sonne zu nahe kommt; die Nachlieferung geschieht durch Kometen und kleine Planeten.

3.4.2   Interplanetares Gas, Sonnenwind

Das interplanetare Gas ist zum Teil nicht-solaren Ursprungs. Dabei handelt es sich vor allem um interstellares Gas (→11.4), durch das sich unser Sonnensystem mit etwa 20 km/s hindurchbewegt. Die mittlere Dichte ist etwa ein Wasserstoffteilchen auf 10 cm^3. Ein kleiner Anteil nicht-solaren Gases stammt aus den Planetenatmosphären.

Häufiger und wichtiger ist das von der Sonne stammende Gas, der *solare Wind* oder *Sonnenwind*. Es handelt sich dabei um ein *Plasma*. Darunter versteht man in der Physik ein Gas (hier vor allem Wasserstoff und Helium), dessen Atome ionisiert, also elektrisch geladen sind (→5.5); dazu aber eine entsprechende Menge freier Elektronen entgegengesetzter Ladung, so daß das Gas als Ganzes neutral ist. Der Ursprung ist die Korona (→4.1.3). Die Aufheizung der Korona bewirkt eine starke Beschleunigung des Koronaplasmas bis auf Überschallgeschwindigkeit, so daß das Plasma radial die Sonne verläßt. Bei hoher Sonnenaktivität (→4.2) tritt ein verstärkter Sonnenwind auf, der einige Tage später die Erde erreicht und hier Störungen im Erdmagnetfeld (*magnetische Stürme*) und verstärkte *Nord-* oder *Polarlichter* hervorruft. In Erdnähe beträgt die Dichte des mittleren Sonnenwindes etwa 10 Protonen (ionisierte H-Atome) pro cm^3 und auf 100 Protonen kommen etwa 4 Heliumkerne; die mittlere Geschwindigkeit ist 470 km/s. Der Sonnenwind treibt auch die Ionenschweife der Kometen von der Sonne fort ($\rightarrow$3.2).

Der Sonnenwind nimmt solares Magnetfeld mit. Die Feldlinien gehen radial nach auswärts, sind aber wegen der Sonnenrotation etwas gekrümmt, wie der Strahl eines rotierenden Rasensprengers. In Erdnähe beträgt das Feld einige 10000stel Gauß (Erdmagnetfeld = ½ Gauß). Den Bereich, in dem der Sonnenwind und das mitgeführte Magnetfeld wirksam sind, nennt man *Heliosphäre*; sie reicht bis weit über die Plutobahn hinaus ($\rightarrow$2.5.5).

4 Unsere Sonne

Das Zentralgestirn unseres Planetensystems ist die Sonne und darum für uns natürlich von besonderem Interesse. Alles Leben auf der Erde ist nur durch sie möglich. Gleichzeitig ist sie aber auch der Prototyp eines »normalen« Sterns, und dank ihrer Nähe ist sie der einzige Stern, auf dessen Oberfläche wir Einzelheiten erkennen und untersuchen können. Sie spielt also auch für das Verständnis der anderen Sterne eine hervorragende Rolle, und praktisch alle Methoden, die wir zur Erforschung der Sterne verwenden, erproben wir zunächst an der Sonne. Einige Daten über sie sind in Tab. 4 zusammengestellt.

Die Sonne rotiert in 25,4 Tagen einmal um ihre eigene Achse (*siderische Rotation*). Die auf die Erde bezogene und darum für uns wichtigere *synodische Rotationszeit* beträgt 27,3 Tage (wegen des Erdumlaufs muß sich die Sonne noch zwei Tage

Tab. 4 Daten zur Sonne / Zustandsgrößen der Sonne

Masse	$= 2 \cdot 10^{30}$ kg	$\approx$	330000 Erdmassen
Radius	$= 700000$ km	$\approx$	110 Erdradien
mittl. Dichte	$= 1{,}41$ g/cm^3	(Dichte des Wassers $= 1$)	
Leuchtkraft	$= 4 \cdot 10^{23}$ kW		
Eff. Temperatur	$= 5780$ K		

Schwerebeschleunigung an der Oberfläche
$= 274$ m/s^2 (Erde: 9,8)

Entweichgeschwindigkeit
$= 618$ km/s (Erde: 11,2 km/s)

Solarkonstante = auf die Erde auftreffende Strahlungsleistung
$= 1{,}37$ kW/m^2

Absolute visuelle Helligkeit
$= 4{,}87^{\mathrm{M}}$ $(\rightarrow 5.4)$

Winkeldurchmesser von der Erde aus gesehen: 32' (d.h. $\approx {}^1\!/_2{}^\circ$)

länger drehen, ehe sie der Erde wieder die gleiche Seite zuwendet). Die Sonne rotiert nicht wie eine starre Kugel, sondern differentiell, am Äquator schneller als in höheren Breiten. Die angegebenen Werte beziehen sich auf eine heliographische Breite von etwa 18°, am Äquator ist die Rotationszeit rund 12 Stunden kürzer.

4.1 Die Sonnenatmosphäre

In der Atmosphäre unserer Sonne unterscheiden wir drei sehr unterschiedliche Schichten: die Photosphäre, die Chromosphäre und die Korona.

4.1.1 Die Photosphäre

Photosphäre (= Lichtsphäre) nennen wir die Schicht, aus der das sichtbare Licht stammt, also das, was wir als Sonnenscheibe am Himmel sehen und darum als »Sonnenoberfläche« bezeichnen. Sie hat eine Dicke von etwa 200 km, und da das bloße Auge in der Entfernung der Sonne nur rund hunderttausend Kilometer auflösen kann, erscheint uns der Sonnenrand völlig scharf. Die Dichte der Photosphäre ist für irdische Verhältnisse sehr gering, etwa $1/10000$ der Luftdichte am Erdboden. Die Temperatur der Photosphäre ist fast 6000 K, und bei dieser Temperatur liegt das Maximum der Temperaturstrahlung im gelben Spektralbereich, daher die gelbe Farbe der Sonne. Gute Aufnahmen zeigen, daß die Photosphäre nicht gleichmäßig hell, sondern strukturiert ist, als sei sie mit Reiskörnern bedeckt. Wie kommt diese, *Granulation* genannte, Struktur zustande? Bei 6000 K schauen wir in eine brodelnde Gasmasse hinein, und ähnlich wie in einem brodelnden Kochtopf steigen dort heiße Gasblasen (die reiskornförmigen Granulen) auf, kühlen oben ab und sinken in dunkleren Gebieten wieder hinunter. Diese aufsteigenden Blasen haben Durchmesser von etwa 700 km, also etwa die Größe von Deutschland. Einige Minuten lang kann man solch ein mit einigen km/s aufsteigendes Granulum verfolgen, dann zerfällt es und macht neuen Blasen Platz.

Aber nicht nur die einzelnen Granulen bewegen sich, auch die Sonnenoberfläche als Ganze schwingt ein wenig. Am besten zu beobachten ist die *5-Minuten-Oszillation*, ein ständiges Auf und Ab der Photosphäre in einem Rhythmus von 5 Minuten. Diese Oszillation ist überlagert von zahlreichen Oberschwingungen, deren genaue Analyse uns über die Zustände in tieferen Schichten Auskunft gibt, ähnlich wie in der Geophysik, wo uns die an der Oberfläche gemessenen Erdbebenwellen Aufschluß über das Innere der Erde geben. Man spricht daher auch von *solarer Seismik*.

Die Zusammensetzung der Photosphäre entspricht recht gut der allgemeinen Zusammensetzung der kosmischen Materie der Population I (→5.9), also nach Masse etwa 70% Wasserstoff, 28% Helium und 2% schwerere Elemente.

Das Spektrum der Photosphäre besitzt einen kontinuierlichen Untergrund, bestehend aus der heißen, aus tieferen Schichten kommenden Strahlung. Aus dieser Strahlung absorbieren die Atome in der Photosphäre Licht (→5.5.2). Wir beobachten ein Spektrum mit zahlreichen Absorptionslinien, nach ihrem Entdecker auch Fraunhoferlinien genannt. Dies Absorptionsspektrum erstreckt sich etwas in den ultravioletten und weit in den infraroten Spektralbereich hinein. Insgesamt sind im Sonnenspektrum an die 10000 Fraunhoferlinien identifiziert worden. Im kurzwelligen UV-, im Röntgen- und im Radiobereich können wir die Photosphäre nicht direkt beobachten, weil wir hier über die darüber liegenden Schichten nicht mehr hindurchschauen können, sie sind für diese Strahlung undurchlässig.

Die Sonne ist der einzige Stern, den wir als Scheibe sehen. Wenn wir im Zentrum der Sonnenscheibe senkrecht in die

Photosphäre hineinschauen, erreicht uns Licht aus tieferen Schichten, am Sonnenrand hingegen, wo wir sehr flach in die Photosphäre schauen, kommt das Licht aus höheren Schichten. Der Übergang von der Sonnenmitte zum Rand, die sogenannte *Mitte-Rand-Variation*, entspricht also einem Abtasten der verschiedenen Schichten. Auf diese Weise können wir bei der Sonne den Temperaturverlauf in der Photosphäre unmittelbar aus der Beobachtung ableiten, was bei den punktförmig erscheinenden Sternen nicht möglich ist. Weiteres zum physikalischen Aufbau der Sternatmosphären →Abschn.6.1.

4.1.2 Die Chromosphäre

Über der Photosphäre erhebt sich die im allgemeinen nicht sichtbare, rund 10000km hohe *Chromosphäre*. Bis weit in unser Jahrhundert hinein konnte man sie nur in den wenigen Sekunden unmittelbar zu Beginn oder am Ende einer totalen Sonnenfinsternis sehen, wenn der Mond zwar schon die sehr viel hellere Photosphäre, aber noch nicht die Chromosphäre bedeckt. Man sieht dann vor allem den kräftig rot leuchtenden Wasserstoff, das heißt, die Chromosphäre blitzt für wenige Sekunden farbig auf, daher der Name Chromosphäre = Farbhülle. Heute kann man durch geeignete Filter, die z.B. nur die rote Wasserstofflinie H_α oder die violett leuchtenden Kalziumlinien H und K durchlassen (weiteres →5.5), das störende Photosphärenlicht ausschalten und die Chromosphäre jederzeit beobachten. Sie zeigt – vor allem, wenn man den Sonnenrand beobachtet – eine flammenartige Struktur, etwa wie eine brennende Prärie. Diese flammenartigen, *Spicules* genannten Gebilde sind im wesentlichen die aus der Photosphäre aufsteigenden und überschießenden Granulen. In der Chromosphäre steigt die Temperatur auf rund 10000 K an. Warum? Die aufsteigenden Granulen geben dort ihre Energie ab. Die Chromosphäre ist aber so dünn, daß sie diese Energie nicht schnell genug abstrahlen kann, sie heizt sich daher so lange auf, bis die mit der Aufheizung ansteigende Abstrahlung im Gleichgewicht mit der von unten zugeführten Energie steht.

4.1.3   Die Korona

Über der Chromosphäre erhebt sich bis zu etlichen Millionen Kilometern die *Korona*, der »Strahlenkranz« der Sonne. Bis vor einigen Jahrzehnten war auch sie nur während totaler Sonnenfinsternisse zu sehen, alle unsere Kenntnisse beruhten daher bis dahin auf insgesamt knapp einer Stunde Beobachtungszeit. Die innere Korona läßt sich heute mit geeigneten Instrumenten vom Erdboden aus beobachten, die äußere dagegen außerhalb der Finsternisse nur von Satelliten aus, denn das Streulicht der Sonne in der Erdatmosphäre ist um ein Vielfaches stärker als das Licht der Korona. Die Form der Korona ist sehr unterschiedlich. Ist die Sonne sehr ruhig, also zur Zeit des Sonnenflecken-Minimums (→4.2.1), zeigt die Korona an den Polen der Sonne nur kurze Strahlen, dagegen recht ausgedehnte Flügel am Äquator. Zur Zeit des Maximums der Sonnenaktivität ist die Korona größer und gleichmäßiger um die ganze Sonne verteilt. Eine äußere Grenze der Korona kann man nicht angeben, sie geht allmählich in den interplanetaren Raum über (→3.4).

Die strahlenförmige Struktur der Korona stammt von den Magnetfeldern der Sonne. In der Korona steigt die Temperatur auf ein bis zwei Millionen Grad an. Auch hier heizt sich das Gas so lange auf, bis es die von unten kommende Energie abstrahlen kann. Wie diese Energie aus der Sonne in die Korona transportiert und dort abgegeben wird, ist noch nicht eindeutig geklärt. Hier spielen Schallwellen, die sich in dem dünner werdenden Gas zu Schockwellen aufbäumen, und Magnetfelder eine Rolle, aber quantitativ gelöst ist dieses Problem noch nicht.

nen Flecks auch eine ganze *Fleckengruppe* auf, wobei es dann wieder zu bipolaren Fleckengruppen kommt.

Die Zahl der jeweils auf der Sonne sichtbaren Flecken und Fleckengruppen wird durch eine von Rudolf Wolf (Zürich) 1849 eingeführte *Sonnenflecken-Relativzahl* charakterisiert. Die Häufigkeit der Sonnenflecken unterliegt einem im Mittel 11jährigen Zyklus. Seit 1760 werden die Maxima laufend gezählt, im Jahre 1990 befanden wir uns im Maximum des 22. Zyklus. Die ersten Flecken eines Zyklus tauchen in hohen heliographischen Breiten (analog zu den geographischen Breiten auf der Erde) auf. Mit fortschreitendem Zyklus verschiebt sich dann die Aktivitätszone, in der Flecken auftauchen, zu immer geringeren Breiten und befindet sich am Ende des Zyklus schließlich nahe am Sonnenäquator. Manchmal beobachtet man in hohen Breiten bereits die ersten Flecken des neuen Zyklus, wenn die letzten Flecken des vorhergehenden Zyklus noch in Äquatornähe zu sehen sind. In Abb. 4 sind die Sonnenflecken von 1875 bis 1953 nach ihrer heliographischen Breite eingetragen (*Maunder-Diagramm*). Der Elfjahreszyklus und die Verschiebung des Ortes sind gut zu erkennen. Wegen seines charakteristischen Aussehens wird dieses Diagramm auch *Schmetterlingsdiagramm* genannt.

Etwas Charakteristisches tritt bei den bipolaren Flecken und Fleckengruppen auf, die Orientierung des Magnetfelds. In einem bestimmten Zyklus zeigen z. B. auf der nördlichen Halbkugel der Sonne stets die in der Rotation vorangehenden Flecken einen Nordpol (N), die nachfolgenden Flecken einen Südpol (S). Auf der Südhalbkugel ist es dann genau umgekehrt, die vorangehenden Flecken sind Südpole, die nachfolgenden Nordpole. Im nächsten Zyklus ist dann alles vertauscht. Der volle Fleckenzyklus beträgt also eigentlich 22 Jahre.

Die Maxima sind unterschiedlich hoch, es scheint so, als ob eine zweite 80jährige Periode und andere der Aktivität überlagert sind, aber die Statistik der Oberschwingungen ist noch

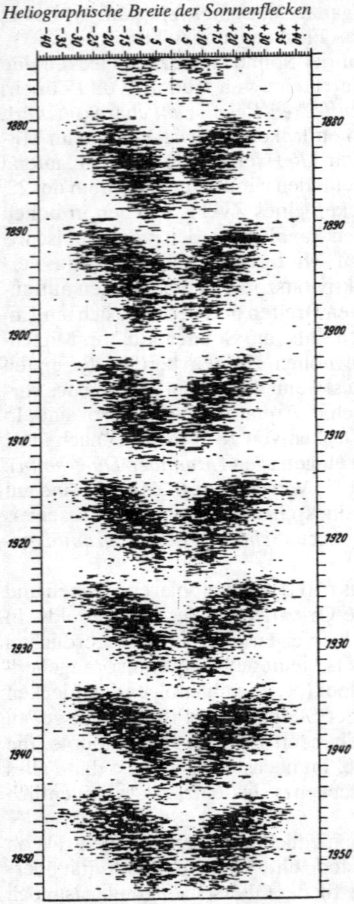

Heliographische Breite der Sonnenflecken

Abb. 4
Maunder-
oder Schmetterlings-
diagramm
der Sonnenflecken
von 1875 bis 1953.
Aufgetragen sind
die heliographischen
Breiten
der einzelnen Flecken
im Laufe der Zeit.

unsicher und weitgehend spekulativ. Die letzten Maxima unseres Jahrhunderts waren relativ hoch. Es gab aber auch Zeiten, in denen für einen längeren Zeitraum (etwa 80 Jahre) die Aktivität der Sonne fast verschwunden war, z. B. das *Maunder-Minimum* im 16. Jahrhundert. Bei der Physik dieses Zyklus handelt es sich um komplizierte magneto-hydrodynamische Vorgänge im Innern der Sonne, um Dynamo-Prozesse und ähnliche Phänomene.

4.2.2 Fackeln

Neben den Flecken gibt es größere Gebiete, die um einige Prozent heller sind als die ungestörte Photosphäre, die *Fackeln*. Die Sonnenflecken sind eigentlich immer in größere Fackelflächen eingebettet. Die Granulen der Fackelgebiete sind heller und langlebiger (1 bis 2 Stunden) als die normalen Granulen (→4.1.1). – Neben den Fackelgebieten in der Fleckenzone treten vorwiegend in den Jahren vor dem Fleckenminimum in hohen Breiten kleine Fackeln auf. Die kleinsten Fackelpunkte, auch *Filigree* genannt, haben Durchmesser von 100 bis 200 km.

4.2.3 Protuberanzen, Filamente

Eine weitere auffallende Erscheinung der Aktivität sind die Protuberanzen und Filamente. Dies sind große, in die Korona eingebettete Materiewolken oberhalb der Photosphäre. Durch geeignete Filter beobachtet, erscheinen sie am Sonnenrand hell gegen den dunklen Himmel, dann nennt man sie *Protuberanzen*. Am geeignetsten sind Filter, die nur die rote Wasserstofflinie H_α durchlassen, dann sieht man sie als rote Wolken. Auf der Sonnenscheibe sieht man sie in Absorption als dunkle Streifen vor der hellen Photosphäre und nennt sie dann *Filamente*. Wir unterscheiden langlebige ruhende und kurzlebige eruptive Protuberanzen. Die ruhenden Protuberanzen besitzen meist eine sehr lange, dünne und lamellenartige Struktur unterschiedlicher Größe. Typische Werte sind etwa 200000 km Länge, 40000 km Höhe und 7000 km Dicke. Oft stehen sie nicht in ihrer ganzen Länge, sondern nur mit einzelnen »Füßen«, also wie ein Viadukt in der Chromosphäre und haben Lebensdauern von etlichen Monaten bis zu einem Jahr.

Die aktiven oder eruptiven Protuberanzen treten sehr plötzlich auf und der ganze Vorgang dauert Minuten bis Stunden. Sie zeigen eine große Vielfalt von Formen und Phänomenen, z.B. explosionsartiger Aufstieg in die Korona mit Geschwindigkeiten bis zu 1000 km/s (*sprays*), oder kleine Spritzer (*surges*), oft folgt die Materie magnetischen Feldlinien und beschreibt bogenförmige Bahnen (*loops*), oder sie fällt nach einer Eruption wieder auf die Photosphäre zurück (*koronaler Regen*).

Die ruhenden Protuberanzen werden durch starke Magnetfelder gehalten. Die Materie ist aber auch hier in ständiger Bewegung, sie strömt ab und wird durch kondensierende Koronamaterie ersetzt. »Ruhend« ist also nicht die Materie, sondern das magnetische Gerüst und damit die äußere Form. Auch ruhende Protuberanzen durchlaufen gelegentlich aktive Phasen, aber oft baut sich dann die alte Protuberanz in der alten Form wieder auf. Das magnetische Gerüst ist also bei der Explosion erhalten geblieben. Der physikalische Zustand der Protuberanzen entspricht etwa dem der Chromosphäre (→4.1.2).

Die Protuberanzen zeigen auch den 11jährigen Zyklus, aber nicht so ausgeprägt wie die Flecken. Wir unterscheiden eine Hauptzone, die der Fleckenzone entspricht und auch den gleichen Rhythmus besitzt, und eine polare Zone. Diese erscheint kurz vor dem Minimum in mittleren Breiten, wandert polwärts, nimmt dabei an Aktivität zu und erreicht ihr Maximum etwa zwei Jahre vor dem nächsten Fleckenmaximum.

4.2.4   Eruptionen

In den Aktivitätsgebieten kommt es gelegentlich zu mächtigen *Eruptionen*. Bei den schwächeren handelt es sich nur um Strahlungsausbrüche (das englische Wort *flares* ist hier also treffender), wie Blitze leuchten sie hell auf. Je nach Stärke spielt sich das Ganze innerhalb von Sekunden bis Stunden ab. Bei den selteneren großen Eruptionen wird wirklich Materie hoch- und von der Sonne fortgeschleudert. Wenn dies zufällig in unsere Richtung geht, erreicht die Materie nach ein bis zwei Tagen die Erde und bewirkt hier Störungen des Erdmagnetfelds (*magnetische Stürme*), verstärkte Polarlichter und Störungen im langwelligen Funkverkehr (*Mögel-Dellinger-Effekt*).

Fast während der ganzen Aktivität zeigt die Sonne eine verstärkte Radiostrahlung. Große Eruptionen erzeugen darüber hinaus eine verstärkte Röntgenstrahlung und große Radiostrahlungsausbrüche (*bursts*), die die Radiostrahlung der ruhigen Sonne um das 100000fache übertreffen können. Diese enstehen, wenn ausgeschleuderte Materie durch die Korona rast. Bei extrem großen Eruptionen, vielleicht einmal pro Aktivitätszyklus, wird sogar hochenergetische *kosmische Strahlung* (→11.8) ausgesendet.

5 Zustandsgrößen der Sterne

Unter den *Zustandsgrößen* der Sterne versteht man Angaben, die den Stern als Ganzen charakterisieren. Dies sind zunächst die rein mechanischen Zustandsgrößen, vor allem die Masse, der Radius (halber Durchmesser), die mittlere Dichte und die Schwerebeschleunigung an der Oberfläche. – Eine zweite Gruppe charakterisiert die Strahlung der Sterne, also die Helligkeit, die ausgestrahlte Energie (Leuchtkraft), die Farbe, die effektive Temperatur und den Spektraltyp. Eine dritte Gruppe schließlich umfaßt spezielle Zustandsgrößen wie die chemische Zusammensetzung, die Rotation, das Magnetfeld und anderes.

5.1 Die mechanischen Zustandsgrößen

Die primären mechanischen Zustandsgrößen eines Sterns sind die *Masse* M und der Durchmesser oder – gebräuchlicher – der *Radius* R (Halbmesser). Aus diesen beiden Größen ergeben sich sofort die anderen mechanischen Zustandsgrößen: Aus dem Radius folgt die Sternoberfläche $O = 4\pi R^2$ und das Volumen $V = (4\pi/3)R^3$. Die Masse pro Volumeneinheit ergibt die mittlere Dichte, also $\varrho = M/V$. Und schließlich ist die Schwerebeschleunigung an der Oberfläche $g = GM/R^2$, wobei G, die Gravitationskonstante, eine Naturkonstante ist.

Ein Wort zu den benutzten Einheiten. In rein wissenschaftlichen Berechnungen benutzt man die in der Physik üblichen Grundeinheiten, hier also Gramm (oder Kilogramm) und Zentimeter (oder Meter). Die dann auftretenden Zahlenwerte sind aber sehr unanschaulich, und darum ist es in der Astronomie auch üblich, diese Werte in Einheiten der betreffenden Werte für die Sonne anzugeben, also in Sonnen-

massen M_o und in Sonnenradien R_o ($\rightarrow$ Tab. 4, S. 70). Die
Aussage »Ein Stern von 3 Sonnenmassen« ist natürlich viel
anschaulicher, als die hiermit äquivalente Aussage »Ein
Stern von $6 \cdot 10^{30}$ Kilogramm«.

Die Masse der normalen Sterne variiert in relativ engen
Grenzen, etwa von 0,05 bis zu 70 Sonnenmassen. Hat der
Stern zu wenig Masse (wie z.B. unsere Erde), so wird im
Innern nicht genügend Energie erzeugt, um ihn zum Leuchten zu bringen. Hat ein Stern zu viel Masse, so ist die Energie
im Innern so stark, daß sie den Stern auseinanderreißt. Der
Radius variiert in einem viel größeren Maße, nämlich von
etwa $1/10$ Sonnenradius bei den roten Zwergsternen bis zu
500 Sonnenradien bei den Riesensternen. Da das Volumen
und mit diesem die mittlere Dichte mit der dritten Potenz
des Radius variiert, umspannt sie einen noch größeren Bereich von etwa 0,0000001 bis $15\varrho_o$ ($\varrho_o=$mittlere Dichte der
Sonne) und steigt bei den Weißen Zwergen fast auf das Millionenfache der Sonnendichte an. Zahlenwerte für die verschiedenen Sterntypen sind in Tabelle 6, im Abschnitt 5.5
angegeben.

Wie bestimmt man die mechanischen Grundgrößen Durchmesser und Masse? Direkt messen kann man den Durchmesser nur bei der Sonne. Alle anderen Sterne erscheinen
auch im stärksten Fernrohr nur als Punkte, niemals als
Scheibchen. Bei etwa 20 relativ nahen, großen Sternen kann
man mit raffinierten Interferenz-Methoden den Winkeldurchmesser noch bestimmen, wenn dieser größer als $1/1000$
Bogensekunden ist, d. h. anschaulich: wenn das Sternscheib-
chen größer ist als ein Pfennigstück in 3000km Entfernung.
Wenn man dann noch die Entfernung kennt, folgt daraus der
Durchmesser des Sterns in Kilometern.

Eine weitere Methode ist die *Mondbedeckung*. Wenn der
Mond bei seinem Lauf mit dem dunklen Rand einen Stern
bedeckt, so verschwindet ein punktförmiger Stern »schlagar-
tig« (abgesehen von Beugungserscheinungen, die man aber
kennt). Ist der Stern aber ein Scheibchen, so wird er nach

und nach bedeckt, wird also schwächer und verschwindet erst nach einer gewissen Zeit. Das Ganze spielt sich in Bruchteilen von Sekunden ab. – Schließlich gibt es Fälle, in denen sich Doppelsterne bei ihrem Umlauf gegenseitig bedecken (→9.5). Aus der Dauer dieser Bedeckungen folgt wieder der Durchmesser.

Diese geometrischen Methoden lassen sich nur bei sehr wenigen Sternen anwenden. Bei der großen Mehrheit der Sterne ist man auf eine indirekte, photometrische Methode angewiesen. Aus einer Analyse des Spektrums bestimmt man die Temperatur. Daraus folgt nach bekannten physikalischen Gesetzen (Boltzmannformel) die Energie-Ausstrahlung pro Quadratmeter Oberfläche. Aus der Helligkeit, mit der der Stern uns erscheint, und der Entfernung folgt andererseits die insgesamt ausgestrahlte Energie, die Leuchtkraft. Und aus Gesamtenergie und Energie pro Quadratmeter folgt die Zahl der strahlenden Quadratmeter, also die Oberfläche und daraus schließlich der Durchmesser.

Die Masse eines Sterns läßt sich nur durch die Wirkung der Schwerkraft bestimmen, und das heißt: nur bei Doppelsternen, die sich gegenseitig anziehen. Wenn man den Abstand der beiden Doppelsternkomponenten voneinander und ihre Umlaufzeit kennt, dann folgt aus dem dritten Keplerschen Gesetz (→2.2.) auch ihre Masse. Weiteres dazu → Kap. 9.

5.2 Die scheinbare Helligkeit

Die auffälligste Eigenschaft eines Sterns ist die Helligkeit, mit der er am Himmel scheint. Aber gerade die ist keine echte Zustandsgröße, denn diese Helligkeit ist nicht nur eine Eigenschaft des Sterns selbst, sondern hängt auch von seiner Entfernung ab. Von zwei am Himmel gleichhellen Sternen kann der eine ein uns sehr nahe stehender, schwacher Stern mit geringer Leuchtkraft sein und der andere ein sehr weit

entfernter Riesenstern hoher Leuchtkraft. Wir sprechen
darum genauer von der *scheinbaren Helligkeit*, also der Helligkeit, mit der der Stern uns erscheint. Da sie in der Praxis
eine große Rolle spielt, wird sie hier unter den Zustandsgrößen mit behandelt.

Die scheinbare Helligkeit wurde schon im Altertum angegeben. Sie ist eine sehr alte Meßgröße und darum – leider –
auch mit viel historischem Ballast behaftet. Die Griechen
unterschieden sechs Helligkeitsklassen und nannten die hellsten Sterne am Himmel »Sterne erster Größe«, die schwächsten, mit dem bloßen Auge noch sichtbaren waren solche
»sechster Größe«. Auch die Bezeichnung »Größe« ist hier
historisch bedingt. Während »Größe« sonst in den Naturwis-
senschaften im allgemeinen eine räumliche Ausdehnung
charakterisiert, ist hier die Helligkeit gemeint, also »Größe«
mehr im Sinne von »Bedeutung«, wie wir ja auch von einem
»großen« Dichter sprechen. Die scheinbare Helligkeit wird
mit m oder magn bezeichnet, eine Abkürzung des lateinischen Wortes für Größe *magnitudo*. In der Fachsprache
spricht man darum häufig auch von *magnitudines* oder *Magnituden* statt von Größen. In der modernen Wissenschaft
müssen solche Angaben natürlich präziser und eindeutig definiert sein. Dies geschah im vorigen Jahrhundert, und die
Idee war, die moderne Definition möglichst gut der alten
griechischen Skala anzupassen, um die in mehreren Jahrtausenden gesammelten Daten weiter verwenden zu können.
Dabei muß man folgendes beachten: Unser Auge hat eine
logarithmische Empfindlichkeit, das bedeutet: es empfindet
gleiche Unterschiede nicht bei gleichen Differenzen, sondern bei gleichen Verhältnissen. Machen wir uns diesen
komplizert scheinenden Sachverhalt an einem Beispiel
deutlich, dann wird er sofort klar. Das Auge empfindet zwischen einer Kerze und zwei Kerzen einen sehr viel größeren
Unterschied als zwischen 100 und 101 Kerzen, obwohl die
Differenz beide Male die gleiche ist, nämlich jeweils eine
Kerze. Das Auge würde den *gleichen* Unterschied empfin-

den bei 100 und 200 Kerzen, wie man sich leicht klar macht,
wenn man sich die Kerzen in so großer Entfernung denkt,
daß 100 Kerzen so hell erscheinen wie eine nahe stehende
Kerze; dann erscheinen 200 Kerzen wie zwei nahe Kerzen. Hier ist das *Verhältnis* das gleiche, nämlich jeweils die
doppelte Anzahl. Für unsere Sinne sind also Verhältnisse
und nicht Differenzen maßgebend. Dies ist der Inhalt des
psycho-physischen Grundgesetzes von Fechner und Weber
(1859). Etwas gelehrter ausgedrückt besagt es: Die Empfindung ist proportional dem Logarithmus des Reizes. Eine
Größenklassendifferenz ist also gekoppelt mit dem Verhältnis der Lichtstärken, und die Skala wurde der griechischen
Skala angepaßt.* Für schnelle Abschätzungen merkt man
sich: Der Differenz von einer Größenklasse ($\Delta m = 1$) entspricht etwa ein Intensitätsverhältnis von 2,5, der Differenz
von 5 Größenklassen oder Magnituden ($\Delta m = 5$) entspricht
genau ein Faktor 100 im Intensitätsverhältnis. Ein Stern erster Größe ist also 100mal so hell wie ein Stern sechster
Größe.

Und nun fehlt noch ein letzter Punkt: Solch eine Gleichung,
die links eine Differenz und rechts ein Verhältnis enthält,
liefert nur eine Helligkeitsskala. Man benötigt noch einen
Nullpunkt der Skala, ähnlich wie man bei der Temperaturskala einen Nullpunkt benötigt ($0\,°C$ = Gefrierpunkt des
Wassers). Der Nullpunkt der scheinbaren Helligkeiten wurde so festgelegt, daß der Polarstern die Helligkeit 2,12 besitzt, also etwas schwächer ist als ein Stern 2. Größe. Wenn

---

* Die wichtige Beziehung sei hier auch in Form einer Gleichung angegeben.
Mit m_1 und m_2 bezeichnen wir die scheinbaren Helligkeiten oder die Magnituden von zwei Sternen, mit s_1 und s_2 die hier ankommenden Strahlungsströme,
dann lautet die Beziehung:

$$m_1 - m_2 = -2,5 \log s_1 / s_2 .$$

Der zunächst beliebige Proportionalitätsfaktor 2,5 ist so gewählt, daß die Skala
etwa den griechischen Größenklassen von 1 bis 6 entspricht. Das Minuszeichen
ist notwendig, weil, ebenfalls nach der griechischen Tradition, die hellen Sterne
(1. Größe) eine kleinere Magnitudenzahl haben als die schwachen (6. Größe).
Je größer die Ziffer, um so schwächer erscheint uns der Stern.

man die Magnitude m als Maßeinheit benutzt, so wird das m wie das Gradzeichen hochgestellt. Der Polarstern hat also die scheinbare Helligkeit 2^m,12.

Mit einem Fernrohr und besonders auf lang belichteten Photoplatten erfaßt man sehr viel schwächere Sterne als mit dem bloßen Auge und gelangt dann in den Größenklassen zu immer größeren Zahlen. Sterne 11. Größe sind 100mal schwächer als Sterne 6. Größe oder $100 \times 100 = 10000$mal schwächer als Sterne 1. Größe.

Nun kommt es bei dieser genauen Definition auch vor, daß Sterne heller sind als solche 1. Größe. Dann wird die Skala nach 0 und darüber hinaus zu negativen Zahlen erweitert. So hat der Stern Wega in der Leier die scheinbare Helligkeit 0^m und der hellste Stern am nördlichen Himmel, Sirius, die Helligkeit -1^m,5. Dies kann man weitertreiben und erhält dann für den Vollmond die scheinbare Helligkeit -12^m,6 und für die Sonne schließlich -26^m,7. Die schwächsten vom Erdboden aus zu beobachtenden Sterne sind etwa 24. Größe. Noch schwächere Sterne gehen im Himmelshintergrund unter. Die gesamte Spannweite der kosmischen Objekte von der Sonne (-26^m) bis zu den schwächsten Sternen (24^m) umfaßt also einen Bereich von rund 50 Größenklassen. Das ist 10mal eine Differenz von 5 Größenklassen und somit 10mal der Faktor 100, also 100^{10} oder 10^{20}, also eine Spannweite von 20 Zehnerpotenzen in der ankommenden Strahlung oder 1 zu 100 Trillionen.

Es gibt zahlreiche Kataloge, in denen die scheinbare Helligkeit von vielen hunderttausend Sternen angegeben ist. Am bekanntesten ist der *Henry-Draper-Katalog* (HD) mit den Positionen und Helligkeiten von rund 220000 Sternen bis zur 9. Größe, und in der Fachliteratur werden die Sterne häufig mit ihrer Nummer in diesem Katalog, der HD-Nummer, bezeichnet. Ein paar Beispiele: Sirius = HD 48915; Wega in der Leier = HD 172167; der Polarstern = HD 8890.

5.3 Die Farbe

Alle oben angegebenen Zahlenwerte für die scheinbare Helligkeit beziehen sich auf die Beobachtung mit dem Auge, es handelt sich um *visuelle Helligkeiten*. Beobachten wir bei anderen Wellenlängen, können die Verhältnisse ganz anders sein, denn manche Sterne (die kühleren) strahlen hauptsächlich im roten oder gar infraroten Bereich, bei anderen (heißeren) Sternen liegt das Maximum der Ausstrahlung im blauen, violetten oder ultravioletten. Man muß bei Helligkeitsangaben also immer den verwendeten Spektralbereich angeben und unterscheidet dann z.B. die visuelle Helligkeit m_{vis} (oder kurz m_v), die photographische oder Blau-Helligkeit m_{phot} (oder kurz m_{ph}) usw. oder man gibt als Index direkt die Wellenlänge an. Da nun Sterne verschiedener Farbe in den einzelnen Bereichen sehr unterschiedlich strahlen, ist die Differenz der scheinbaren Helligkeiten in den einzelnen Bereichen unmittelbar ein Maß für die *Farbe* des Sterns. Diese Differenz nennt man den *Farbenindex* FI des Sterns:

$$\text{Farbenindex} = \text{Differenz zweier Helligkeiten}$$
$$\text{bei verschiedenen Wellenlängen}$$
$$FI = m_{kurzwellig} - m_{langwellig}$$
$$\text{z. B.} \quad m_{ph} - m_v$$

Der Farbenindex ist ein erstes Maß für die Temperatur. Der Nullpunkt ist international so verabredet, daß Sterne mit einer Oberflächentemperatur von 10000 K (A-Sterne, →5.5) den Farbenindex 0 haben. Heißere Sterne haben einen positiven, kühlere Sterne einen negativen Farbenindex.

Für große Untersuchungsreihen legt man sich auf ganz bestimmte Wellenlängenbereiche fest, wählt also bestimmte *Farbsysteme*. Am gebräuchlichsten ist das UBV-System mit Beobachtungen im ultravioletten (U), im blauen (B) und im visuellen (V) Bereich, bei den Wellenlängen 350, 435 und

555 Nanometer. Man schreibt dann einfach V statt m_v usw. und spricht von der U-, B- und V-Helligkeit des Sterns und von seinen Farben U-B und B-V.

5.4 Absolute Helligkeit und Leuchtkraft

Die scheinbare Helligkeit ist wichtig für den Anblick von der Erde aus, also für alle Beobachtungen. Sie hängt von der Leuchtkraft des Sterns und von seiner Entfernung ab. Für die Physik des Sterns besagt diese Größe jedoch nicht viel. Eine echte Zustandsgröße ist die tatsächlich vom Stern abgestrahlte Energie, seine Leuchtkraft, deren Bestimmung also die Kenntnis der Entfernung voraussetzt (zur Entfernungsbestimmung → Kap. 12). Statt der Leuchtkraft benutzen die Astronomen – wieder aus historischen Gründen – häufig eine andere, ihr äquivalente Größe, die *absolute Helligkeit*. Sie setzen dazu die Sterne in Gedanken in eine bestimmte Einheitsentfernung und geben an, welche scheinbare Helligkeit sie dann haben würden. Diese nennt man die absolute Helligkeit des Sterns und bezeichnet sie mit einem großen M. Als Einheitsentfernung wählt man 10 parsek (dies astronomische Entfernungsmaß parsek oder pc wird in Abschn. 12.2 näher erläutert, hier genüge der Hinweis, daß 10 parsek etwa 33 Lichtjahre sind. 10 pc entsprechen etwa der dreifachen Entfernung des Sirius).

Natürlich gibt es auch hier wieder eine visuelle absolute Helligkeit M_v, eine photographische absolute Helligkeit M_{ph} usw. Die auf alle Wellenlängen bezogene Helligkeit nennt man die *bolometrische Helligkeit* M_{bol}. Diese ist also wirklich ein Maß für die insgesamt ausgestrahlte Energie, für die *Leuchtkraft*. Die absolute visuelle Helligkeit unserer Sonne ist $4^M,9$. Das heißt, wenn die Sonne 10 pc oder 33 Lichtjahre entfernt stände, würden wir sie als ziemlich schwachen Stern rund 5. Größe mit bloßem Auge gerade noch erkennen kön-

nen. Schon in 100 Lichtjahren Entfernung wäre sie mit bloßem Auge nicht mehr zu sehen. – Die Differenz zwischen
absoluter und scheinbarer Helligkeit (bei gleicher Wellenlänge gemessen), also z. B. $(M_v - m_v)$ ist direkt ein Maß für die
Entfernung und wird darum *Entfernungsmodul* genannt.
Die Leuchtkraft der Sonne beträgt (in modernen Einheiten)
$4 \cdot 10^{23}$ Kilowatt. Ein Stern der absoluten Helligkeit 0^M ist
dann nach dem oben Gesagten rund 100mal so hell, hat also
eine Leuchtkraft von einigen 10^{25} kW.

5.5   Spektrum und Spektraltyp

5.5.1   Historische Bemerkungen

Fast alle Informationen aus dem Kosmos kommen in Form
von Strahlung zu uns. Sie ihrer Qualität nach zu analysieren,
ist darum die wichtigste Aufgabe der *Astrophysik,* und hier
ist das Spektrum – das in seine Wellenlängen zerlegte Licht –
das wichtigste Hilfsmittel. Dies soll hier etwas ausführ-
licher beschrieben werden. Die Zerlegung des Sonnenlichts
nach der Wellenlänge kennen wir alle – es ist der Regen-
bogen. Hier wirken die Regentropfen wie kleine Prismen
und zerlegen das weiße Sonnenlicht in seine Bestandteile, in
die Farben: Rot, Gelb, Grün, Blau, Violett. Isaac Newton
erkannte 1666, daß das weiße Sonnenlicht in einem Prisma
nicht in farbiges Licht umgewandelt wird, wie man zunächst
glaubte, sondern daß es in Wirklichkeit eine Mischung aus
verschiedenen Farben ist, die im Prisma voneinander getrennt werden. Von ihm stammt auch die Bezeichnung *Spektrum* für diese Farbenfolge. Anfang des vorigen Jahrhunderts fand man, daß das Spektrum auf beiden Seiten über
den für das Auge empfindlichen Bereich hinausgeht. Friedrich Wilhelm Herschel entdeckte 1800 die infrarote und Johann Wilhelm Ritter ein Jahr später die ultraviolette Strah-

lung. Wieder ein Jahr später, 1802, gelang Thomas Young die erste Bestimmung der Wellenlänge. Zu jeder Farbe gehört eine bestimmte Wellenlänge, und jede Wellenlänge entspricht einer ganz bestimmten Energie. Zum langwelligen roten Licht hin nimmt die Energie der Lichtquanten ab, zum kurzwelligen violetten hin nimmt sie zu. Das grüne Licht, etwa in der Mitte des sichtbaren Bereichs, hat eine Wellenlänge von 0,5 Mikrometer (1 µm = 0,001 mm). Auf einen Millimeter kommen also 2000 Wellenberge und Wellentäler.

Das dem Auge sichtbare Spektrum ist nur ein kleiner Ausschnitt, etwa *eine* Oktave, des weiten Bandes *elektromagnetischer Wellen.* Am kurzwelligen Ende geht es nach dem ultravioletten Licht weiter zu den *Röntgen-* und schließlich zu den *Gammastrahlen.* Im langwelligen Bereich folgt auf das infrarote Licht der Hochfrequenzbereich. Dieser umfaßt die Radarwellen, dann den Bereich der cm- und m-Wellen, in dem das Fernsehen arbeitet, und schließlich den Kurz-, Mittel- und Langwellenbereich des Rundfunks. Dies alles ist die Domäne der *Radioastronomie,* die den Wellenlängenbereich von etwa 1 mm bis 20 m umfaßt. Tausende von Jahren spielte sich die Astronomie nur in dem schmalen Bereich des sichtbaren Lichts ab. Die meisten Bereiche von der Radio- bis zur Gammastrahlung sind erst in den letzten 50 Jahren der astronomischen Beobachtung zugänglich geworden. Unser Beobachtungsbereich hat sich in dieser Zeit von einer auf über 50 Oktaven (etwa 17 Zehnerpotenzen) erweitert. Das ist in der Astronomie wohl die wichtigste Errungenschaft unseres Jahrhunderts. Der Radiobereich und einige »Fenster« im infraroten Bereich sind – wie das sichtbare Licht – vom Erdboden aus zugänglich. Der größere Teil des infraroten Lichts wird vom Wasserdampf in der Erdatmosphäre verschluckt. Das kurzwellige Ultraviolett sowie die gesamte Röntgen- und Gammastrahlung werden vom Ozon in den höheren Schichten unserer Atmosphäre absorbiert. Alle diese Bereiche sind nur von Satelliten aus zu beobachten.

5.5.2   Die Fraunhoferlinien

1802 entdeckte Wollaston dunkle Linien im Spektrum der
Sonne, die er zunächst für die natürlichen Grenzen der Farben hielt. 1814 fand Fraunhofer in einem weiter aufgefächer-
ten Spektrum rund 600 solcher Linien, und nach ihm werden
sie manchmal auch *Fraunhoferlinien* genannt. Er bezeichnete die stärksten Linien mit großen Buchstaben, und einige
seiner Bezeichnungen werden bis heute verwendet, z.B. die
D-Linien des Natriums oder die Linien H und K des Kalziums. Die Nennung dieser Elemente deutet bereits an, was
hinter diesen dunklen Linien steckt, sie werden von den Atomen dieser Elemente hervorgerufen. Die Deutung der Linien gelang Kirchhoff und Bunsen, die damit die *Spektralanalyse* begründeten. Um das zu verstehen, müssen wir
einen kleinen Ausflug in die Atomphysik machen, und das
einfache Atommodell von Niels Bohr kann den Sachverhalt
am besten veranschaulichen. Ein Atom besteht aus einem
(positiv geladenen) *Atomkern,* um den herum die (negativ
geladenen) *Elektronen* kreisen, ähnlich wie die Planeten um
die Sonne. Beim Wasserstoff (H) ist es ein Elektron, beim
Helium (He) sind es zwei, beim Bor (B) drei und so weiter
bis zum Uran (U) mit 92 Elektronen in der Hülle. Die Elektronen können aber nur in ganz bestimmten Bahnen um den
Kern kreisen, das ist ein wesentlicher Inhalt der Quantenmechanik. Den einzelnen Bahnen entsprechen ganz bestimmte
Energiezustände. Je weiter entfernt vom Kern, um so größer
ist der Energiezustand des Elektrons. Wenn nun ein Elektron aus irgendeinem Grund (zum Beispiel als Folge eines
Zusammenstoßes oder wegen hoher Temperatur) auf einer
höheren, weiter vom Kern entfernten Bahn umläuft, so wird
es nach einiger Zeit von selbst, spontan, auf eine niedrigere
Bahn zurückkehren. Da die untere Bahn energieärmer ist,
wird hierbei Energie frei und als Licht ausgesandt, und die
Wellenlänge dieses Lichts entspricht genau der Energiedifferenz zwischen den beiden Bahnen oder den beiden Zu-

ständen. Man beobachtet also Licht einer ganz bestimmten Wellenlänge, eine helle Spektrallinie, eine sogenannte *Emissionslinie,* weil dieses Licht vom Atom emittiert wurde. Wenn man im Labor Natrium verdampft, beobachtet man zwei eng benachbarte Linien im gelben Spektralbereich, die schon erwähnten Natrium-D-Linien, die auch das gelbe Licht der Natriumdampflampen in der Straßenbeleuchtung bewirken.

Wenn sich nun andererseits Atome in einer Sternatmosphäre befinden, und aus dem Innern des Sterns kommt heiße Strahlung aller Wellenlängen (ein *kontinuierliches* Spektrum), dann kann ein Atom Strahlung der passenden Wellenlänge absorbieren und die so gewonnene Energie dazu benutzen, ein Elektron aus einer unteren in eine höhere Bahn zu heben. Dieses absorbierte Licht fehlt dann im Spektrum, man beobachtet eine dunkle Fraunhoferlinie, eine *Absorptionslinie,* genau mit der Wellenlänge, die das Atom im ersten Falle emittieren würde, also z.B. Fraunhofers D-Linie im Sonnenspektrum. In Wirklichkeit sind es zwei dicht benachbarte Linien, die Fraunhofer aber noch nicht trennen konnte. Wir nennen sie heute die Linien D_1 und D_2 des Natriums.

1842 entdeckte Christian Doppler den später nach ihm benannten *Dopplereffekt,* der in vielen Bereichen der Astronomie eine wichtige Rolle spielt. Er ist uns aus der Akustik her geläufig. Wenn eine Schallquelle sich uns nähert, so werden – anschaulich gesprochen – die Schallwellen »zusammengestaucht«, wir empfangen mehr Wellen pro Sekunde und das bedeutet einen höheren Ton. Analog wird der Ton tiefer, wenn sich die Schallquelle von uns entfernt. Diese Änderung der Tonhöhe kann man leicht feststellen, wenn ein Polizeiauto mit laufender Sirene an uns vorbeifährt. Dasselbe gilt auch für die Lichtwellen. Wenn der Abstand zwischen Lichtquelle und Beobachter sich verkleinert, empfangen wir mehr Lichtwellen pro Sekunde, der Abstand zwischen den Wellenbergen wird geringer, wir empfangen blaueres Licht.

Spektrallinien einer sich uns nähernden Quelle werden zum Blauen hin verschoben. Ebenso wird das Licht einer sich entfernenden Quelle zum Roten hin verschoben. Solange die relative Geschwindigkeit klein ist gegenüber der Lichtgeschwindigkeit (300000 km/s) ist die Verschiebung der Wellenlänge proportional zur Geschwindigkeit. Aus der Verschiebung der Spektrallinien erhalten wir also unmittelbar die relative Geschwindigkeit in km/s, die sog. *Radialgeschwindigkeit* (→13.3.1).

5.5.3 Das Wasserstoffspektrum

Wir wollen das Spektrum des Wasserstoffs noch etwas näher betrachten. Einmal ist es das einfachste Spektrum, ferner spielt es in der Astronomie eine große Rolle, denn die gesamte Masse im Kosmos besteht zu rund 75% aus Wasserstoff. Das Wasserstoffatom besitzt nur ein Elektron in seiner Hülle. Die möglichen Bahnen für dieses Elektron sind in der Abb. 5 (in einem *Termschema*) schematisch angegeben. Die Energiedifferenz zwischen der untersten Bahn (1), dem Grundzustand, und allen höheren Bahnen ist so groß, daß die dazugehörigen Übergänge im Spektrum im fernen ultravioletten Bereich erscheinen. Die Übergänge von der zweiten Bahn in die höheren liegen jedoch gerade im sichtbaren Bereich. Es ist eine ganze Serie von Linien, deren Gesetzmäßigkeit zuerst der Schweizer Mathematiker Johann Balmer erkannte, nach dem sie heute als *Balmer-Serie* bezeichnet wird. Die einzelnen Linien werden mit H (Symbol für Wasserstoff) und der Reihe nach mit den griechischen Buchstaben bezeichnet. Dem Übergang von der zweiten in die dritte Bahn entspricht die im roten Spektralbereich liegende Linie H_α. Es folgt die blaue Linie H_β, die zum Sprung von (2) nach (4) gehört. In immer kürzeren Abständen folgen mit den Übergängen von (2) nach (5), nach (6), nach (7) usw. die Linien H_γ, H_δ, H_ε usw. Die im ultravioletten Spektral-

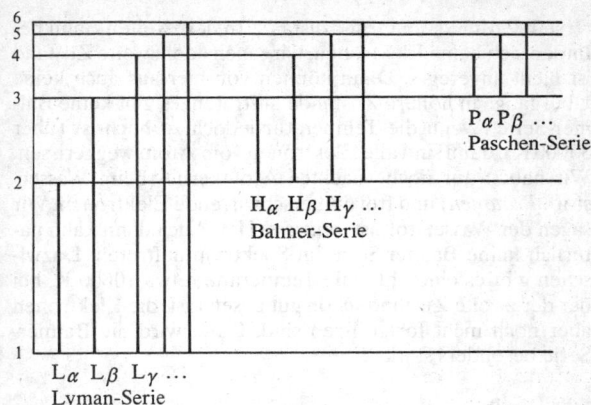

Abb. 5
Termschema des Wasserstoffs. Erläuterungen im Text.

bereich liegende Serie von der untersten Bahn aus heißt Lyman-Serie (L_α, L_β...) nach dem Physiker Theodor Lyman. Von der dritten Bahn in die höheren Bahnen folgt die im Infraroten liegende Paschen-Serie (P_α, P_β...) nach Friedrich Paschen usw. Wir kennen heute Übergänge zwischen ganz hohen Bahnen, z. B. von der 158. in die 159. Bahn. Hierbei wird sehr energiearme Strahlung im Radiobereich bei 6cm Wellenlänge absorbiert oder emittiert (→11.2.1). Am wichtigsten für uns aber ist die Balmer-Serie, weil sie im sichtbaren Bereich liegt.

Die Stärke der Linien hängt natürlich einmal von der Häufigkeit des Elements ab. Wenn eine Sternatmosphäre keinen Wasserstoff enthält, kann auch keine Balmer-Serie im Spektrum erscheinen. Sodann hängt die Stärke aber auch vom physikalischen Zustand des Gases, vor allem von der Temperatur ab. Bei zu niedriger Temperatur (z. B. unter 2000 K) befinden sich alle Elektronen der Wasserstoffatome im un-

tersten Zustand, im Grundzustand. In der zweiten Bahn befinden sich keine Elektronen, wir sagen »der zweite Zustand
ist nicht angeregt«. Dann können von hier aus auch keine
Übergänge in höhere Zustände auftreten, es gibt keine Balmer-Serie. Wenn die Temperatur jedoch zu hoch ist (über
30000 K), dann sind alle Elektronen vom Atom weggerissen.
Wir haben nur noch »nackte« Atomkerne (beim Wasserstoff: *Protonen*) und frei umherschwirrende Elektronen. Wir
sagen der Wasserstoff ist *ionisiert* (H^+). Auch dann kann natürlich keine Balmer-Serie im Spektrum auftreten. Dazwischen gibt es eine optimale Temperatur, etwa 10000 K, bei
der der zweite Zustand schon gut besetzt ist, die Elektronen
aber noch nicht fortgerissen sind. Dann wird die Balmer-
Serie besonders stark.

5.5.4   Spektralklassifikation

Natürlich hat man bald begonnen, die Sternspektren zu klassifizieren, und zwar zunächst rein nach dem Aussehen, denn
die dahinter liegende Physik verstand man noch nicht. Da
eignet sich die Balmer-Serie besonders gut. Man klassifizier-
te darum nach der Stärke der Balmerlinien und kennzeich-
nete die Spektraltypen mit den großen Buchstaben, A, B,
C... A-Sterne sind also diejenigen mit den stärksten Balmer-
Linien, also Sterne mit etwa 10000 K Oberflächentemperatur. Später erschien es sinnvoller, die Spektren nach der
Temperatur zu ordnen. Einige der ursprünglichen Typen er-
wiesen sich außerdem als Sonderfälle oder Irrtümer und
wurden fortgelassen. Was schließlich übrigblieb, ist die heute
generell benutzte Harvard-Klassifikation:

$$O - B - A - F - G - K - M.$$

Der Anfänger merkt sich diese Folge an dem englischen
Satz: »Oh, Be A Fine Girl, Kiss Me«. Die Sequenz entspricht
etwa folgenden Temperaturen: O-Sterne 30000 K, A-Sterne

10000 K, G-Sterne 5000 K, M-Sterne 3000 K. Mit zunehmender Beobachtungstechnik konnte man diese Serie der Spektraltypen verfeinern und unterteilt heute jede Klasse in maximal 10 Untergruppen, also z.B. A0, A1, A2 bis A9, dann F0, F1 usw. Unsere Sonne hat den Spektraltyp G2, ist also, wie man kurz sagt, ein *G2-Stern.* Der oben erwähnte Henry-Draper-Katalog (→5.2) enthält auch die Spektraltypen der rund 220000 Sterne. Rund 99% aller Sterne gehören zu den genannten Typen O bis M. Für die wenigen restlichen Sterne gibt es dann etliche Sondertypen, wobei gerade diese Exoten für den Astronomen oft besonders interessant sind. Weiteres dazu →Kap. 8.

Das folgende Schema (Abb. 6) gibt eine kurze Charakterisierung der einzelnen Typen. Aus historischen Gründen – weil man früher in der Sequenz eine Entwicklung sah – nennt man noch heute die O- und B-Sterne *frühe Typen,* die A-, F- und G-Sterne *mittlere* und die K- und M-Sterne *späte* Typen, ohne damit noch eine Entwicklungsrichtung zu verbinden. Bei den heißen frühen Typen erscheinen im Spektrum zahlreiche Emissionslinien, ab B dann nur noch Absorptionslinien. Die Balmer-Serie hat, wie wir schon sahen,

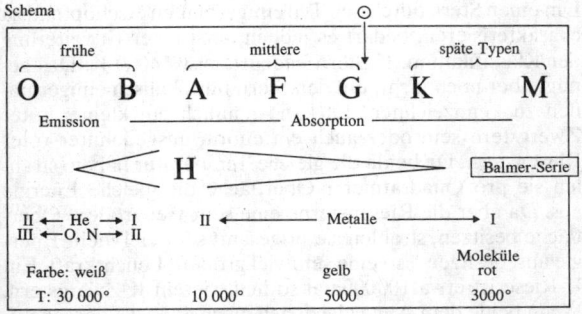

Abb. 6 Schema der Spektralklassifikation.

bei den A-Sternen ein Maximum und nimmt zu heißen wie zu kühlen Sternen ab. Bei den frühen Typen findet man starke Linien der Elemente Helium (He), Sauerstoff (O) und Stickstoff (N), meist in ionisierter Form, also nicht mehr mit allen Elektronen. Ab Typ F überwiegen dann im Spektrum die Metall-Linien, zunächst in ionisierter dann in neutraler Form. Entsprechend den Temperaturen variiert auch die Farbe von Weiß über Gelb nach Rot. Bei den späten Typen treten zunehmend Moleküllinien auf, vor allem Titanoxid (TiO). Mit abnehmender Temperatur werden insbesondere die schon erwähnten Linien »H« und »K« des ionisierten Kalzium (Ca^+) im nahen Ultravioletten immer stärker und werden darum hier zur Klassifizierung benutzt.

Durch kleine angehängte Buchstaben werden Besonderheiten charakterisiert, z.B.

n (nebulous): verwaschene Linien,
s (sharp):   sehr scharfe Linien,
e (emission): Emissionslinien bei Typen, die normalerweise
              keine Emissionslinien zeigen,
v (variable): das Spektrum ändert sich im Laufe der Zeit,
p (peculiar): sonstige Besonderheiten im Spektrum.

Um einen Stern durch den Typ einigermaßen erschöpfend zu charakterisieren, bedarf es jedoch noch einer Erweiterung der Klassifikation. K-Stern bedeutet etwa 4000 K. Das genügt aber noch nicht, um den Stern physikalisch einigermaßen zu kennzeichnen. Es kann nämlich ein kleiner roter Zwergstern sein oder auch ein enorm ausgedehnter roter Riesenstern. Da beide die gleiche Temperatur haben, strahlen sie pro Quadratmeter Oberfläche die gleiche Energie aus. Da aber die Riesensterne eine sehr viel größere Oberfläche besitzen, strahlen sie insgesamt sehr viel mehr Energie aus, besitzen also eine sehr viel größere Leuchtkraft. Ein K-Riese ist etwa 100000mal so hell wie ein K-Zwergstern. Wenn beide dem Auge gleich hell erscheinen, ist der leuchtkräftige Riese rund 300mal so weit entfernt, weil die Leuchtkraft mit dem Quadrat der Entfernung abnimmt. Man hat darum einen zweiten Parameter eingeführt, die *Leuchtkraftklassen* I bis VII. Dieser zweite Parameter charakterisiert bei gegebener Temperatur die Gesamtleuchtkraft und damit den Durchmesser des Sterns. Die sechs Klassen bedeuten: I Überriesen (gelegentlich noch aufgeteilt in Ia und Ib), II helle Riesen, III normale Riesen, IV Unterriesen, V Zwergsterne, VI Unterzwerge, VII Weiße Zwerge (→7.3.1). Die Sonne hat den Spektraltyp G2 V, ist also ein gelber Zwergstern. Zur Klassifikation dieses Parameters dienen im Spektrum druckempfindliche Linien, denn bei den aufgeblähten Rie-

Tab. 5 Die 20 hellsten Sterne

Typ = Spectral-Typ (→ 5.5.4)
m_v = scheinbare visuelle Helligkeit (→ 5.2)
(Werte in Klammern: veränderliche Sterne)

Name	Bezeichnung	Typ	m_v
1 Sirius	α Canus Majoris	A1 V	−1,49
2 Canopus	α Carinae	F0 Ia	−0,73
3	α Centauri	G2 V	−0,27
4 Arktur	α Bootis	K2 IIIp	−0,06
5 Wega	α Lyrae	A0 V	+0,04
6 Capella	α Aurigae	(G0)	0,09
7 Rigel	β Orionis	B8 Ia	0,15
8 Procyon	α Canis Minoris	F5 IV–V	0,37
9 Achernar	α Eridani	B3 V	0,53
10	β Centauri	B0,5 V	0,66
11 Betelgeuze	α Orionis	M2 Iab	(0,7)
12 Altair	α Aquilae	A7 IV–V	0,80
13 Aldebaran	α Tauri	K5 III	(0,85)
14	α Crucis	B0,5 V	0,87
15 Antares	α Scorpii	M1 Ib	(0,98)
16 Spica	α Virginis	B1 V	1,00
17 Fomalhaut	α Piscis Austrini	A3 V	1,16
18 Pollux	β Geminorum	K0 III	1,16
19 Deneb	α Cygni	A2 Ia	1,26
20	β Crucis	B0,5 IV	1,31

Tab. 6 Zustandsgrößen der Sterne

LC	= Leuchtkraftklasse
Sp	= Spektraltyp
W. Zw.	= Weiße Zwerge
L	= Leuchtkraft
M	= Masse
R	= Radius
ϱ	= Dichte
g	= Schwerebeschleunigung
T_{eff}	= effektive Temperatur

Jeweils in Einheiten der Sonnenwerte (Index o); Sonnenwerte in der letzten Zeile

LC	Sp	L/L_o	M/M_o	R/R_o	ϱ/ϱ_o	g/g_o	T_{eff} [K]
V	O5	$7,9 \cdot 10^5$	60	12	0,03	0,40	44500
	B0	$5,2 \cdot 10^4$	17,5	7,4	0,04	0,32	30000
	A0	54	2,9	2,4	0,20	0,50	9520
	F0	6,5	1,6	1,5	0,50	0,80	7200
	G0	1,5	1,05	1,1	0,80	0,90	6030
	K0	0,42	0,79	0,85	1,26	1,12	5250
	M0	0,08	0,51	0,60	2,24	1,41	3850
	M8	0,001	0,06	0,10	16	3,4	2640
III	B0	$1,1 \cdot 10^5$	20	15	0,01	0,08	29000
	A0	106	4	5	0,03	–	10100
	F0	20	–	–	–	–	7150
	G0	34	1,0	6	0,004	0,03	5850
	K0	60	1,1	15	$3 \cdot 10^{-4}$	0,005	4750
	M0	330	1,2	40	$2 \cdot 10^{-5}$	0,001	3800
I	O5	$1,1 \cdot 10^6$	70	30	0,003	0,08	40300
	B0	$2,6 \cdot 10^5$	25	30	0,001	0,03	26000
	A0	$3,5 \cdot 10^4$	16	60	$8 \cdot 10^{-5}$	0,005	9730
	F0	$3,2 \cdot 10^4$	12	80	$3 \cdot 10^{-5}$	0,002	7700
	G0	$3,0 \cdot 10^4$	10	120	$6 \cdot 10^{-6}$	0,001	5550
	K0	$2,9 \cdot 10^4$	13	200	$2 \cdot 10^{-6}$	$3 \cdot 10^{-4}$	4420
	M0	$4,1 \cdot 10^4$	13	500	$1 \cdot 10^{-7}$	$2 \cdot 10^{-5}$	3650
W. Zw.		$10^{-3} - 10^{-6}$	0,6	0,013	$3 \cdot 10^5$	$4 \cdot 10^3$	$6 - 40 \cdot 10^3$
Sonne		$4 \cdot 10^{23}$ kW	$2 \cdot 10^{33}$ g	$7 \cdot 10^{10}$ cm	1,41 g/cm³	$2,7 \cdot 10^4$ cm/s²	5800 K

sensternen ist der Gasdruck in der Atmosphäre sehr viel
geringer als bei den Zwergsternen.
In Tab. 5 sind die Namen, die Spektraltypen und die scheinbaren Helligkeiten der 20 hellsten Sterne am Himmel zusammengestellt. In Tab. 6 folgen dann die wichtigsten mechanischen Zustandsgrößen (→5.1) für die verschiedenen
Spektraltypen.

5.6 Zustandsdiagramme

Wichtig für das physikalische Verständnis der Sterne sind die
Zustandsdiagramme, die die Beziehungen zwischen jeweils
zwei Zustandsgrößen darstellen.

5.6.1 Das Hertzsprung-Russell-Diagramm

Im *Hertzsprung-Russell-Diagramm* (HRD), benannt nach
den Astronomen Ejnar Hertzsprung und Henry Norris Rus-
sell, wird als Abszisse (waagerechte Koordinate) der Spektraltyp (untere Skala) oder die Temperatur (obere Skala von
rechts nach links ansteigend) aufgetragen* (s. Abb. 7). Als
Ordinate (senkrecht) wird die absolute Helligkeit (linke
Skala), oder auch – dem äquivalent – die Leuchtkraft in Einheiten der Sonnenleuchtkraft (rechte Skala) aufgetragen. Jedem Stern entspricht dann ein Punkt in diesem Diagramm.
In Abb. 7 sind die hundert hellsten Sterne am Himmel einge-

---

* Es handelt sich um eine schematische Darstellung, mit der die Zusammenhänge deutlich gemacht werden sollen. Temperatur und Spektraltyp entsprechen einander weitgehend, sind aber nicht streng einander zugeordnet.
Die Linien konstanter Temperatur laufen im Diagramm ein klein wenig schräg
von links oben nach rechts unten. Wegen des geringeren Drucks in den Atmosphären der Riesensterne werden dort die Elemente schon bei etwas niedrige-
rer Temperatur ionisiert.

zeichnet. Man sieht, daß die Sterne keineswegs gleichmäßig verteilt sind. Das bedeutet, manche Kombinationen von Temperatur und Leuchtkraft kommen häufiger vor, andere Kombinationen seltener oder gar nicht. Die Mehrheit der Sterne liegt auf einem von links oben nach rechts unten reichenden schmalen Band. Auch unsere Sonne liegt dort (Kreuz). Das sind die »normalen« Sterne, die ihre Energie im Innern durch das Verbrennen von Wasserstoff zu Helium, dem wichtigsten Kernprozeß im Sterninnern, beziehen. Man nennt dieses Band die *Hauptreihe* ($\rightarrow$6.5/7.1). Sie charakterisiert die Leuchtkraftklasse V der Zwergsterne (s.o.). Die Leuchtkraftklassen bedeuten also nicht eine einheitliche Leuchtkraft, sondern eine charakteristische Lage im HRD. Die Leuchtkraftklasse V umfaßt Leuchtkräfte von $1/100$ bis zu 1000 Sonnenleuchtkräften.

Eine merkliche Anzahl von Sternen liegt rechts oberhalb der Hauptreihe. Diese Sterne haben, wenn man in Gedanken senkrecht hintergeht zur Hauptreihe, bei gleicher Temperatur – und das heißt: bei gleicher Ausstrahlung pro Quadratmeter Oberfläche – eine sehr viel höhere Gesamtausstrahlung. Also haben sie eine größere Oberfläche und damit einen größeren Radius. Es sind Riesensterne. Die Anhäufung der Sterne dort charakterisiert den normalen Riesenast und damit die Leuchtkraftklasse III. Über diesem Riesenast liegen die hellen Riesen und Überriesen (Leuchtkraftklasse II und I) und dicht über der Hauptreihe ein paar Unterriesen (Leuchtkraftklasse IV). Jeder Punkt im HRD charakterisiert also einen ganz bestimmten Radius des Sterns.

Das Diagramm in Abb. 7 gibt aber keineswegs die wahre Verteilung der Sterne wieder. Es sind hier alle Sterne am Himmel bis zu einer bestimmten scheinbaren Helligkeit wiedergegeben. Das bedeutet, daß die Sterne geringer Leuchtkraft nur aus der näheren Umgebung der Sonne stammen. Die sehr hellen Riesen oder gar Überriesen sind dagegen bis in viel größere Entfernung sichtbar, sind also aus einem im-

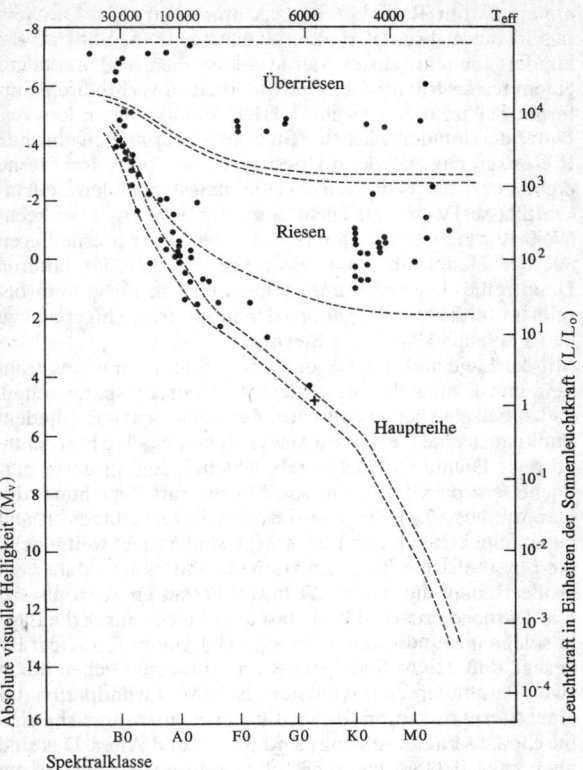

Abb. 7 Hertzsprung-Russell-Diagramm der 100 (scheinbar) hellsten Sterne am Himmel.

mer größeren Raumbereich zusammengetragen. Das verfälscht die wahren Verhältnisse enorm. In Abb. 8 sind die hundert sonnennächsten Sterne aufgetragen, also Sterne aus einem festen Raumbereich, etwa bis zu 20 Lichtjahren Entfernung. Und dieses »wahre« HRD sieht völlig anders aus. Unter den hundert nächsten Sternen gibt es keinen einzigen Riesen, geschweige denn Überriesen, zwei oder drei Sterne dicht über der Hauptreihe (Übergangstypen der Leuchtkraftklasse IV–V), vielleicht einen Unterzwerg, aber sechs Weiße Zwerge links unten (→7.3.1). 90% der Sterne liegen auf der Hauptreihe, und zwar fast alle auf der unteren Hauptreihe. Unsere Sonne steht in diesem Diagramm bereits an fünfter Stelle, gehört also in unserer Umgebung zu den 5% leuchtkräftigsten Sternen!

Mit der Lage im HRD liegen Temperatur, Energieausstrahlung und Radius des Sterns fest. Wir werden später sehen, daß – bei gleicher chemischer Zusammensetzung – jedem Punkt auch eine bestimmte Masse und damit eine bestimmte mittlere Dichte und Schwerebeschleunigung an der Oberfläche entspricht (zur Masse-Leuchtkraft-Beziehung der Hauptreihe →7.1). Die Lage im HRD – das heißt, die Angabe von Spektraltyp und Leuchtkraftklasse – legt weitgehend die physikalischen Eigenschaften des Sterns fest; daher die große Bedeutung des HRD in der gesamten Astrophysik. Die Tatsache, daß die Physik fast aller Sterne durch die Lage in solch einem zweidimensionalen Diagramm festgelegt ist, besagt, daß der Aufbau eines Sterns im wesentlichen durch zwei Parameter charakterisiert ist. Die Grundparameter einer Sternpopulation (das heißt: gleiche ursprüngliche chemische Zusammensetzung) sind Masse und Alter. Das sind aber zwei Größen, die nicht ohne weiteres zu bestimmen sind. Die Parameter, die den Zustand der beobachtbaren Sternatmosphäre (→6.1) bedingen, sind Temperatur und Schwerebeschleunigung. Die Parameter für die Beobachtung sind Spektraltyp und absolute Helligkeit. Eine der wesentlichen Aufgaben der stellaren Astrophysik ist es, den

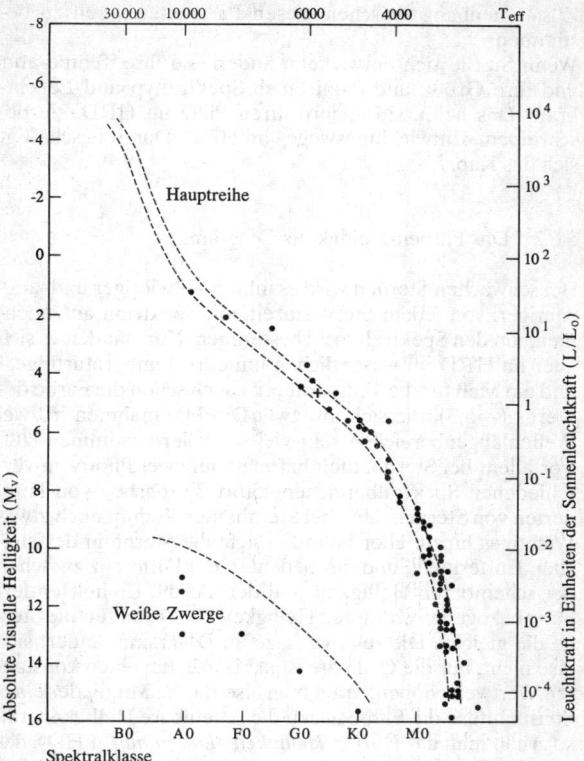

Abb. 8 Hertzsprung-Russell-Diagramm der 100 sonnennächsten Sterne (wahres HRD).

Zusammenhang zwischen diesen Parameterpaaren zu bestimmen.
Wenn Sterne sich entwickeln, ändern sie ihre Temperatur
und ihre Größe und damit auch Spektraltyp und Leuchtkraft. Das heißt, sie ändern ihren Platz im HRD, sie beschreiben »Entwicklungswege« im HRD. Damit beschäftigt
sich das Kap. 7.

5.6.2   Das Farben-Helligkeits-Diagramm

Bei schwachen Sternen wird es immer schwieriger und lang-
wieriger, von jedem Stern einzeln ein Spektrum aufzuneh-
men, um den Spektraltyp zu bestimmen. Nun handelt es sich
aber im HRD im wesentlichen um eine Temperaturfolge –
und ein Maß für die Temperatur ist auch schon die Farbe des
Sterns (→5.3), die sich mit zwei Direktaufnahmen in zwei
Wellenlängenbereichen sehr viel schneller bestimmen läßt.
Vor allem bei Sternhaufen hat man auf zwei Photos in verschiedenen Spektralbereichen sofort die Farben von Hun-
derten von Sternen. Und bei Sternhaufen kommt noch etwas
Wichtiges hinzu: Hier befinden sich alle Sterne in der gleichen Entfernung, und das bedeutet: die Differenz zwischen
der scheinbaren Helligkeit und der auf die Einheitsentfernung bezogenen absoluten Helligkeit (→5.4) ist für alle Sterne die gleiche. Die relative Lage im Diagramm ändert sich
also nicht, nur die Ordinate ist als Ganze um einen konstanten Wert verschoben. Trägt man also für die Mitglieder eines
Sternhaufens die Farbe gegen die scheinbare Helligkeit auf,
so erhält man das *Farben-Helligkeits-Diagramm* (FHD), das
dem HRD in seiner Struktur sehr ähnlich, aber aus der Beobachtung sehr viel leichter und schneller zu gewinnen ist
und auch schwächere Sterne erfaßt. Das FHD spielt eine
wichtige Rolle bei der Entfernungsbestimmung (→12.3) und
bei Untersuchungen der Struktur und des Alters von Sternhaufen (→10.1/10.2).

5.7 Die Rotation

Eine weitere Zustandsgröße der Sterne ist ihre Rotation. Bei einem rotierenden Stern, bei dem wir genau auf den Äquator schauen, kommt die eine Seite des Sterns auf uns zu, die andere bewegt sich von uns fort. Dadurch ist nach dem Dopplereffekt (→5.5.2) die Strahlung der einen Seite nach blau, die der anderen Seite nach rot verschoben. Dies bewirkt eine Verbreiterung der Absorptionslinien im Spektrum der Sterne. Aus dieser Verbreiterung kann man die Rotationsgeschwindigkeit v_{rot} bestimmen. Schaut man aber genau auf den Pol des Sterns, so verläuft die ganze Rotationsbewegung senkrecht zur Blickrichtung, und es gibt keinen Dopplereffekt. Selbst bei hoher Rotationsgeschwindigkeit bleiben die Linien also scharf. In Wirklichkeit weiß man nicht, unter welchem Winkel man auf den Stern schaut. Man bestimmt daher immer nur das Produkt $v_{rot} \cdot \sin i$, wobei i der Neigungswinkel der Rotationsachse gegen die Beobachtungsrichtung ist. Ein langsam rotierender Stern, bei dem man auf den Äquator schaut, und ein schnell rotierender Stern, bei dem man mehr Richtung Pol blickt, können prinzipiell nicht unterschieden werden. Für i=0° (Blick direkt auf den Pol, *pole-on-stars*) ist überhaupt keine Rotation mehr zu beobachten. Über die Sternrotationen lassen sich darum nur statistische Aussagen machen, wobei man annimmt, daß die Rotationsachsen der Sterne im Raum regellos verteilt sind.

Aus einigen tausend Sternen, deren Rotation gemessen wurde, ergibt sich folgendes: Längs der Hauptreihe zeigt sich ein deutlicher Gang mit dem Spektraltyp, die frühen Typen rotieren schneller als die späten Typen. Dies hängt vermutlich mit dem Alter zusammen. Die heißen Sterne auf der oberen Hauptreihe sind statistisch jünger (→7.1) und haben daher noch nicht genügend Zeit gehabt, ihren Drehimpuls etwa durch Materialverlust (stellare Winde) abzugeben. Die Sonne rotiert in 25 Tagen einmal um ihre Achse (→Kap. 4,

Einleitung), das entspricht einer Rotationsgeschwindigkeit von 3 km/s am Äquator. So langsame Rotationen sind bei anderen Sternen nicht mehr zu messen. Bei den heißen Sternen rotieren diejenigen, die Emissionslinien zeigen, schneller als die anderen. Sie rotieren in der Tat an der Grenze der Stabilität. Das heißt, bei noch schnellerer Rotation wird die Zentrifugalkraft am Äquator größer als die Schwerkraft, und Materie strömt vom Stern ab. Bei vielen Sternen findet dies tatsächlich statt, so daß diese sehr schnell rotierenden Sterne von abgeplatteten Hüllen umgeben sind. Man spricht von *Hüllensternen* (*shell stars*). Diese Hüllen sind auch der Sitz der Emissionslinien. Gleichzeitig wird in den Hüllen die Strahlung von der Sternoberfläche absorbiert. Hier können die Spektren sehr unterschiedlich aussehen, je nachdem, ob man auf den Äquator durch eine ausgedehnte Hülle oder ob man »pole-on« nur durch eine dünne oder gar keine Hülle schaut.

5.8 Magnetfelder

Starke Magnetfelder beobachtet man fast nur bei einer kleinen Gruppe von A-Sternen, die wegen dieser Besonderheit (peculiarity) als *Ap-Sterne* bezeichnet werden. Die Größe der Felder beträgt einige tausend Gauß (zum Vergleich: das Erdmagnetfeld beträgt etwa ½ G). Fast immer ist das Magnetfeld variabel, mit Perioden von einigen Wochen, wobei oft auch das Vorzeichen wechselt. Bei diesen Sternen fallen die Rotationsachse und die magnetische Achse nicht zusammen (auch bei der Erde tun sie dies ja nicht), so daß wir infolge der Rotation des Sterns einmal auf den magnetischen Nord-, einmal auf den Südpol schauen. Wir sprechen von einem *schiefen Rotator* (weiteres →8.5). Einen Extremfall gibt es: der Stern HD 215441 hat ein Feld von 34000 G.
Bei den Ap-Sternen handelt es sich um Magnetfelder des

Sterns als Ganzem, analog dem Erdmagnetfeld. Daneben gibt es sicher bei vielen Sternen lokale Felder infolge einer Aktivität, wie wir sie bei der Sonne laufend beobachten. Aber diese lokalen Felder sind teils positiv, teils negativ, so daß sie sich, wenn man den Stern nur als Punkt sieht, gegeneinander aufheben. Ein entfernter Beobachter würde auch bei unserer Sonne kein Magnetfeld messen. – Zum interstellaren Magnetfeld vgl. Abschn. 11.7.

5.9 Chemische Zusammensetzung, Populationen

Die letzte Zustandsgröße, die wir betrachten wollen, ist die chemische Zusammensetzung. Im Grunde wissen wir, verglichen mit der Größe des Kosmos, hierüber sehr wenig. Wirklich gut kennen wir die Zusammensetzung der Erdrinde, der auf sie stürzenden Meteorite, der Sonnenatmosphäre und der Atmosphäre von einigen Dutzend Sternen. Qualitativ wissen wir eine ganze Menge über weitere Sternatmosphären, über planetarische Nebel, über die interstellare Materie. Aber diese nach Entfernung, nach Alter, nach Größe, nach physikalischem Zustand völlig unterschiedlichen Objekte zeigen alle etwa die gleiche chemische Zusammensetzung. Die Häufigkeitsverteilung der Elemente ist außerdem sehr charakteristisch und weist theoretisch einsichtige Gesetzmäßigkeiten auf. Wir können also sagen, daß es so etwas wie eine »allgemeine kosmische Häufigkeitsverteilung der Elemente« gibt. Die Häufigkeit der Elemente nimmt mit wachsender Ordnungszahl der Elemente erst schnell und dann immer langsamer ab. Häufigkeitsspitzen gibt es, außer beim Wasserstoff (H), noch einmal beim Eisen (Fe) und beim Blei (Pb). Dies hängt mit dem Bau der Atome und den radioaktiven Zerfallsreihen zusammen und entspricht genau dem, was man erwartet. Eisen ist das stabilste Element überhaupt. Bei den leichteren Elementen gewinnt man Energie durch

Kernfusion, wenn leichtere Atome zu höheren Atomen »verbrennen«, z. B. Wasserstoff zu Helium oder Helium zu Kohlenstoff. Das passiert z. B. im Innern der Sterne (→6.3/7.2) und bei der Wasserstoffbombe. Bei schweren Elementen gewinnt man dagegen Energie, wenn die Kerne zerfallen (z. B. Uran im Atomkraftwerk, radioaktiver Zerfall). Beide Reihen enden beim Eisen. Es ist daher verständlich, daß sich bei den vielen Kernprozessen, die im Kosmos ablaufen, die Elemente allmählich beim Eisen ansammeln.

Tab. 7 Häufigkeit der 15 häufigsten Elemente

Bezogen auf jeweils eine Million

a) nach Atomzahlen: $N/10^6$ = Zahl pro eine Million Atome
b) nach Masse: g/t   = Gramm pro Tonne

Z	El	$N/10^6$	g/t	Z	EL	$N/10^6$	g/t
1	H	887000	654000	26	Fe	17	700
2	He	110000	127000	16	S	10	240
8	O	860	10000	18	Ar	4	110
6	C	310	2700	13	Al	3	60
10	Ne	240	3500	20	Ca	1	30
7	N	84	870	11	Na	1	17
14	Si	28	570	28	Ni	1	43
12	Mg	25	490				

Tab. 7 gibt die Verteilung der häufigsten Elemente an, jeweils bezogen auf eine Million, und zwar einmal nach Atomzahlen, einmal nach Gewicht. Die 3. Spalte gibt also an, wie viele von Millionen Atomen zu dem betreffenden Element gehören, und die Spalte 4, wieviel Gramm pro Tonne (1000 kg) das einzelne Element ausmacht. Die Zahlen unterscheiden sich, weil die schweren Elemente zum Gewicht relativ mehr beitragen als zu den Atomzahlen. Man sieht sofort die überragende Bedeutung der Elemente Wasserstoff und Helium. Beide Elemente sind bereits von Anfang an vorhanden, sie bildeten sich wenige Minuten nach dem Urknall (→15.4). Die übrigen Elemente sind erst im Lauf der Zeit im Innern der Sterne durch Kernprozesse entstanden. Wenn man genauer hinschaut, findet man in der Tat bei Sterngruppen unterschiedlichen Alters systematische Unterschiede. Sonnenähnliche (junge) Sterne zeigen einen Anteil der Elemente schwerer als Helium von 3 bis 4%, sehr alte Objekte dagegen nur einige Promille. Die Astronomen sprechen darum von verschiedenen *Sternpopulationen,* wobei Population I die jüngeren, Population II die älteren Objekte umfaßt. Unsere Sonne gehört zur Population I. Da das Alter eine kontinuierliche Eigenschaft ist, gibt es natürlich auch Zwischenstufen: extreme Population II, intermediäre Population II, mittlere Population, intermediäre Population I, extreme Population I, wobei der Anteil schwerer Elemente von 0,04 bis 4% ansteigt. Nach dem Ort, wo wir diese Populationen in unserem Milchstraßensystem (→Kap. 13) finden, sprechen wir auch von: *Halo-Population* (extreme Population II), *Scheibenpopulation* (mittlere Population) und *Spiralarmpopulation* (extreme Population I). Tab. 7 bezieht sich auf eine mittlere Population.

6 Aufbau der Sterne

6.1 Sternatmosphären

Die Physik der Sternatmosphären spielt in der Astrophysik eine wichtige Rolle, denn nur die Atmosphären der Sterne sind der Beobachtung direkt zugänglich. Die Untersuchung geschieht mittels der Spektralanalyse. Die Grundlagen des Spektrums und der Spektralanalyse sind in Abschn. 5.5 ausführlich behandelt.

Ein generelles Problem liegt darin, daß wir die Sterne (außer der Sonne) nur als Punkte sehen, also ein über die halbe Sternoberfläche integriertes Spektrum erhalten.

Ziel der Analyse ist die Bestimmung der chemischen Zusammensetzung und des physikalischen Aufbaus. Diese beiden Probleme sind aber nicht unabhängig voneinander: Man muß den physikalischen Aufbau, insbesondere Temperatur- und Druckverlauf, kennen, um aus den beobachteten Spektrallinien die Häufigkeit der einzelnen Elemente zu bestimmen, und man muß andererseits die chemische Zusammensetzung kennen, um den physikalischen Aufbau zu berechnen, da die einzelnen Elemente in unterschiedlicher Weise an der Wechselwirkung von Strahlung und Materie beteiligt sind. Dieser »circulus vitiosus« kann nur iterativ (durch schrittweise Wiederholung) gelöst werden. Als Einstieg führt man z.B. zunächst eine *Grobanalyse* durch, bei der man für die ganze Atmosphäre eine einheitliche mittlere Temperatur und einen einheitlichen mittleren Druck annimmt. Hiermit führt man eine erste chemische Analyse durch und berechnet dann eine *Modellatmosphäre*. Heute, im Zeitalter der Rechenmaschinen, geht man etwas anders vor: Man berechnet mit verschiedenen physikalischen Parametern und einer plausiblen chemischen Zusammensetzung (→5.9) eine ganze Serie von Atmosphärenmodellen, berechnet damit *synthetische Spektren* und vergleicht diese mit dem beobachteten Spektrum.

Die physikalischen Grundparameter, die bei diesen Modellrechnungen variiert werden, sind die *Schwerebeschleunigung* an der Oberfläche und die *effektive Temperatur* (= diejenige Temperatur, die die gesamte Energieausstrahlung des Sterns richtig wiedergibt). Es gibt mehrere Verfahren, um aus diesen Parametern den Temperaturverlauf und – über das hydrostatische Gleichgewicht – den Druckverlauf zu berechnen. Wichtig für die Berechnung des Temperaturverlaufs ist dabei die Bedingung, daß der Strahlungsstrom durch die Atmosphäre konstant bleibt, denn nirgendwo in der Atmosphäre wird Energie erzeugt oder vernichtet. Nur bei der Sonne, die wir wirklich als Scheibe sehen, kann der Temperaturverlauf unmittelbar aus der Beobachtung bestimmt werden (→4.1.1).

Bei genauen Analysen müssen ferner Temperaturinhomogenitäten, Auf- und Abwärtsbewegungen der Materie, turbulente Bewegungen und anderes berücksichtigt werden. Außerdem befinden sich die Sternatmosphären nicht im thermischen Gleichgewicht. Zu beachten ist, daß eine bestimmte Spektrallinie nur etwas aussagt über die Häufigkeit derjenigen Atome, bei denen sich ein Elektron in der Ausgangsbahn der betreffenden Linie befindet. Um hieraus die Gesamthäufigkeit des betrachteten Elements zu bestimmen, müssen der genaue Aufbau des Atoms (sein Termschema), die Übergangswahrscheinlichkeiten für das Elektron u.a. bekannt sein. Weitgehend fehlen hier noch die atomphysikalischen Daten, insbesondere bei den schwereren Elementen (weiteres hierzu →5.5).

Die Atmosphären der normalen Sterne sind ähnlich aufgebaut wie bei der Sonne. Abweichende und besonders interessante Ergebnisse, speziell hinsichtlich der chemischen Zusammensetzung, werden wir bei den einzelnen Sterntypen behandeln (→Kap.8).

6.2 Grundgleichungen des inneren Aufbaus

Es erscheint zunächst recht spekulativ, über das Innere der
Sterne, das doch der Beobachtung ganz unzugänglich ist, etwas aussagen zu wollen. Das ist jedoch nicht der Fall. Es
handelt sich im Innern der Sterne wegen der hohen Temperaturen um reine atomare Gase, und deren Physik, die Gas-
gesetze, sind seit langem gut bekannt. Kompliziert wird es,
wenn Atome sich zu Molekülen zusammenfinden (Chemie),
und noch komplizierter, wenn biologische Vorgänge dazu-
kommen. So verstehen wir heute das Innere der Sonne sicher viel besser als das Innere einer Nervenzelle, nicht, weil
die Astronomen klüger wären, sondern weil Nervenzellen
ungleich komplizierter sind. Allerdings muß man einschrän-
ken: *im Prinzip* ist es einfach. Die tatsächliche Berechnung
des auftretenden Differentialgleichungssystems ist dann
doch so kompliziert und langwierig, daß dies ganze Gebiet
überhaupt erst in den fünfziger Jahren in Angriff genommen
werden konnte, als die ersten elektronischen Rechenanlagen
zur Verfügung standen.

Um das Prinzip zu verstehen, betrachten wir einen sehr vereinfachten Fall. Wir haben einen Stern mit vorgegebener
Masse und wollen eine Druckschichtung konstruieren. Wir
denken uns dazu den Stern in lauter Kugelschalen aufgeteilt.
Über den Druckverlauf wissen wir zunächst nur, daß er von
außen nach innen zunehmen muß, und wir wissen auch, daß
in jeder Tiefe genau Gleichgewicht herrschen muß zwischen
dem Druck und dem Gewicht der darüberliegenden Massen.
Denn wenn irgendwo das Gewicht der Massen überwiegt,
würde der Stern zusammengedrückt werden, also kontrahieren; wenn dagegen irgendwo der Druck überwiegt, würde
der Stern expandieren. Wir nehmen nun irgendeinen Druckverlauf an und packen zunächst in die äußerste Kugelschale
so viel Masse, daß ihr Gewicht genauso groß ist wie der
Druck, den wir am Boden der Kugelschale angenommen haben. Dann geht es zur nächsten Schale, wieder wird so viel

Masse hineingepackt, bis das Gewicht beider Kugelschalen so groß wird wie der Druck an dieser Stelle, und so weiter bis zum Zentrum des Sterns. Natürlich ist es sehr unwahrscheinlich, daß wir gerade den richtigen Druckverlauf erraten haben. Es wird also folgendes passieren: Entweder sind wir im Zentrum angekommen und haben noch Masse übrig. Dann war unser Druckverlauf zu flach, der Druck in den inneren Schichten zu gering. Oder wir haben bereits alle Masse verbraucht, ehe wir im Zentrum angekommen sind; wir erhalten einen Stern mit einem zentralen Loch, was natürlich Nonsens ist. Dann war unser Druckverlauf zu steil, wir haben innen einen zu hohen Druck angenommen und darum zu viel Masse verbraucht. Je nachdem ändern wir nun die Druckschichtung und wiederholen das ganze Spiel, bis wir schließlich einen Druckverlauf erhalten, bei dem wir, im Zentrum angekommen, auch gerade alle Masse verbraucht haben.

Natürlich ist die Wirklichkeit komplizierter, denn wir dürfen nicht nur die Massenverteilung und die Druckschichtung ins Auge fassen. Es sind vielmehr vier Größen, deren Verlauf durch den Stern wir betrachten müssen: neben Masse und Druck der Temperaturverlauf und der Energiestrom durch die einzelnen Schichten, und diese vier Funktionen hängen noch dazu voneinander ab. Mathematisch haben wir es mit vier partiellen, miteinander verknüpften Differentialgleichungen zu tun, die *vier Grundgleichungen des Inneren Aufbaus*. Bei genügender Rechenleistung läßt sich dieses Gleichungssystem lösen und der innere Aufbau des Sterns berechnen.

Es mag überraschen, daß der Dichteverlauf nicht auftritt. Die Dichte ist aber keine unabhängige Größe, sie ergibt sich eindeutig aus Druck und Temperatur. Diesen Zusammenhang zwischen Druck, Temperatur und Dichte nennt man die *Zustandsgleichung* des Gases. Sind zwei Größen bekannt, folgt aus ihnen sofort die dritte. Es muß nur jedesmal entschieden werden, *welche* Zustandsgleichung jeweils zu nehmen ist, denn in einem sehr extrem verdünnten Gas gilt eine andere Zustandsgleichung als in einem dicht komprimierten Gas. Im Innern der normalen Sterne gilt überall die seit über 100 Jahren bekannte Zustandsgleichung des *idealen Gases*. Bei ihr ist der Druck proportional zur Dichte und proportional zur Temperatur, er steigt mit zunehmender Dichte und mit zunehmender Temperatur an. Dies ist auch der Zustand, der a priori plausibel erscheint. Aber in exotischen Sternen, z. B. im Innern der Weißen Zwerge (extrem hohe Dichte, →7.3.1), ist die Materie *entartet*. Dann gelten andere Zustandsgleichungen. Bei sehr geringer Dichte und hoher Temperatur dagegen ist der Strahlungsdruck so vorherrschend, daß der Gasdruck schließlich keine Rolle mehr spielt, es gilt wieder eine andere Zustandsgleichung.

6.3 Die Energieerzeugung

Da die Sterne trotz ihrer enormen Energieabstrahlung über lange Zeiten stabil bleiben, muß es in ihrem Innern entsprechende *Energiequellen* geben. Dies war lange Zeit ein Problem, denn wir wissen aus erdgeschichtlichen Daten, daß z. B. die Sonne mindestens seit einigen Milliarden Jahren mit etwa konstanter Energie strahlt, aber alle zunächst bekannten Energiequellen können diesen Bedarf bei weitem nicht decken, weder die chemische, noch die thermische, noch die Gravitationsenergie. Die chemische Energie ist völlig belanglos. Wenn die Sonne aus Steinkohle wäre, würde das nicht einmal reichen, ihre Ausstrahlung für eine Million Jahre zu decken. Größer ist die thermische Energie der Sonne, also ihr Wärmeinhalt. Sie könnte für rund 10 Millionen Jahre reichen. Dann wäre die Sonne erkaltet. Noch ergiebiger ist die Gravitations- oder potentielle Energie. Kontrahiert ein Stern, wird er also kleiner, dann wird Gravitationsenergie frei. In kurzen Phasen der Sternentwicklung spielt dies in der

Tat eine wichtige Rolle (→Kap.7). Für einen Stern im Normalzustand, also auf der *Hauptreihe* (→5.6/6.5), ist aber auch sie völlig ungenügend. Die Gravitationsenergie der Sonne würde für rund 30 Millionen Jahre reichen.

Es muß also eine weitere, viel effektivere Energiequelle im Innern der Sterne geben, und das kann nur atomare Energie sein, also Energie, die durch Kernprozesse frei wird. Anfang der dreißiger Jahre gelang es, dies genauer zu fassen. Es handelt sich um die Umwandlung von Wasserstoff (H) in Helium (He), um das sogenannte *Wasserstoffbrennen*. Schauen wir uns die Energiebilanz ein wenig näher an. Das Atomgewicht eines Wasserstoffkerns (Proton) beträgt 1,0081 (das Atomgewicht ist so definiert, daß normaler Sauerstoff genau das Atomgewicht 16,00 hat). Das Neutron hat ein Atomgewicht von 1,0090. Zwei Protonen und zwei Neutronen haben also zusammen das Atomgewicht 4,0342. Ein Heliumkern besteht aus zwei Protonen und zwei Neutronen, hat aber nur das Atomgewicht 4,0039, ist also rund 1% leichter als seine Bestandteile. Wenn man zwei Protonen und zwei Neutronen zu einem Heliumatom zusammenfügt, so wird das eine Prozent Masse in Energie umgewandelt. Das ist die bei diesem Kernprozeß frei werdende Energie. Für diese Umwandlung von Masse in Energie gilt die berühmte Einsteinsche Beziehung: $E = mc^2$, wobei m die Masse, c die Lichtgeschwindigkeit (300000 km/s) und E die entsprechende Energie ist. Wenn nur 10% des Wasserstoffs der Sonne zu Helium verbrennt und damit etwa 1 Promille ihrer Masse in Energie umgewandelt wird, so reicht das, die Leuchtkraft der Sonne für rund 10 Milliarden Jahre zu decken, also ein Vielfaches ihres jetzigen Alters von rund 4 Milliarden Jahren. Mit Hilfe der Einsteinschen Gleichung und der bekannten Energieausstrahlung der Sonne insgesamt kann man leicht berechnen, daß zur Deckung des Bedarfs im Innern der Sonne pro Sekunde rund 400 Millionen Tonnen Wasserstoff in Helium umgewandelt werden. Und da hierbei 1% der Masse als Energie frei und abgestrahlt wird, verliert die Sonne je Sekunde 4 Millionen Tonnen an Gewicht. In vier Milliarden Jahren sind das rund $0,5 \cdot 10^{24}$ Tonnen. Da die Gesamtmasse der Sonne aber 10^{27} Tonnen beträgt, hat sie auf diesem Wege seit ihrer Entstehung weniger als 1 Promille an Masse eingebüßt.

Der Kernprozeß selbst kann auf verschiedene Weise ablaufen. Wichtig sind im Sterninnern zwei Wege. Einmal der Aufbau auf direktem Wege, der *Proton-Proton-Prozeß*. Hierbei reagieren zunächst zwei Protonen, also positiv geladene Wasserstoffkerne (H), miteinander und geben dabei sofort eine der Ladungen in Form eines Positrons (e^+) ab. Das verbleibende Proton und das bei Abgabe der Ladung übrig bleibende Neutron bilden dann einen Deuteriumkern (D), den Kern des *schweren* Wasserstoffs. In Kurzform schreibt man diesen Kernprozeß:

$$^1H + {}^1H \rightarrow {}^2D + e^+ + Strahlung.$$

Die Ziffer links oben gibt dabei das Atomgewicht an. Sowohl die Summe der Gewichte wie auch die Ladungen müssen immer auf beiden Seiten solch einer Beziehung gleich sein. Die Masse des Positrons kann dabei vernachlässigt werden. Außerdem wird bei diesem Prozeß Energie in Form von Strahlung abgegeben. In einem zweiten Schritt fängt das Deuterium ein weiteres Proton ein und bildet ein unvollständiges Heliumatom mit nur einem Neutron und darum dem Atomgewicht 3. In Kurzform:

$$^2D + {}^1H \rightarrow {}^3He + Strahlung.$$

Schließlich reagieren zwei so entstandene ^{3}He-Kerne miteinander. Dabei wird *ein* ^{3}He-Atom zerstört, gibt sein Neutron an den zweiten Heliumkern ab, der damit vollständig wird, und läßt die beiden Protonen wieder frei. In Kurzform:

$$^3He + {}^3He \rightarrow {}^4He + {}^1H + {}^1H + Strahlung.$$

Betrachten wir die Gesamtbilanz (unter Beachtung, daß die ersten beiden Prozesse zweimal ablaufen müssen, ehe der dritte ablaufen kann), so ergibt sich, daß 4 Wasserstoffatome

zu einem Heliumkern verschmolzen sind und außerdem
zwei Positronen gebildet wurden. Die Bilanz lautet also:

$$4\,^1\text{H} \rightarrow\,^4\text{He} + 2\,e^+ + \text{Strahlung}.$$

Der Proton-Proton-Prozeß ist der wichtigste im Innern der
Sonne.

Bei den heißen Sternen spielt ein anderer, etwas komplizier-
terer Weg eine Rolle, der *C-N-O-* oder *Bethe-Weizsäcker-
Zyklus*, benannt nach den Physikern Hans Albrecht Bethe
und Carl Friedrich von Weizsäcker, die unabhängig voneinander in den dreißiger Jahren diesen Mechanismus der
Energieerzeugung im Sterninnern fanden (Bethe erhielt
1967 hierfür den Nobelpreis).

Der Zyklus läuft folgendermaßen ab: Ein Kohlenstoffatom
^{12}C (bestehend aus 6 Protonen und 6 Neutronen) fängt ein
Proton ^{1}H ein und wird damit zu einem leichten Stickstoffatom ^{13}N (7 Protonen und 6 Neutronen). Dieses gibt ein Po-
sitron e^+ ab und wird dadurch zu einem schweren Kohlenstoffkern ^{13}C. Der fängt wieder ein Proton H^1 ein und wird
zu einem normalen Stickstoffatom ^{14}N. Ein weiterer Einfang
eines ^{1}H führt zum leichten Sauerstoff ^{15}O, das durch Abgabe eines Positrons e^+ zum schweren Stickstoff ^{15}N wird. ^{15}N
fängt wieder ein ^{1}H ein und es würde sich normaler Sauerstoff ^{16}O ergeben, jedoch zerfällt dieser während des Prozes-
ses sofort in ein Helium-Atom ^{4}He und in ein normales Kohlenstoffatom ^{12}C, mit dem wir unseren Zyklus begonnen
haben. Betrachten wir die Bilanz: vier Protonen (^{1}H) wurden
eingefangen, ein ^{4}He wurde gebildet, und der anfängliche
^{12}C-Kern ist wieder vorhanden. Die Bilanz ist also die gleiche
wie beim direkten Proton-Proton-Prozeß, und der Kohlenstoff wirkt nur als Katalysator. Er wird für den Prozeß benötigt, aber nicht verbraucht.

Von den höheren Kernprozessen, die in späteren Entwick-
lungsphasen der Sterne eine Rolle spielen ($\rightarrow$7.2), seien nur
die beiden wichtigsten erwähnt, das Helium- und das Kohlenstoffbrennen. Das *Heliumbrennen* geschieht mittels des

Salpeter- oder *3α-Prozesses* (das α-Teilchen ist identisch mit dem Heliumkern ^{4}He). Drei ^{4}He-Kerne vereinen sich, über einen kurzlebigen Beryllium-Kern (^{8}Be), zu einem ^{12}C-Kern:

$$^4He + {}^4He + {}^4He \rightarrow {}^8Be + {}^4He \rightarrow {}^{12}C + Strahlung.$$

Der Energiegewinn beträgt 7,3 MeV. Dieses Einfangen eines He^4 kann weitergehen und so in Viererschritten bezüglich des Atomgewichts zum ^{16}O, ^{20}Ne, ^{24}Mg usw. führen. Beim *Kohlenstoffbrennen* reagieren zwei ^{12}C-Kerne miteinander und vereinigen sich unter Abgabe eines Protons (^{1}H) zu einem ^{23}Na-Kern.

6.4 Der Energietransport

Für den inneren Aufbau eines Sterns ist ferner der *Energietransport* wichtig, also die Art und Weise, wie die im Innern erzeugte Energie nach außen gelangt, wo sie dann als Licht und Wärme abgestrahlt wird. Zunächst denkt man an *Wärmeleitung*, wie wir sie aus dem täglichen Leben kennen, wenn z. B. ein Löffel in einem Glas heißen Tees steht. Relativ schnell wird die Wärme durch den Löffel transportiert, so daß auch der herausragende Stiel heiß wird. Aber Wärmeleitung spielt im Innern der Sterne nur in einigen Extremfällen eine Rolle, nicht aber bei den normalen Sternen. Wichtig sind statt dessen Turbulenz (oder Konvektion) und Strahlungstransport. Die *Konvektion* kennen wir vom Wärmestrahler mit Ventilator. Hier wird die im Wärmestrahler erzeugte Hitze durch turbulente Bewegung der Luft an den Raum weitergegeben. Zur Turbulenz kommt es im Innern eines Sterns, wenn von innen nach außen die Temperatur schnell abnimmt, wenn es also zu einem steilen Temperaturgefälle oder *Temperaturgradienten* kommt. Dann »überschlägt« sich gewissermaßen der Energietransport, und das Gas gerät in turbulente Bewegung.

Der *Strahlungstransport* wurde Anfang unseres Jahrhunderts von Karl Schwarzschild erkannt und formuliert. Er schuf den Begriff des *Strahlungsgleichgewichts* und legte damit die theoretischen Grundlagen zur Physik der Sternatmosphären. Beim Strahlungstransport wird die Energie durch die Strahlung selbst transportiert. Strahlungstransport erleben wir zum Beispiel vor einem brennenden Kamin: vorn im Gesicht empfinden wir starke Hitze, und unser Rücken friert.

Wenn man ins Detail geht, zeigt sich, daß ein aus dem Innern kommendes Photon (»Lichtteilchen«) bereits nach wenigen Zentimetern von einem Atom absorbiert und unmittelbar danach wieder emittiert oder an Atomen oder Elektronen gestreut wird. Im ständigen Zick-Zack-Flug gelangt so die Energie nach außen. An die Millionen Jahre dauert es, bis ein im Innern erzeugtes Photon durch die Sonne hindurch bis zu deren Oberfläche gelangt. Wenn es dann die Sonne verlassen hat, ist es in nur 8 weiteren Minuten bei der Erde angelangt, denn der Raum zwischen Sonne und Erde ist so leer, daß nur ganz selten ein Photon auf seinem Weg behindert wird. Wir sagen: der Weg zwischen Sonne und Erde ist *optisch dünn*. Wie schnell die Energie durch den Stern gelangt, hängt also von der Durchsichtigkeit oder der – *Opazität* genannten – Undurchsichtigkeit des Sterns ab. Je höher die Opazität, um so undurchlässiger ist die Sternmaterie, um so schwieriger der Strahlungstransport nach außen. Es ist letztlich die »Auffangfläche für Strahlung« oder der *Wirkungsquerschnitt* der Atome, der die Strahlung behindert. Der Wirkungsquerschnitt hängt einmal davon ab, in welchen Bahnen sich die Elektronen um die Atomkerne bewegen (→5.5.2), also von der Temperatur und dem Druck, und ist außerdem von Element zu Element unterschiedlich. Es gibt heute zahlreiche Tabellen für die Opazität in Abhängigkeit von den physikalischen Parametern Druck und Temperatur und für verschiedene chemische Zusammensetzungen. Schwarzschild hat auch das nach ihm benannte *Schwarz-*

schild-Kriterium formuliert, das festlegt, unter welchen Bedingungen eine Schicht im Innern des Sterns oder in der Sternatmosphäre die Energie als Strahlung weitergibt oder turbulent wird. Bei der Berechnung des Sterninnern muß also an jeder Stelle geprüft werden, welche Transportgleichung für die weitere Rechnung zu nehmen ist.

Damit haben wir alles Handwerkszeug zusammen und wollen den prinzipiellen Verlauf der Berechnung des Sterninnern noch einmal zusammenfassen. Wir haben vier Differentialgleichungen für den Massenverlauf, den Druckverlauf, den Temperaturverlauf und den Energietransport durch den Stern. Wir rechnen z.B. von außen nach innen und müssen an jeder Stelle unserer Rechnung aufgrund des dort herrschenden Drucks und der dort herrschenden Temperatur entscheiden, welche Zustandsgleichung für die Berechnung der Dichte anzuwenden ist und ob für den Energietransport mit Turbulenz oder mit Strahlungstransport zu rechnen ist. Um das entscheiden zu können, benötigen wir einmal die oben erwähnten Opazitätstabellen; ferner müssen wir wissen, welche Kernprozesse bei den jeweils herrschenden physikalischen Bedingungen ablaufen. Dies alles sind Größen, die der Physiker dem Astronomen liefern muß. Hier zeigt sich besonders deutlich der enge Zusammenhang zwischen Physik und Astrophysik.

6.5   Aufbau der Hauptreihen-Sterne

Solche Rechnungen ergeben für unsere Sonne im Zentrum eine Temperatur von fast 15 Millionen Grad, einen Druck von über 200 Milliarden Atmosphären und eine Dichte von 130 g/cm³, das ist etwa die 12fache Dichte von Blei! Trotzdem handelt es sich um reines Gas, denn bei so hoher Temperatur haben alle Atome ihre sämtlichen Elektronen verloren, und wir haben nur nackte Atomkerne und freie Elektronen, die sich sehr viel enger packen lassen als normale Materie. Etwa in den inneren 20 % läuft der Proton-Proton-Prozeß ab, und die Sonne hat dort rund ein Drittel ihres ursprünglichen Wasserstoffs in Helium umgewandelt. Die Energie geht vom Sonnenzentrum in Form von Strahlung nach außen. Etwa 30 % unter der Oberfläche hat die Temperatur so weit abgenommen, daß der im Innern völlig ionisierte, also von Elektronen freie Wasserstoff nun freie Elektronen einfängt, der Wasserstoff wird zum normalen neutralen Wasserstoff (ein Proton und ein dieses Proton umkreisendes Elektron), er *rekombiniert*. Der neutrale Wasserstoff mit einem Elektron hat aber einen größeren Wirkungsquerschnitt, eine größere »Auffangfläche« für Strahlung, die Opazität nimmt zu. Die aus dem Innern kommende Strahlung wird dadurch plötzlich aufgestaut. Das ergibt einen steilen Temperaturgradienten und nach dem Schwarzschild-Kriterium (→6.4) wird die Materie turbulent. Weil Wasserstoff die Ursache hierfür ist, sprechen wir von einer *Wasserstoffkonvektionszone* (WKZ), die praktisch bis an die Oberfläche der Sonne reicht. Auf den letzten paar hundert Kilometern überwiegt dann noch einmal der Strahlungstransport. Ganz ähnlich, mit nur geringen quantitativen Unterschieden, ist der innere Aufbau aller Sterne auf der unteren Hauptreihe.

Anders sieht es bei den heißen Sternen größerer Masse auf der oberen Hauptreihe aus. Hier überwiegt im Innern der CNO-Zyklus. Dieser hängt sehr viel empfindlicher von der Temperatur ab. Das hat zur Folge, daß der Kernprozeß viel stärker im Zentrum des Sterns konzentriert ist. Das führt gleich außerhalb des Kerns zu einem starken Abfall der Temperatur, und dies bewirkt nun *innen* eine Konvektionszone. Andererseits tritt die äußere Wasserstoffkonvektionszone bei diesen Sternen nicht auf, denn sie sind so heiß, daß der Wasserstoff bis zur Oberfläche hin ionisiert bleibt. Es findet keine Rekombination statt, die die Strahlung aus dem Innern staut.

Infolge der Kernprozesse ändert der Stern laufend seine chemische Zusammensetzung. Damit ändert sich die Opazität und mit ihr die Art des Energietransports. Das beeinflußt wieder den Temperatur- und Druckverlauf und damit die auftretenden Kernprozesse. Wenn man dies berücksichtigt und mit den neuen Eingangswerten erneut den inneren Aufbau berechnet, erhält man den Stern zu einem etwas späteren Zeitpunkt. Und indem man dies ständig wiederholt, also den Stern für viele Zeitpunkte hintereinander berechnet, erhält man schließlich die Entwicklung des Sterns, seinen Lebensweg. Das soll im nächsten Kapitel näher betrachtet werden.

7 Entwicklung der Sterne

7.1 Entstehung der Sterne, Entwicklung zur Hauptreihe

Bei der Entstehung der Sterne geht es um drei Fragenkomplexe: *Wann* entstanden sie, *wo* entstanden sie und *wie* entstanden sie?

Das »Wann« ist am leichtesten zu beantworten. Wir kennen in der Milchstraße sehr alte Objekte, die praktisch so alt sind wie das Milchstraßensystem selbst, z.B. die Kugelhaufen (→10.1). Auf der anderen Seite kennen wir in jungen Sternhaufen und Assoziationen Sterne, die sehr jung sein müssen. Wir können also sagen: Die Sternentstehung hat im Frühstadium der Milchstraße begonnen und hält noch heute an. Man kann darüber hinaus sogar die Sternentstehungsrate abschätzen. Das ist möglich erstens über die *Leuchtkraftfunktion*, das ist die Verteilung der Sterne nach ihren Leuchtkräften. Sterne hoher Leuchtkraft verbrauchen ihre Energie sehr viel schneller. In einer älteren Sternpopulation – zum Beispiel in unserer Sonnenumgebung – sind helle Sterne nur selten; die ursprünglich leuchtkräftigen Sterne haben ihren Lebensweg bereits hinter sich, die leuchtschwachen Sterne dagegen sind noch alle vorhanden, da ihre Lebensdauer größer ist als das Alter des Milchstraßensystems. Wenn wir diese Verteilung der Leuchtkräfte vergleichen mit der Verteilung, wie sie sich bei der Entstehung selbst einstellt – und das beobachten wir in jungen Sternhaufen –, kann man daraus die Rate der Sternentstehung berechnen.

Eine zweite Abschätzung ergibt sich aus der vorhandenen Gasmenge zwischen den Sternen, der *interstellaren Materie* (→Kap. 11), denn je mehr Materie vorhanden ist, um so mehr Sterne können sich daraus bilden. Solange überhaupt keine Sterne vorhanden waren, sondern nur interstellare Materie, konnten sich viele Sterne bilden. Je mehr die Materie aber zur Sternbildung verbraucht wird, um so weniger neue Sterne können entstehen. Wenn alle interstellare Materie verbraucht ist, können überhaupt keine neuen Sterne mehr entstehen. Dieser Zustand stellt sich allerdings nicht ein, denn die Sterne geben auch immer wieder Materie an den interstellaren Raum ab, so daß immer neuer »Baustoff« zur Verfügung steht, und hier muß sich dann zwangsläufig ein Gleichgewicht einstellen.

Aus beiden Abschätzungen folgt in guter Übereinstimmung, daß die Rate der Sternentstehung zu Anfang sehr hoch war, etwa 10- bis 20mal höher als heute. Mindestens die Hälfte aller Sterne entstand in den ersten Milliarden Jahren. Die Entstehungsrate nahm dann zunächst schnell, dann immer langsamer ab und ist nun seit rund sechs Milliarden Jahren konstant. Wir haben also heute ein Gleichgewicht zwischen Sternentstehung und Materierücklieferung.

Wo entstanden und entstehen die Sterne? Sterne entstehen aus der interstellaren Materie, und diese ist in der Hauptebene unseres Milchstraßensystems und da wieder in den Spiralarmen (→11.4/11.5) konzentriert. Hier entstehen also die Sterne. Dies wird bestätigt durch die Tatsache, daß alle jungen Sterne sich in den Spiralarmen unserer Milchstraße befinden. Viele ältere Sterne sind sicher auch dort entstanden, sind aber infolge ihrer Bewegung allmählich aus den Armen herausgelaufen (→13.5).

Und nun zu der schwierigsten Frage: Wie entstehen die Sterne? Innerhalb der interstellaren Materie bilden sich infolge der Turbulenz immer wieder größere Wolkenkomplexe. In solch einer interstellaren Gaswolke herrschen zwei Kräfte, die den ganzen Lebensweg der Sterne bestimmen. Da ist einmal der innere Druck, der bestrebt ist, das Gas auseinanderzutreiben. (Die Luft in einem Raum wird immer einigermaßen gleichmäßig verteilt sein, es wird niemals vorkommen, daß sich die Luft in einem Raum in einer Ecke befindet und der übrige Raum luftleer ist. Das ist eine Folge des allgemeinen Gasdrucks, der immer bestrebt ist, das Gas möglichst weit auszudehnen.) Zum andern wirkt die Gravitation, die gegenseitige Anziehung aller Atome in der Gaswolke. Wenn nun solch eine Wolke zufällig einmal so groß und/oder dicht ist, daß die Gravitation überwiegt, dann fällt die Wolke in sich zusammen, sie ist – wie man sagt – *gravitationsinstabil* geworden. Hat dies einmal begonnen, dann geht es immer weiter, denn je dichter die Masse konzentriert ist, um so stärker ist die Wirkung der Gravitation ($\rightarrow$5.1). James Jeans hat diese Zusammenhänge berechnet, und seine Formel, die angibt, unter welchen Bedingungen es zum Gravitationskollaps kommt, ist heute unter dem Namen *Jeans-Kriterium* bekannt. Und da ergibt sich ein Problem. Nach diesem Kriterium können unter den Bedingungen, die im interstellaren Raum herrschen, nur Massen von mehr als 1000 Sonnenmassen gravitationsinstabil werden. Wie Sterne von der Masse unserer Sonne entstehen können, ist danach unverständlich. Betrachtet man aber den Kollaps einer großen Wolke von über 1000 Sonnenmassen etwas genauer, so zeigt sich, daß solch eine Wolke infolge der inneren Turbulenz nicht gleichmäßig in sich zusammenfällt. Es bilden sich innerhalb der großen Wolke wieder Verdichtungen, die Wolke zerfällt in kleinere Gebilde, die nun, weil sie bereits dicht genug sind, ihrerseits gravitationsinstabil werden und weiter kollabieren können. Sterne entstehen also in Gruppen, aus einer großen kollabierenden Wolke entstehen viele kleinere Sterne. Dazu kommt ein zweiter Effekt: Wenn einmal ein Stern vorhanden ist, dann drückt er mit seiner Strahlung von außen auf andere Wolken in der Nähe, unterstützt also deren Kollaps. Sternentstehung ist gewissermaßen eine ansteckende Krankheit. Und dies wird durch die Beobachtung bestätigt: Junge Sterne finden wir nur in Sternhaufen. Offenbar sind also alle Sterne in Sternhaufen entstanden, und erst wenn diese Haufen sich auflösen und verteilen, kommt es zu den Einzelsternen, wie wir sie heute ja auch beobachten.

Wir wollen den Gravitationskollaps selbst noch ein wenig näher betrachten. Solange das Gas noch durchsichtig (wir

sagen: *optisch dünn*) ist, fällt es praktisch im freien Fall in
sich zusammen. Die Strahlung kann leicht und schnell entweichen, die Temperatur ändert sich nur wenig. Wenn die
Dichte so groß geworden ist, daß die Wolke nicht mehr
durchsichtig ist, die Strahlung also nicht mehr ohne weiteres
heraus kann, steigen Temperatur und Druck schnell an, denn
ein Gas, das zusammengedrückt wird, wird nach physikalischen Gesetzen (*Virialsatz*) zwangsläufig heißer. Wir kennen das: Wenn wir bei einer Luftpumpe die Luft dauernd zusam-
menpressen, wird die Pumpe heiß.

Es bildet sich ein heißer Kern und eine ausgedehnte Hülle,
die nach und nach auf den Kern herunterfällt. Der heiße
Kern ist zunächst nicht sichtbar, weil die Hülle die Strahlung
aus dem Inneren absorbiert. Dadurch wird die Hülle von
innen her aufgeheizt und fängt bei rund 500 °C selbst an, im
Infrarotbereich zu strahlen, das Objekt wird als *Infrarotstern*
der Beobachtung zugänglich. Allmählich wird die Hülle immer dünner und irgendwann durchsichtig. Nun sieht man
den Kern selbst, und das Objekt tritt als junger Stern rechts
oben im Hertzsprung-Russell-Diagramm (HRD; →5.6.1) in
Erscheinung. Als die Sonne sich in diesem Zustand befand,
war ihr Durchmesser etwa 60mal so groß wie der heutige, sie
reichte also fast bis zur Merkurbahn. Ihre Temperatur be-
trug 2300 K und ihre Leuchtkraft entsprach aufgrund der
großen Oberfläche etwa dem Hundertfachen der heutigen
Leuchtkraft. Die *Protosonne* war also ein heller, kühler Riesenstern.

Die Kontraktion geht nun sehr viel langsamer weiter, der
Stern wird heißer und kleiner, wandert also im HRD allmählich nach links unten, bis in seinem Innern die Zündtempe-
ratur des Wasserstoffbrennens, einige Millionen Grad, erreicht wird. Jetzt setzen die Kernprozesse ein, Wasserstoff
verbrennt zu Helium (→6.3). Der Druck im Innern kann
jetzt der Schwerkraft das Gleichgewicht halten, die Kontraktion stoppt, der Kern hat seinen Gleichgewichtszustand
erreicht, er ist auf der *Hauptreihe* (→5.6.1) angekommen.

Seine Masse bestimmt, ob er weiter oben oder weiter unten landet. Die Sterne auf der Hauptreihe unterscheiden sich nur durch ihre Masse. Es gibt daher für die Hauptreihensterne eine eindeutige *Masse-Leuchtkraft-Beziehung*. Aus der Physik des inneren Aufbaus (→6.2) ergibt sich, daß in weiten Bereichen die Leuchtkraft proportional ist zur dritten Potenz der Masse. Der Aufbau der Sterne in diesem Gleichgewichtszustand wurde im vorigen Kapitel (→6.5) eingehend beschrieben. Über 90% aller Sterne befinden sich in dieser Phase.

7.2   Nach-Hauptreihen-Entwicklung zum Roten Riesen

Irgendwann ist im Zentrum des Sterns der Wasserstoff aufgebraucht. Es bildet sich ein *Heliumkern*, die *Wasserstoffbrennzone* verschiebt sich weiter nach außen. Die Energieerzeugung findet nun in einer relativ dünnen Schale statt, die langsam nach außen wandert. Der Stern hat jetzt innen eine andere chemische Zusammensetzung als außen, er wird inhomogen. Sein Hauptreihen-Gleichgewichtszustand ist beendet. Die weitere Entwicklung verläuft für Sterne unterschiedlicher Masse unterschiedlich, weil sich jeweils andere Inhomogenitäten und andere physikalische Zustände einstellen. Als typisches Beispiel verfolgen wir die Entwicklung eines Sterns von 7 Sonnenmassen.

Der Heliumkern, in dem ja nun keine Kernprozesse und damit keine Energieerzeugung mehr stattfinden, wird von der Schwerkraft weiter zusammengedrückt. Die dabei frei werdende Gravitationsenergie dient wieder der weiteren Aufheizung, der Druck steigt und wird größer als die Schwerkraft, der Stern wird von innen her aufgebläht. Die Gesamtleuchtkraft des Sterns bleibt etwa erhalten. Da aber seine strahlende Oberfläche wächst, muß die Ausstrahlung pro Quadratmeter Oberfläche abnehmen, das heißt: der

Stern wird kühler. Er wandert im HRD relativ schnell etwa horizontal nach rechts, wird also zu einem kühlen, aufgeblähten Riesenstern, zum sogenannten *Roten Riesen.* Die Wanderung zum Riesenast geht relativ schnell vor sich, etwa in 500000 Jahren. Darum beobachten wir nur ganz wenige Sterne, die sich gerade in dieser Phase befinden (dies ist der Grund für die Hertzsprung-Lücke, →10.2). Die Expansion des Sterns und die Kontraktion des Kerns stoppen, wenn in diesem Temperaturen erreicht werden, bei denen die höheren Kernprozesse einsetzen und das Helium zu Kohlenstoff verbrennt (→6.3). Der Stern hat ein neues Gleichgewicht erreicht. Doch allmählich ist im Kern selbst auch das Helium verbraucht, es bildet sich ein *Kohlenstoffkern,* darüber eine *heliumbrennende Schale,* die sich langsam durch den Stern hindurchfrißt. Weiter außen existiert nach wie vor die wasserstoffbrennende Schale, die ebenfalls nach außen wandert, bis sie allmählich Schichten erreicht, in denen die Temperatur für Kernprozesse zu gering wird, und abstirbt. Wir haben jetzt einen seinerseits wieder kontrahierenden Kohlenstoffkern und nur noch eine heliumbrennende Schale. Während all dieser ziemlich schnell ablaufenden Phasen wandert der Stern im HRD mehrmals hin und her, landet aber schließlich wieder auf dem *Rote-Riesen-Ast.* Für Sterne anderer Masse verläuft die Entwicklung, wie schon gesagt wurde, im Detail anders, aber schließlich landen sie alle dort.

Die Leuchtkraft eines Sterns auf der Hauptreihe wächst mit der dritten Potenz der Masse. Massereiche Sterne verbrauchen ihren Brennstoff also sehr viel schneller. Das bedeutet, daß die Sterne auf der oberen Hauptreihe diese sehr viel schneller verlassen und in das Riesengebiet wandern als die massearmen Sterne auf der unteren Hauptreihe.

In einem Sternhaufen sind alle Sterne etwa gleich alt, beginnen also gleichzeitig ihren Lebensweg auf der Hauptreihe. Die massereichsten Sterne ganz oben auf der Hauptreihe sind dann die ersten, die sie wieder verlassen, nach und nach folgen die Sterne geringerer Masse, die Hauptreihe beginnt sich von oben her aufzulösen. Je älter ein Sternhaufen ist, um so weiter ist seine Hauptreihe bereits von oben her abgebaut, und in der Tat ist das Abknicken der Hauptreihe ein sehr empfindliches Maß für das Alter des Haufens. Weiteres hierzu →Abb.15 in Abschn.10.2.

Zwischen Hauptreihe und Riesenast, in der *Hertzsprung-Lücke* (→10.2), gibt es eine Zone, in der die Sterne bei ihrer Entwicklung einmal oder auch mehrmals eine instabile Phase durchlaufen und anfangen zu pulsieren. Das Wechselspiel zwischen Druck von innen und Schwerkraft von außen ist nicht ausgeglichen, der Stern wird instabil und fängt an zu schwingen. Das sind die Delta-Cephei-Sterne (→8.2.1).

Diesen Entwicklungsweg des Sterns von der Entstehung aus einer interstellaren Gaswolke, über den Gleichgewichtszustand auf der Hauptreihe, die Entwicklung zum Riesenstern und das Durchlaufen der Instabilitätsphase – alles das können wir heute recht gut auf großen Computern nachvollziehen. Gibt man einer großen Rechenmaschine eine bestimmte Masse mit einer bestimmten chemischen Zusammensetzung und die physikalischen Gesetze ein, so berechnet sie uns diese Entwicklung in guter Übereinstimmung mit der Beobachtung.

Beim Vergleich der berechneten Entwicklungswege mit dem HRD muß ein Punkt beachtet werden. Der Entwicklungsweg charakterisiert das Verhalten *eines* Sterns *fester* Masse zu *verschiedenen* Zeiten, das HRD eines Sternhaufens dagegen das Verhalten *vieler* Sterne *unterschiedlicher* Masse zu *einem* Zeitpunkt.

Die Entwicklung vom Riesenast fort, wenn alle Kernprozesse abgelaufen sind, verläuft für Sterne unterschiedlicher Masse wieder unterschiedlich und ist noch nicht in allen Phasen eindeutig geklärt. Wir wissen aus der Beobachtung, was alles passieren kann, aber wir können den Entwicklungsweg noch nicht immer im Detail berechnen. Ein Teil der Sterne durchläuft eine explosive Phase, bei der der Stern in einer gewaltigen Explosion und mit einem gewaltigen Helligkeitsausbruch seine äußeren Schichten abstößt, er erleidet einen *Supernova-Ausbruch* (weiteres hierzu →8.3.2). Andere Sterne bilden infolge starken Masseverlusts Planetarische Nebel (→11.2.2).

7.3 Endphase der Sternentwicklung

Wenn alle Prozesse im Innern des Sterns abgelaufen sind und in seinem Innern keine Energie mehr erzeugt wird, überwiegt wieder die Schwerkraft und drückt den Stern weiter zusammen, der dabei nach dem bekannten Spiel wieder kleiner und heißer wird. Je nach seiner Masse gibt es dann drei Zustände, in denen der Stern seinen Lebensweg beendet.

7.3.1 Weiße Zwerge

Bei geringer Masse (unterhalb von 1,4 Sonnenmassen) wird der Stern so weit zusammengedrückt und dabei erhitzt, bis der innere Druck der Schwerkraft wieder das Gleichgewicht halten kann. Der Stern ist nun zu einem kleinen, heißen Stern geworden, ein *Weißer Zwerg,* der im HRD links unten von der Hauptreihe steht (→5.6.1; Abb.8). Da viele Sterne bereits ihre Entwicklung durchlaufen haben, gibt es sehr viele Weiße Zwerge; trotzdem kennen wir nur relativ wenige, da wir sie, wegen ihrer geringen Leuchtkraft, nur in unserer näheren Umgebung beobachten können. Auch unsere Sonne wird einmal als Weißer Zwerg enden. Sie wird dann einen Durchmesser von etwa einem Hundertstel ihres heutigen Durchmessers besitzen. Den Weißen Zwergen steht als Energiequelle nur noch ihre Wärme, ihre thermische Energie, zur Verfügung. Diese strahlen sie ab und werden dabei immer kühler. Je kühler sie sind, um so geringer ist die

Abstrahlung, das Ganze zieht sich also sehr, sehr lange hin, bis schließlich nur noch ein Haufen dunkler Materie übrigbleibt, an dem nun nichts weiter geschieht, wenn er nicht von außen her zerstört wird. Noch hat kein Stern diesen endgültigen Zustand erreicht. In den Weißen Zwergen ist die Materie unvorstellbar dicht zusammengedrückt, ihre mittlere Dichte beträgt 100000 bis Millionen g/cm^3, die Dichte im Zentrum des Sterns bis zu 15 Millionen g/cm^3; ein Fingerhut dieser Materie würde also auf der Erde bis zu 15 Tonnen wiegen. Die Schwerkraft an der Oberfläche eines Weißen Zwerges ist etwa 100000mal größer als diejenige an der Erdoberfläche. Physikalisch handelt es sich in diesem Fall um *entartete Materie*, bei der weitgehend andere physikalische Gesetze, z. B. andere Zustandsgleichungen ($\rightarrow$ 6.2), gelten als sonst in den Sternen oder unter irdischen Bedingungen.

7.3.2   Neutronensterne und Pulsare

Wenn die Masse des Sterns in der Endphase größer ist als 1,4 Sonnenmassen, dann ist die Schwerkraft schließlich so groß, daß keine normale Materie ihr das Gleichgewicht halten kann. Jetzt werden, anschaulich gesprochen, die Elektronen der Atomhüllen in die Atomkerne hineingequetscht, Elektronen und Protonen vereinigen sich zu Neutronen, und wir erhalten einen *Neutronenstern*. Neutronen sind, wie der Name schon sagt, neutrale Teilchen, also ohne elektrische Ladung. Weil nun alle elektrischen Kräfte fortfallen, kann die Materie wirklich dicht an dicht gepackt werden. Hier werden Dichten von vielen Millionen bis zu 10 Milliarden Tonnen pro cm^3 erreicht, jenseits allen Vorstellungsvermögens. Unsere Sonne würde als Neutronenstern einen Durchmesser von rund 20 km besitzen.

Der Kollaps zum Neutronenstern geschieht katastrophenartig in einem Supernova-Ausbruch. Neutronensterne sind also die Überreste von Supernova-Ausbrüchen massereicher Sterne (Gravitationskollaps des Kerns; →8.2.3). Wenn ein Stern mit zunächst normaler Rotation (→5.7) zu einem Neutronenstern kollabiert, so muß dieser – wegen der Erhaltung des Drehimpulses – eine enorm hohe Rotationsgeschwindigkeit erreichen; der Rekord liegt gegenwärtig bei 640 Umdrehungen pro Sekunde. Auch die Magnetisierung des ursprünglichen Sterns führt, auf ein so kleines Volumen zusammengedrückt, zu einem enorm starken, mitrotierenden Magnetfeld. Dies wirkt wie ein Dynamo und erzeugt eine unvorstellbar große Spannung zwischen Pol und Äquator. Aus relativistischen Gründen kann die Strahlung (vorwiegend Radiostrahlung) solch einen Stern nicht mehr nach allen Seiten verlassen, sondern nur stark gebündelt in Richtung der magnetischen Achse. Wenn außerdem die magnetische Achse nicht mit der Rotationsachse zusammenfällt, sondern gegen sie geneigt ist, sendet der Stern einen rotierenden Strahl aus, wie ein Leuchtturm am Meer. Steht die Erde in passender Richtung, so streicht dieser Strahl bei jeder Umdrehung über uns hinweg, und wir beobachten, je nach Rotationsgeschwindigkeit, bis zu 640 Lichtblitze oder Radiopulse pro Sekunde. Das nennen wir einen *Pulsar*. Jeder Pulsar ist mit ziemlicher Sicherheit ein Neutronenstern, aber nicht jeder Neutronenstern erscheint uns als Pulsar, sondern nur, wenn wir zufällig in der Richtung des rotierenden Strahls liegen.

Als 1967, ganz zufällig im Zuge einer Routineuntersuchung, der erste Pulsar im Radiobereich entdeckt wurde (Periode etwas über eine Sekunde), gab er zunächst viele Rätsel auf. Kurzzeitig zog man sogar ernsthaft Signale intelligenter Wesen in Betracht, bis man nach und nach die oben beschriebenen Zusammenhänge erkannte. Der Zentralstern des Crabnebels, des Überrests der Supernova von 1054 (→8.3.2), wurde als erster auch im sichtbaren Bereich und inzwischen bis in den Röntgenbereich als Pulsar identifiziert, mit 30 Lichtblitzen pro Sekunde. 1990 waren über 500 Pulsare bekannt, der langsamste »pulst« im Vier-Sekunden-Takt. Aber nur der eben genannte *Crab-Pulsar* und der *Vela-Pulsar* konnten bisher auch optisch identifiziert werden, alle anderen sind Radio-Pulsare. Im Detail ist die Physik der Pulsarstrahlung noch nicht völlig verstanden.

7.3.3   Schwarze Löcher

Bei noch massereicheren Sternen kann die Schwerkraft zum Schluß so groß werden, daß selbst das Licht nicht mehr gegen sie ankommt. Die Photonen werden durch die Schwerkraft festgehalten und »fallen« auf den Stern zurück. Dies tritt, wie Karl Schwarzschild schon Anfang des Jahrhunderts zeigte, genau dann ein, wenn die Entweichgeschwindigkeit ($\rightarrow$2.2) gleich der Lichtgeschwindigkeit wird. Der Stern kann nun keine Information mehr in Form von Strahlung abgeben, wir können ihn also nicht mehr »sehen« – und das nennen wir ein *Schwarzes Loch*. Im Prinzip wird jeder Körper zu einem Schwarzen Loch, wenn man ihn nur dicht genug zusammenpreßt. Unsere Erde würde zu einem Schwarzen Loch, wenn man sie auf etwa 1 cm Größe zusammendrücken würde. Aber wir kennen keine Kraft in der Natur, die dies bewerkstelligen könnte. Bei massereichen Sternen reicht aber die normale Schwerkraft aus, den Stern unter diesen *Schwarzschild-Radius* zu drücken. Weil wir solche Objekte nicht sehen können, können wir bisher nicht mit letzter Sicherheit sagen, ob es sie in der Natur wirklich gibt. Zwar muß jeder Stern bei hinreichend großer Masse zum Schwarzen Loch werden, aber es wäre denkbar, daß die Sterne schon vorher, etwa durch Explosionen oder auf anderem Wege, so viel Masse abgeben, daß sie diesen Zustand gar nicht erreichen. Doch gibt es einige verdächtige Kandidaten, sozusagen einen Indizienbeweis. Es sind die *Röntgen-Doppelsterne*. Hier sehen wir nur *einen* Stern, der um etwas anderes kreist, und nach den Keplerschen Gesetzen ($\rightarrow$2.2) muß das, worum er kreist, eine große Masse besitzen. Aber wir sehen von dieser anderen Komponente nichts – das ist schon verdächtig. Ferner können wir berechnen: Wenn ein Stern Materie verliert und diese Materie in ein Schwarzes Loch stürzt, dann erhält sie zum Schluß, ehe sie dort verschwindet, eine so hohe Energie, daß sie Röntgenstrahlung aussenden muß. Und genau das ist bei den Röntgen-Doppelsternen der Fall. Wir sind darum überzeugt, daß wir es bei einem großen Teil dieser Objekte (z.B. bei den Röntgenquellen Cygnus X-1 oder LMC X-1) mit Schwarzen Löchern zu tun haben (weiteres hierzu →9.7). Auch in den Kernen aktiver Galaxien dürften Schwarze Löcher großen Ausmaßes eine Rolle spielen (→14.7).

Ein wichtiger Punkt sei zum Schluß noch erwähnt. Die ganze hier beschriebene Entwicklung der Sterne gilt natürlich nur für Sterne von mehr als rund $\frac{1}{100}$ Sonnenmasse. Bei masseärmeren Sternen, also auch bei allen Planeten, reicht die Schwerkraft niemals aus, den Stern so weit zusammenzudrücken und damit so weit zu erhitzen, daß in seinem Inneren Temperaturen erreicht werden, bei denen Kernprozesse einsetzen. Die Planeten, und damit auch unsere Erde, sind zusammen mit unserer Sonne aus den Materieresten in den Außengebieten der Ursonne auf kaltem Wege durch Kondensation entstanden (→2.6).

8 Veränderliche und pekuliare Sterne

8.1 Bezeichnung und Klassifikation

Der Begriff *veränderlich* bezieht sich in der Astronomie stets auf die Helligkeit. *Veränderliche Sterne* (variable stars) sind solche, die – entweder in einzelnen Ausbrüchen oder mehr oder weniger periodisch – ihre Helligkeit ändern. Der erste Stern, bei dem bereits Ende des 16. Jahrhunderts solch eine Veränderlichkeit festgestellt wurde, ist *o* Ceti (der Stern omikron im Sternbild Walfisch). Fabricius entdeckte diesen Stern 1596 als hellen Stern 2. Größe (etwa so hell wie der Polarstern) – und trotzdem war er in keinem Sternverzeichnis und auf keinem Himmelsglobus vermerkt. Es schien ein neuer Stern zu sein. Wenige Monate später war er wieder verschwunden, aber 1609 sah Fabricius ihn wieder. Gut 50 Jahre später wußte man, daß dieser normalerweise mit dem bloßen Auge nicht sichtbare Stern etwa alle 11 Monate (der heutige Wert beträgt 332 Tage) einmal hell und sichtbar wird. Der Stern erhielt darum den Beinamen »Mira«, die »Wunderbare«.

Heute kennen wir rund 50000 veränderliche Sterne, und je genauer die Messungen werden, um so höher steigt ihre Zahl, letztlich gibt es gar keine scharfe Grenze zwischen veränderlich und nicht-veränderlich. Die in den Katalogen erfaßten veränderlichen Sterne zeigen meist Variationen von mehr als 10%, nachweisbar sind heute aber Variationen von einem Promille und weniger. Eigentlich ist es auch nicht erstaunlich, daß so viele Sterne kleine Helligkeitsschwankungen zeigen, erstaunlicher ist es vielmehr, daß Sterne wie unsere Sonne über Jahrtausende und Jahrmillionen hinweg so gleichmäßig strahlen. Der bekannteste Veränderlichenkatalog ist der *General Catalogue of Variable Stars* (GCVS; 4. Aufl., Moskau 1985 ff.); er enthält Daten von fast 30000

Veränderlichen und eine genaue Beschreibung der verschiedenen Veränderlichentypen.

Die Bezeichnung der Veränderlichen innerhalb jedes Sternbilds erfolgt nach einem seltsamen – historisch bedingten – Schema. Wie häufig begann man mit einem einfachen Schema, weil man Veränderliche für seltene Ereignisse hielt. Man bezeichnete sie mit großen lateinischen Buchstaben, beginnend in jedem Sternbild mit R (weil die ersten Buchstaben des Alphabets schon für viele andere Dinge verwendet wurden) und fortlaufend bis Z. Als diese neun Möglichkeiten erschöpft waren, nahm man Doppelbuchstaben wieder beginnend mit RR bis ZZ. Dann ging es an den Anfang des Alphabets: AA usw. Es ergibt sich also folgende Reihe:

   R, S, ..., Z, RR, RS, ..., RZ, SR, SS, ..., ZZ, AA, ..., QZ.

Das sind 334 Möglichkeiten (der Buchstabe J wird nicht verwendet). Als dann in einigen Sternbildern die Zahl über 334 wuchs, benutzte man fortlaufende Ziffern mit einem V (für veränderlich) davor, also V 335, V 336 usw. Der Rekord liegt zur Zeit bei V 2412 im Sternbild Sagittarius. Der erste veränderliche Stern im Sternbild Orion ist also R Orionis (R Ori). Der berühmte Stern RR Lyrae ist der 10. Veränderliche im Sternbild Leier. Nach solch einem Prototyp wird dann häufig die ganze Gruppe bezeichnet, z.B. die RR-Lyrae-Sterne, von denen wir noch hören werden. In den Katalogen werden etwa 30 verschiedene Typen, meist noch mit mehreren Untergruppen unterschieden. Zur Charakterisierung des Typs dient vor allem die »Lichtkurve«, die angibt, wie sich die Helligkeit mit der Zeit ändert.

Man unterscheidet fünf große Gruppen:

(1) *Pulsationsveränderliche:* Vorwiegend Riesen und Überriesen aller Spektralklassen, deren Atmosphären mehr oder weniger periodische Schwingungen durchführen (→8.2).
(2) *Kataklysmische Veränderliche* (neue Kategorie): Sterne

mit explosiven Vorgängen. Meist (aber nicht immer) sind es Doppelsterne, die sich gegenseitig beeinflussen (→8.3).

(3) *Eruptionsveränderliche:* Sterne mit regellos erfolgenden Helligkeitsausbrüchen (→8.4).

(4) *Rotationsveränderliche* (neue Kategorie): Sterne, bei denen die Änderung der Helligkeit durch ihre Rotation verursacht wird. Das sind zum einen *ellipsoidische Veränderliche,* also Doppelsternkomponenten, die durch Gezeitenkräfte verformt sind (→9.6) und darum dem Beobachter unterschiedliche Sternquerschnitte darbieten, verbunden mit dem Effekt gegenseitiger Bestrahlung. Zum andern sind es Sterne mit großen Sternflecken (analog zu den Sonnenflecken) und/oder starken Magnetfeldern (→5.8/8.5). Fast 500 Rotationsveränderliche sind heute bekannt.

(5) *Bedeckungsveränderliche:* Hier beruht die Helligkeitsänderung auf einem rein geometrischen Effekt, nämlich der gegenseitigen Bedeckung zweier Doppelsternkomponenten. Es sind keine veränderlichen Sterne im eigentlichen Sinn und werden darum als photometrische Doppelsterne (→9.5) behandelt.

Die obige Einteilung ist relativ neueren Datums; in der Literatur findet man häufig noch die kataklysmischen und die Eruptionsveränderlichen zusammengefaßt. Die Unterscheidung zwischen diesen beiden Gruppen ist auch nicht ganz scharf. Die Klasse der Rotationsveränderlichen wurde neu eingeführt.

8.2 Pulsationsveränderliche

Die beiden wichtigsten Größen der Lichtkurve eines Pulsationsveränderlichen sind die *Periode* und die *Amplitude*. Die Periode ist die Zeit von einem Maximum bis zum nächsten, die Amplitude der Helligkeitsunterschied zwischen Maxi-

mum und Minimum, also die Größe der Schwankung. Oft ist
es nützlich, die Periode als Einheit zu nehmen und anzuge-
ben, in welcher *Phase* der Lichtkurve der Stern sich befindet.
Üblicherweise beginnt man mit der Phase »null« bei einem
Maximum, zur Phase »eins« befindet sich der Stern dann
wieder im Maximum. Dieser Begriff ist uns geläufig vom
Lichtwechsel des Mondes, da sprechen wir auch von
»Mondphasen«, z.B. Vollmond (Maximum), Neumond (Minimum) usw. Ferner spielt die Form der Lichtkurve eine
Rolle, z.B. symmetrisch wie beim Mond (sinusförmige
Lichtkurve), oder asymmetrisch, z.B. mit steilem Anstieg
und flachem Abfall, oder mit Buckeln oder anderen Beson-
derheiten. Daneben spielt der Verlauf der Radialgeschwindigkeit eine Rolle, der uns Auskunft darüber gibt, wann der
Stern sich gerade in der Expansions- und wann in der Kontraktionsphase befindet.
Die wichtigsten Typen der Pulsationsveränderlichen sollen
kurz charakterisiert werden.

8.2.1   Delta-Cephei-Sterne

Die bekannteste und wichtigste Gruppe wird nach ihrem ersten, schon im 18. Jahrhundert von J. Goodricke entdeckten
Vertreter δ Cephei benannt, ein Stern im Cepheus, der mit
einer Periode von 5,37 Tagen zwischen den Helligkeiten 3,6
und 4,4 magn schwankt. Bei den *klassischen Cepheiden* handelt es sich um Überriesen der Typen F, G und K (→5.5.4),
also Sterne mit etwa 8000 K bis 3000 K Oberflächentemperatur. Die Amplituden überschreiten selten 2 Größenklassen
(etwa ein Faktor 6 in der Helligkeit), und die Schwankung ist
im blauen Licht stärker als im roten. Die Perioden überdecken einen weiten Bereich von etwa 1 bis 100 Tagen, mei-
stens liegen sie im Bereich von 5 bis 6 Tagen. Für einen einzelnen Stern ist die Periode aber sehr konstant, und die Form
der Lichtkurve wiederholt sich in allen Einzelheiten. Vor-

herrschend sind Lichtkurven mit einem raschen Anstieg, einem ziemlich spitzen Maximum und einem langsameren Abfall.

Die Variation des Lichts wird durch Pulsationen des Sterns hervorgerufen. Dabei spielen zwei gegenläufige Effekte eine Rolle. Einmal die Temperatur: Je heißer der Stern ist, um so größer ist die Lichtausstrahlung pro m^2 Oberfläche, und die Temperatur steigt, wenn der Stern kontrahiert und umgekehrt. Das andere ist die Änderung des Radius (das Pulsieren des Sterns). In der Kontraktionsphase nimmt die Zahl der strahlenden m^2 ab, und damit sinkt die Helligkeit. Diese doppelte, gegenläufige Abhängigkeit hat zur Folge, daß Temperatur, Radius und Helligkeit nicht parallel laufen. So nimmt z. B. bei δ Cephei die Helligkeit schon wieder ab, wenn der Stern seine größte Ausdehnung erreicht, denn in dieser Phase wirkt die Abnahme der Temperatur stärker als die größer werdende strahlende Oberfläche.

Der physikalische Grund für die Pulsationen liegt in der besonderen Weise, in der bei diesen Sternen die Durchlässigkeit der Sternmaterie für Strahlung von Temperatur und Druck abhängt. Da die Durchlässigkeit bzw. die Undurchlässigkeit der Materie, die sogenannte *Opazität*, mit dem griechischen Buchstaben kappa bezeichnet wird, spricht man vom *Kappa-Effekt*. Es handelt sich letztlich um eine instabile Phase in dem Zusammenspiel von Druck von innen und Schwerkraft von außen. Jeder Stern erleidet laufend kleine Störungen, und der entscheidende Punkt ist, wie sich z. B. bei einer zufälligen Expansion, wobei Temperatur und Druck geringer werden, die Opazität ändert. Ein normaler Stern, wie unsere Sonne, wird in diesem Fall durchsichtiger, die von innen kommende Strahlung kann besser entweichen, der Druck läßt nach, und die Schwerkraft drückt den Stern sofort wieder zusammen und beseitigt die Störung. Ein Delta-Cephei-Stern wird dagegen bei der Expansion undurchsichtiger, die Strahlung von innen wird zurückgehalten und drückt nun ihrerseits ebenfalls, die Expansion wird also verstärkt. Der Stern erhält immer im passenden Moment einen zusätzlichen Stoß, so daß die Schwingung aufrechterhalten bleibt und nicht gedämpft wird. Ein solches Wechselspiel zwischen Druck und Schwerkraft können wir uns an einem Analogon veranschaulichen, nämlich an einem Kochtopf mit gut aufsitzendem Deckel. Wenn das Wasser anfängt zu kochen, entsteht ein Überdruck. Dieser wird schließlich so stark, daß er den Deckel anhebt, der Überdruck entweicht; sofort kommt die Schwerkraft und setzt den Deckel wieder fest auf. Das Spiel beginnt von neuem. Der Deckel fängt an zu klappern. Dieses Klappern des Kochtopfdeckels ist solch eine instabile Phase zwischen Druck und Schwerkraft. Im Detail ist die Physik im Stern natürlich komplizierter als im Kochtopf.

Die große Bedeutung der Delta-Cephei-Sterne für die Astronomie liegt in ihrer *Perioden-Leuchtkraft-Beziehung*, einer festen Beziehung zwischen der Periode ihrer Helligkeitsschwankung und ihrer Leuchtkraft. Je länger die Periode, um so größer die Leuchtkraft. Die Periode ist leicht zu beobachten. Wenn die Beziehung einmal geeicht ist, kennt man damit auch sofort die Leuchtkraft des Sterns. Ein Vergleich mit der scheinbaren Helligkeit am Himmel ergibt dann unmittelbar die Entfernung. Da es sich um helle Überriesen handelt, die man auch in außergalaktischen Systemen beobachten kann, ist dies eine ideale Methode zur Entfernungsbestimmung ($\rightarrow$12.3). Man spricht bei den δ-Cephei-Sternen darum oft von den »Meilensteinen« im Kosmos.

Dieser Optimismus wurde leider 1952 gedämpft. Walter Baade fand, daß es zwei Gruppen von Cepheiden gibt, die klassischen δ-Cephei-Sterne, von denen bisher die Rede war, und die nach ihrem Prototyp im Sternbild Jungfrau benannten *W-Virginis-Sterne* (oder auch Cepheiden vom W-Vir-Typ). In den Katalogen werden die beiden Typen mit der Kurzform DCEP (früher: Cδ) und CW bezeichnet. Bei der Gruppe DCEP handelt es sich um junge, bei der Gruppe CW um alte Sterne. Die W-Virginis-Sterne besitzen ebenfalls eine Perioden-Leuchtkraft-Beziehung, aber mit einem anderen Nullpunkt, und das führt zu einem Faktor 2 in der Entfernung. Wenn man nicht weiß, um welchen Typ es sich handelt, kann man sich um einen Faktor 2 in der Entfernung irren. In der Tat beruhten die damals bestimmten Entfernungen der außergalaktischen Systeme auf einer falschen Eichung und verdoppelten sich 1952; die Welt wurde mit einem Schlage doppelt so groß. Es war, als hätte man alles mit einem cm-Maßstab gemessen und dann festgestellt, daß es gar kein cm-Maßstab war, sondern ein Zoll-Maßstab.

Aber die Aufteilung in zwei scharfe Perioden-Leuchtkraft-Beziehungen erwies sich als noch zu einfach. Theoretische und empirische Untersuchungen zeigen, daß die Cepheiden im Hertzsprung-Russell-Diagramm (→5.6.1) insgesamt einen größeren Instabilitätsstreifen überdecken. Man benötigt also noch einen weiteren Parameter, ehe man wieder von echten Meilensteinen sprechen kann. Ein solcher könnte die Farbe sein, die aber ihrerseits wieder verfälscht wird durch die interstellare Absorption (→11.5). An diesem Problem wird gegenwärtig immer noch gearbeitet.

Der Generalkatalog enthält etwa 800 langperiodische Cepheiden zwischen 1 und 50 Tagen. Über 200 Cepheiden kennen wir allein in unserer Nachbargalaxie, im Andromedasystem.

8.2.2 RR-Lyrae-Sterne

Die RR-Lyrae-Sterne bilden in gewisser Weise die kurzperiodische Fortsetzung im Cepheiden-Streifen. Es handelt sich um rasch pulsierende Riesensterne mit Perioden unter einem Tag; eine deutliche Lücke in den Perioden bei etwa einem Tag trennt sie von den δ-Cephei-Sternen. RR-Lyrae-Sterne sind Mitglieder der *Population II,* also alte Sterne (→5.9), und kommen besonders häufig in Kugelhaufen (→10.1) vor. Sie sind heißer als die Cepheiden (Spektraltyp

B8 bis F2); der Stern RR Lyrae selbst variiert seine Temperatur zwischen 5900 K und 7200 K. Die absolute Helligkeit ($\rightarrow$5.4) der RR-Lyrae-Sterne ist etwa 0^M, sie sind also gut 100mal so leuchtkräftig wie unsere Sonne. Die Zahl der bekannten RR-Lyrae-Sterne ist sehr groß; mit rund 6400 bekannten Objekten bilden sie die größte Gruppe der Veränderlichen.

Eine kleine Untergruppe (etwa 280 bekannte Vertreter) bilden die *Zwerg-Cepheiden* (früher: Typ RRs) und die – nach einem ihrer Vertreter benannten – *δ-Scuti-Sterne*. Sie bilden das unterste Ende des Instabilitätsstreifens mit Perioden von nur wenigen Stunden bis herunter zu einer ¾ Stunde. Bei ihnen erkennt man neben der Grundschwingung oft noch Oberschwingungen.

8.2.3   Mira-Sterne

Am anderen Ende der Cepheiden folgt eine wieder sehr große Gruppe (fast 6000 Sterne), die *Mira-Sterne*, benannt nach dem schon erwähnten ersten bekannten veränderlichen Stern. Es handelt sich um langperiodisch veränderliche, kühle Riesensterne mit Perioden von 80 bis 1000 Tagen. Eine auffallende Lücke bei 50 bis 80 Tagen trennt sie von den δ-Cephei-Sternen. Die Lichtkurven sind nicht so stabil wie bei den kurzperiodischen Veränderlichen, und die Formen der Lichtkurven sind unterschiedlich, so daß der Fachmann drei Untergruppen unterscheidet. Die Massen dieser Sterne betragen nur ein bis zwei Sonnenmassen, im Durchmesser sind sie aber 100- bis 1000mal so groß wie unsere Sonne, es sind also typisch aufgeblähte Riesensterne ($\rightarrow$7.2).

8.2.4 Halb- und unregelmäßige Veränderliche

Neben diesen recht regelmäßigen Veränderlichen gibt es
eine große Zahl von Sternen, deren Variationen sehr viel
unregelmäßiger verlaufen, bei denen also sowohl die Perioden wie auch die Amplituden schwanken. Wir sprechen
von *halbregelmäßigen Veränderlichen,* wenn man immerhin
noch eine mittlere Periode angeben kann, und von *unregelmäßigen* oder *irregulären Veränderlichen,* wenn keine Vorhersage mehr möglich ist. Der Veränderlichen-Katalog enthält rund 3500 halbregelmäßige Veränderliche (Typ SR =
Semi-Regular) und über 2300 unregelmäßige Veränderliche.
Darüber hinaus gibt es etliche relativ seltene Sondertypen
(*RV-Tauri-, β-Cephei-, ZZ-Ceti-Sterne* u. a.), die hier nicht im
einzelnen beschrieben werden sollen.

8.3 **Kataklysmische Veränderliche**

Die *kataklysmischen Veränderlichen* zeigen die stärksten
Lichtausbrüche, explosionsartige Vorgänge, bei denen weit-
gehend die äußeren Schichten weggeschleudert werden.
Meist – aber nicht immer – sind es Doppelsterne, und der
explosive Vorgang wird durch die Anwesenheit des anderen
Sterns bewirkt.

8.3.1 Novae und nova-ähnliche Sterne

Der Name *Nova* (= neuer Stern) ist, wie so häufig in der
Astronomie, historisch bedingt. Die Helligkeit dieser Sterne, es handelt sich um heiße Zwergsterne, steigt innerhalb
von Stunden bis Wochen um das Tausend- bis Zehnmillio-
nenfache an. Das bedeutet, daß man plötzlich am Himmel
einen Stern sieht an einer Stelle, wo bis dahin kein Stern

bekannt war. Früher glaubte man darum, dort sei wirklich ein neuer Stern entstanden. Heute wissen wir, daß es sich in Wirklichkeit um alte Sterne handelt, die den größten Teil ihrer Entwicklung (→7.2) schon hinter sich haben. Während

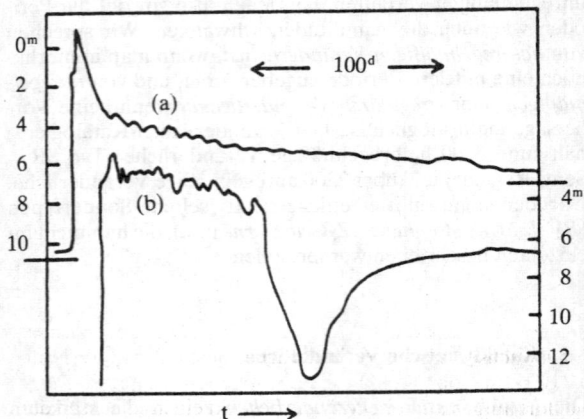

Abb. 9 (a) Lichtkurve der Nova Aquilae 1918;
(b) Lichtkurve der Nova Herculis 1914.

des Ausbruchs wird die Materie mit Geschwindigkeiten bis zu mehreren tausend Kilometern pro Sekunde fortgeschleudert, der Radius des Sterns erreicht im Maximum Werte bis zum 500fachen des Sonnenradius. Nach dem Ausbruch verharren die Sterne einige Zeit in ihrem Maximum und sinken dann sehr langsam, meist im Verlauf von etlichen Jahren, wieder auf ihre alte Helligkeit zurück. Dieser Abstieg verläuft oft unter beträchtlichen Schwankungen. Abb. 9 zeigt zwei typische Lichtkurven. Trotz aller individuellen Unterschiede deuten charakteristische Formen und Merkmale, vor allem auch in der Entwicklung des Spektrums, auf einen gleichartig verlaufenden physikalischen Vorgang. Je heller der Stern im Maximum ist, um so schneller verläuft der erste Abstieg. Das ist von besonderer Bedeutung, denn wegen der Unvorhersehbarkeit beobachtet man nur in den seltensten Fällen wirklich das Maximum. Bei der Entdeckung hat der Stern sein Helligkeitsmaximum im allgemeinen schon hinter sich, aber aus der Schnelligkeit des Ablaufs kann man rückwärts berechnen, wie hell er im Maximum war. Dies spielt auch eine Rolle bei der Entfernungsbestimmung ($\rightarrow$12.3). Eine extrem helle, auch mit bloßem Auge sichtbare Nova war die Nova Cygni 1975 oder auch V1500 Cygni genannt (der 1500. veränderliche Stern im Sternbild Schwan).

Wie kommt es zu diesem Ausbruch? Es handelt sich stets um enge Doppelsterne mit einer heißen, blauen Komponente (einem Weißen Zwerg, $\rightarrow$7.3.1) und einem kühlen, roten Riesenstern. Aus der Entwicklung enger Paare wissen wir, daß die roten Riesen bei ihrer entwicklungsbedingten Expansion über das ihnen zur Verfügung stehende Volumen hinauswachsen und über den Librationspunkt Materie an den Begleiter, den Weißen Zwerg, abgeben (weiteres $\rightarrow$9.6). Die dort aufgesammelte Materie bewirkt ein Anwachsen der Dichte und der Temperatur am Boden der Atmosphäre. Bei einer kritischen Temperatur kommt es dann auf der blauen Komponente zur Explosion, möglicherweise verbunden mit Kernprozessen.

In unserer Milchstraße sind bisher über 230 Nova-Ausbrüche beobachtet worden. Insgesamt schätzt man, daß es in unserem Sternsystem etwa 50 Novae pro Jahr gibt. In unserem Nachbarn, dem Andromedasystem, beobachtet man 25 bis 30 Novae pro Jahr.

In einigen wenigen Fällen verläuft der ganze Ablauf sehr viel langsamer, es sind sozusagen Nova-Ausbrüche im Zeitlupentempo. Nach einem ihrer Vertreter bezeichnet man diese kleine Gruppe auch als *RT-Serpentis-Sterne*. Ferner gibt es rund 60 *nova-ähnliche Veränderliche* (Typ NL = nova like variables).

Eine interessante Untergruppe bilden die *rekurrierenden Novae* (Typ NR), also solche, bei denen sich dieser Explosionsvorgang wiederholt. Die Lichtausbrüche sind dann aber geringer. Der Stern T CrB (Coronae borealis) erlebte 1855 und 1946 einen Ausbruch. Beim Stern T Pyx wurden sogar fünf Nova-Ausbrüche beobachtet: 1890, 1902, 1920, 1944 und 1955.

Das untere Ende dieser Gruppe bilden die rund 350 *U-Geminorum-Sterne* oder *Zwergnovae*. Sie zeigen sehr viel schwächere Ausbrüche in kürzeren Abständen. Dabei gilt folgende Faustregel: der Ausbruch ist um so stärker, je länger die Pause zwischen zwei Ausbrüchen ist. Offenbar staut sich die Energie auf, und je mehr sich aufgestaut hat, um so stärker der nächste Ausbruch; ein ähnliches Phänomen, wie wir es auch bei Erdbeben gelegentlich erleben: je mehr Spannung sich aufbaut, um so stärker wird das nächste Beben. In diese Regel passen auch die rekurrierenden Novae hinein, die in merklich größeren Abständen größere Ausbrüche erleiden, und möglicherweise gilt dies generell für alle Novae. Für die klassischen Novae ergäben sich dann Abstände zwischen tausend und Millionen Jahren, und es ist verständlich, daß wir in diesen Fällen nur *einen* Ausbruch erleben.

8.3.2   Supernovae

Es gibt seltenere Ausbrüche von unvergleichlich höherer Intensität, Ausbrüche, bei denen die Helligkeit des Sterns um das Hundertmillionenfache und mehr ansteigt. Wenn sich solch eine Explosion in einem anderen Sternsystem abspielt, so ist der Stern für kurze Zeit ebenso hell wie das ganze Sternsystem oder heller. Man spricht dann von einer *Supernova* (SN). Der Verlauf dieses Ereignisses ist trotz gewisser Ähnlichkeiten doch so verschieden von den Nova-Ausbrüchen, daß es sich um ein anderes physikalisches Phänomen handeln muß. Nach dem Ausbruch erreichen die Sterne Radien von 50000 Sonnenradien, das entspricht einem Mehrfachen unseres ganzen Planetensystems.

Nach dem Verlauf des Helligkeitsabfalls und den spektralen Eigenschaften unterscheidet man zwei Typen: Supernovae vom Typ I mit einer relativ glatten Helligkeitsabnahme, zunächst ziemlich rasch (etwa um einen Faktor 10 in 25 bis 40 Tagen) und dann langsamer. Der Verlauf ist bei allen Ausbrüchen dieses Typs recht gleichartig. Diese Supernovae gehören zur alten Sternpopulation (→5.9).

Bei den Supernovae vom Typ II ist die Helligkeitsabnahme zunächst weniger steil mit unregelmäßigen Schwankungen. Etwa 90 Tage nach dem Ausbruch folgt eine Stufe, dann ähnelt der weitere Verlauf dem von Typ I. Diese Supernovae gehören zur jungen Sternpopulation.

Supernovae sind seltene Erscheinungen. In unserem Milchstraßensystem rechnet man etwa alle 25 bis 30 Jahre mit einem Supernova-Ausbruch. Drei sichere Fälle wurden bisher beobachtet: SN 1054 (aus chinesischen Quellen, damals war der Stern so hell, daß man ihn tagsüber am Himmel sehen konnte), Tychos Supernova 1572 und Keplers Supernova 1604. Daneben gibt es gut 100 vermutliche Überreste von früheren nicht direkt beobachteten Ausbrüchen (*Supernova remnants = SNR*). Etwa 500 Supernovae wurden bisher in anderen Sternsystemen beobachtet. Berühmt geworden ist der Überrest der Supernova von 1054, der heutige *Krabben-* oder *Crabnebel*. Dieser bizarre Nebel stellt die Explosionswolke des damaligen Ausbruchs dar und dehnt sich noch heute mit einer Geschwindigkeit bis 1000 km/s aus. Der Crabnebel ist ferner die stärkste Radioquelle am nördlichen Himmel und eine starke Quelle für UV-, für Röntgen- und Gamma-Strahlung – immer noch Nachwirkungen der Explosion vor fast 1000 Jahren. Vor allem aber: der Stern, der damals diese Explosion durchmachte, ist heute ein schnell rotierender *Neutronenstern* und der erste optisch identifizierte *Pulsar* (→7.3.2). Die heute bekannten rund 500 Pulsare sind vermutlich alle bei solch einer Supernovaexplosion entstanden.

Die letzte große Supernova – SN 1987 A – wurde 1987 in der großen Magellanschen Wolke, einem kleinen Begleiter unseres Milchstraßensystems (→14.6), beobachtet. Der Ausbruch ereignete sich am 23. Februar 1987, am 24. Februar wurde sie entdeckt. Gleich nach der Entdeckung wurden damals auf der Europäischen Süd-Sternwarte in Chile sofort alle laufenden Programme abgebrochen und alle Instrumente auf dieses Objekt gerichtet. Solch ein seltenes Ereignis sozusagen direkt vor unserer Haustür ist natürlich von einmaliger Bedeutung. Hier konnte zum ersten Mal der Verlauf solch eines Ausbruchs mit modernen Methoden beobachtet werden, erstmals wurden auch Neutrinos empfangen. Das tatsächliche Ereignis fand bereits vor rund 18000 Jahren statt, so lange benötigt das Licht von der großen Magellanschen Wolke bis zur Erde. Eine Unmenge an Material liegt inzwischen von diesem Objekt vor, das noch bei weitem nicht vollständig ausgewertet ist. Aber eine weiche Röntgenstrahlung wurde bisher trotz zahlreicher Beobachtungen nicht gemessen.

Es hat im Laufe der Zeit viele Spekulationen, Hypothesen und Theorien zur Erklärung dieses Phänomens gegeben. Heute sind folgende Grundvorgänge allgemein akzeptiert, wenn auch manche Detailfragen noch offen bleiben. Relativ klar sind die Vorgänge beim Typ II. Hier handelt es sich ziemlich sicher um den Gravitationskollaps, also das Zusammenfallen des Eisen-Nickel-Kerns eines massereichen Einzelsterns von mehr als 8 Sonnenmassen am Ende seiner Entwicklung zum Neutronenstern (→7.3.2). Die frei werdende Gravitationsenergie schleudert die ganze äußere Hülle fort. Der spätere Helligkeitsabfall entspricht auch recht genau der Halbwertszeit des Beta-Zerfalls von Eisen. Nicht so durchsichtig sind die Verhältnisse beim Typ I. Vermutlich handelt es sich um die thermonukleare Zerstörung Weißer Zwerge (→7.3.1). Ein Weißer Zwerg in einem Doppelsternsystem sammelt von dem Begleiter mehr und mehr Materie auf. Wächst er über eine kritische Grenze hinaus (*Chandrasekhar-Grenze*), dann zündet das Kohlenstoff- oder Heliumbrennen. Es wäre also ein ähnlicher Vorgang wie bei den Novae, nur in sehr viel stärkerem Ausmaß. Ein anderes Modell ist die Verschmelzung zweier Weißer Zwerge infolge Drehmomentverlusts durch Gravitationswellen.

Die Supernovae erreichen bei ihrem Ausbruch etwa eine Helligkeit vom Zehnmilliardenfachen der Sonne. Man kann sie darum bis in extrem große Entfernungen beobachten. Und da sie im Maximum alle etwa die gleiche Leuchtkraft erreichen, sind sie der wichtigste Entfernungsindikator für sehr große Entfernungen, die für die Kosmologie wichtig sind ($\rightarrow$14.4).

8.4 Eruptionsveränderliche

Eruptionsveränderliche zeigen unregelmäßige Helligkeitsausbrüche geringeren Umfangs als die kataklysmischen Veränderlichen. Man unterscheidet etwa ein Dutzend Untergruppen. Typisch sind die fast 1500 *Flare-Sterne* oder – nach ihrem Prototyp – *UV-Ceti-Sterne*. Sie zeigen in unregelmäßigen Abständen Lichtausbrüche ähnlich wie bei den Flares unserer Sonne, nur in sehr viel größerem Ausmaß. Solch ein Lichtausbruch erfolgt meist innerhalb von Sekunden bis Minuten, es handelt sich also auch physikalisch wohl um ähnliche Vorgänge wie bei den Eruptionen auf der Sonne ($\rightarrow$4.2.4). Mit modernen Methoden konnte man bei einigen Sternen auch Oszillationen nachweisen.

Eine andere Untergruppe bilden die rund 1000 *Nebel-* oder *Orion-Veränderlichen*, die vorwiegend in kontrahierenden Gasnebeln (z.B. im Orion-Nebel) vorkommen. Eine interessante Untergruppe hiervon sind die *T-Tauri-Sterne*: sehr junge Sterne in ihrer anfänglichen Kontraktionsphase ($\rightarrow$7.1).

Ehe diese Sterne den Gleichgewichtszustand »Hauptreihe« erreichen, den Zustand, in dem die Kernprozesse voll angelaufen sind, bewirkt das erste Einsetzen des Wasserstoffbrennens und auch Kernprozesse anderer leichter Elemente wie Lithium eine instabile Phase, in der die Sterne unregelmäßige Helligkeitsschwankungen durchmachen.

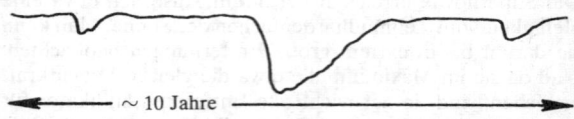

◄────── ~ 10 Jahre ──────────────►

Abb. 10   Typische Lichtkurve eines R-Coronae-Borealis-Sterns.

Eine amüsante Gruppe mit sozusagen »spiegelbildlichem« Verhalten bilden die rund 40 bekannten *R-Coronae-Borealis-Sterne*. Bei ihnen sinkt in unregelmäßigen Abständen die Helligkeit ziemlich schnell ab, in einigen Fällen bis zum Faktor 1000, und steigt dann sehr viel langsamer wieder auf den normalen Wert an. Auch bei ein und demselben Stern ist der Helligkeitsabfall sehr unterschiedlich, und es gilt wieder die Faustregel: je länger die Pause war, um so stärker ist der nächste Abfall. Abb. 10 zeigt eine typische Lichtkurve. Die R-CrB-Sterne sind wasserstoffarme Sterne mit einem sehr hohen Kohlenstoffgehalt. Die Deutung ist folgende: Materie wird vom Stern ausgestoßen (bei Verfinsterungsbeginn beobachtet man in der Tat eine Blauverschiebung der Linien, Materie kommt also auf uns zu; →5.5.2). Bei der dadurch verursachten Abkühlung kondensiert der Kohlenstoff und führt zur Verfinsterung der Photosphäre infolge Rußbildung.

8.5 Pekuliare Sterne

Es gibt Sterne, die sich nicht (oder nicht in erster Linie) durch Helligkeitsänderungen, sondern durch ein anomales Aussehen ihrer Spektren von den normalen Sternen unterscheiden. Hier stellt sich zunächst die Frage, was heißt eigentlich »normal« und »anomal«? Es gibt keine a-priori-Definition für diese Begriffe. Normal ist das, was am häufigsten vorkommt und uns darum vertraut ist. Bei den Menschen sind fünf Finger normal, sechs Finger wären eine Anomalität. Gäbe es aber einen Planeten mit Lebewesen, die alle sechs Finger hätten, so wäre das dort normal, und fünf Finger wären anomal. Bei den Sternspektren werden die am häufigsten vorkommenden Typen in ein Schema [O-B-A-F-G-K-M] gebracht (→5.5.4). »Normal« sind danach alle Spektren, die in dieses Schema hineinpassen, was nicht hineinpaßt ist »anomal«. In der Astronomie spricht man auch von *pekuliaren* (besonderen) Sternen (engl.: peculiar stars). Sie wurden zunächst durch ein an den Spektraltyp angehängtes p bezeichnet, z.B. Ap-Sterne.

Die rund 20 verschiedenen Typen pekuliarer Sterne können hier nicht im einzelnen aufgezählt und beschrieben werden. Wir begnügen uns mit ein paar allgemeinen Bemerkungen.

Die Anomalität besteht meist darin, daß die Linien bestimmter Elemente merklich stärker oder merklich schwächer sind als in den normalen Sternspektren etwa gleichen Spektraltyps. Dabei kann es sich um eine chemische Anomalität handeln, das heißt, die betreffenden Elemente sind in diesen Sternen entweder überhäufig oder zeigen ein starkes Defizit im Vergleich zur normalen Häufigkeitsverteilung der Elemente (→5.9). Die Stärke einer Linie ist aber nicht nur durch die Häufigkeit des betreffenden Elements, sondern auch durch den physikalischen Zustand der Atmosphäre (→6.1) bedingt. Anomale Linienstärken können also auch auf anomale physikalische Bedingungen hinweisen. In vielen Fällen läßt sich heute noch nicht sagen, ob die Pekuliarität

chemische oder physikalische Ursachen hat, oft spielt beides
eine Rolle.

Etliche pekuliare Sterne werden nach dem Element oder der
Elementengruppe benannt, deren Linien besonders stark
oder schwach sind. So gibt es zum Beispiel bei den heißen
Sternen die *heliumreichen* und *heliumarmen Sterne* (auch *he-
liumstark* und *heliumschwach* genannt, nach dem englischen
helium strong and helium weak stars), ferner die *CNO-Ster-
ne*, bei denen die Elemente Kohlenstoff, Stickstoff und/oder
Sauerstoff abnorm stark sind. Bei den Sternen mittleren
Typs (Typ A und F, →5.5.4) gibt es die Gruppe der *Metall-
linien-Sterne* (Am, Fm) mit verstärkten Linien bestimmter
Metalle, die *HdC-Sterne* (wasserstoffarme ›hydrogen defi-
ciency‹ Kohlenstoff-Sterne), ferner *Strontium-Sterne, Euro-
pium-Sterne, Quecksilber-Mangan-Sterne* u.a. Bei den kühlen Sternen die *Kohlenstoff-Sterne* (C-Sterne), ferner *CH-
Sterne, CN-Sterne, Barium-Sterne* und andere. Vorwiegend
betroffen von dem anomalen Verhalten sind Wasserstoff und
Helium und die Gruppe Kohlenstoff, Stickstoff, Sauerstoff
(CNO). Das hängt sicher damit zusammen, daß diese Elemente bei den Kernprozessen im Innern der Sterne eine besondere Rolle spielen (→6.3). Wenn Sternmaterie sich
durchmischt, so gelangt diese durch die Kernprozesse in
ihrer Zusammensetzung veränderte Materie an die Oberfläche und wird sichtbar.

Eine spezielle Gruppe unter den heißen Sternen bilden die
1867 von Ch. Wolf und G. Rayet entdeckten *Wolf-Rayet-
Sterne* (*WR*). Es sind Sterne sehr hoher Leuchtkraft, charakterisiert durch extrem breite Emissionslinien, hervorgerufen
durch den Dopplereffekt (→5.5.2) ihrer nach allen Seiten
expandierenden Atmosphären. Man unterscheidet zwei Se-
quenzen: die *WC-Sterne* mit besonders starken Kohlenstoff-
und die *WN-Sterne* mit besonders kräftigen Stickstofflinien.
Beide Gruppen zeigen außerdem starke Heliumlinien. Die
große Leuchtkraft (bis zum millionenfachen der Sonnenleuchtkraft) erzeugt einen enormen Strahlungsdruck, der zu

einem starken Sternwind und damit zu einem starken Massenverlust führt. Etliche Zentralsterne planetarischer Nebel (→11.2.2) sind Wolf-Rayet-Sterne. Hier ist der große Massenverlust ganz augenfällig. Möglicherweise ist dadurch die wasserstoffreiche Hülle verloren gegangen, und es sind Schichten freigelegt worden, in denen die Produkte der Kernreaktionen im Sterninnern (Heliumbrennen, →6.3) zutage treten. Etliche WR-Sterne sind Komponenten eines Doppelsternsystems, aber die früher oft geäußerte Meinung, *alle* Wolf-Rayet-Sterne seien Doppelsterne, ist nicht haltbar.

Zu den physikalischen Besonderheiten, die das Spektrum verändern, gehört zum Beispiel eine schnelle Rotation (→5.7), besonders bei den heißen Sternen. Sie verlieren infolge der Zentrifugalkraft am Äquator Materie und bilden eine kräftige Hülle, die ihrerseits Emissonslinien aussendet und zum Teil die Photosphäre verdeckt. Das Spektrum hängt dann sehr von der Blickrichtung ab; schaut man auf den Pol, so bemerkt man dort nur wenig oder gar keine Hülle, schaut man auf den Äquator, so sieht man durch eine dicke Hülle hindurch und beobachtet eine Überlagerung von Photosphären- und Hüllenspektrum. Man spricht darum von *Hüllensternen* (engl: shell stars).

A-Sterne haben keine äußere Konvektionszone (→6.5), und wenn sie außerdem langsam rotieren, besitzen sie eine sehr ruhige Atmosphäre, die sich nicht durchmischt. Dann werden im Laufe von Tausenden von Jahren durch den Strahlungsdruck diejenigen Elemente an die Oberfläche gedrückt, die gegenüber der Strahlung einen besonders großen Wirkungsquerschnitt haben. Es kommt zu einer Diffusion durch den Strahlungsdruck, in Analogie zur Diffusion durch die Schwerkraft, bei der die schweren Elemente nach unten sinken, wie z.B. in unserer Erdatmosphäre. Großen Strahlungsquerschnitt besitzen die Elemente mit einem sehr reichen Termschema, also vielen Möglichkeiten von Übergängen äußerer Elektronen von einer Bahn auf eine andere

(→5.5). Das sind zum Beispiel die Seltenen Erden, die in der Tat in diesen Sternen besonders starke Linien zeigen. Die Überhäufigkeit der Elemente bezieht sich hier also nur auf eine bestimmte Schicht, und es handelt sich demnach letztlich um eine physikalische Anomalität.

Eine physikalische Besonderheit liegt auch vor bei den *magnetischen Sternen* (→5.8), vorwiegend A-Sternen mit starken, meist veränderlichen Magnetfeldern bis zu einigen 1000 Gauß. Die beobachtete Variation ist hier durch die Rotation verursacht. Die magnetische Achse ist bei diesen Sternen geneigt zur Rotationsachse, wie es ja – in geringem Maße – auch bei der Erde der Fall ist. Wenn der Stern rotiert, so schauen wir einmal auf den magnetischen Nord-, einmal auf den Südpol und beobachten also entgegengesetzt gerichtete Magnetfelder. Die Rotationszeit beträgt einige Tage bis einige Wochen. Gelegentlich werden diese Sterne darum auch der neuen Gruppe der *Rotationsveränderlichen* zugeordnet (→8.1).

Für die zahlreichen Pekuliaritäten bei den mittleren Typen (B-, A- und F-Sterne) hat es im Laufe der Zeit sehr viel verschiedene Einteilungen gegeben. Heute hat man sich in diesem Bereich auf die generelle Bezeichnung *CP-Sterne* (chemical peculiar stars) geeinigt und unterscheidet vier Gruppen:

CP1: *Metallinien-Sterne* mit anomaler Häufigkeit bestimmter Metalle (früher Am),

CP2: die klassischen *Ap-Sterne mit Magnetfeld,*

CP3: *Quecksilber-Mangan-Sterne,*

CP4: *heiße heliumarme Sterne.*

Bei den kühlen M-Sternen war das unterschiedliche Verhalten der drei Elemente C, N und O schon lange bekannt und führte zu einer Verzweigung der Spektraltypen. Etwa 5% der kühlen Sterne sind *Kohlenstoff-Sterne* (*C-Sterne,* in der älteren Literatur noch *R-* und *N-Sterne*). In den normalen *M-Sternen* ist das Verhältnis C:O etwa 1:3. Sauerstoff-Verbindungen, vor allem TiO, treten in ihren Sternspektren darum besonders hervor. Bei den C-Sternen dagegen ist das Verhältnis etwa 3:1, hier beherrschen CH-, CN- und C_2-Moleküle das Spektrum. Eine kleine Gruppe von Sternen, die *S-Sterne*, liegen dazwischen. Das Verhältnis C:O ist etwa 1:1. Das bedeutet, daß fast aller Kohlenstoff und Sauerstoff zur Bildung von CO verbraucht werden. Es bleibt nicht genügend Sauerstoff übrig zur Bildung von Oxiden wie in den normalen M-Sternen, aber auch nicht genügend Kohlenstoff zur Bildung von Kohlenstoff-Verbindungen wie in den C-Sternen. Atomare Linien treten hier stärker auf.

Ganz allgemein muß man folgendes sagen: Je genauer man hinschaut, um so feinere Unterschiede zeigen sich zwischen den einzelnen Sternen, und letztlich ist jeder Stern ein Individuum, und keiner gleicht dem anderen völlig. Jede »Einteilung« in verschiedene Typen und Klassen hängt von der Differenzierung ab. Es ist im Grunde wie bei den Menschen. Bei sehr grobem Hinschauen unterscheidet man zwei Typen, Männer und Frauen. Dies entspräche etwa den beiden Populationen I und II der Sterne. Schaut man genauer hin, so unterscheidet man bei den Menschen nach der Hautfarbe weiße, rote, gelbe, braune und schwarze Menschen, das entspräche etwa den Spektraltypen der Sterne. Wir können sodann weitergehende »Besonderheiten« bei den Menschen herausgreifen, z.B. rothaarige oder Riesen, entsprechend den pekuliaren Sternen, und wenn wir ganz genau hinschauen, dann gleicht kein Mensch dem andern, jeder ist ein Individuum.

9 Doppelsterne und Mehrfachsysteme

Schon mit bloßem Auge sieht man am Himmel einige enge Sternpaare oder Doppelsterne. Am bekanntesten ist Alkor, der *Reiter* auf dem zweiten Deichselstern des großen Wagen (Mizar), oder auch der Stern ε Lyrae. Die Komponenten von ε Lyrae (ε^1 und ε^2) sind etwa 3 Bogenminuten voneinander entfernt, was ungefähr dem Auflösungsvermögen des Auges entspricht. Dieses Paar eignet sich also sehr gut als Test für die Augenschärfe. Die beiden Komponenten dieses Doppelsterns sind ihrerseits auch wieder Doppelsterne, aber mit Abständen von jeweils nur 2 Bogensekunden, also erst im Fernrohr zu trennen.

Die beiden Sterne solch eines Paares brauchen natürlich nicht physisch zusammenzugehören. Es können Sterne in sehr unterschiedlicher Entfernung sein, die nur von uns aus gesehen in der gleichen Richtung und darum am Himmel scheinbar eng beieinander stehen. In solch einem Fall sprechen wir von *optischen* Doppelsternen im Gegensatz zu den *physischen* Doppelsternen, die wirklich zusammengehören und umeinander kreisen. Nur von diesen »echten« Doppelsternen ist hier die Rede. [Das englische Wort double star läßt, wie das deutsche Wort Doppelstern, diese Frage ebenfalls offen, während die physischen Paare im Englischen mit binaries (Singular: binary) bezeichnet werden. Hier gibt es leider kein deutsches Äquivalent.]

Schon mit einem kleinen Fernrohr sieht man am Himmel eine erstaunlich große Zahl von Doppelsternen, zu viele, sie alle als zufällige optische Paare deuten zu können. Und in der Tat, je genauer man beobachtet, um so größer wird ihre Zahl, und wir wissen heute, daß Doppelsterne etwas ganz Normales sind. Genaue Untersuchungen in der Sonnenumgebung zeigen, daß über die Hälfte aller Sterne Mitglieder von Doppel- oder Mehrfachsystemen sind. Bis zu einer Entfernung von 5 pc (etwa 15 Lichtjahre) kennen wir 44 Sterne.

Von denen sind 23 echte Einzelsterne wie unsere Sonne und 21 sind Doppel- oder Mehrfachsysteme mit insgesamt 46 Komponenten. Hier sind also nur ein Drittel aller individuellen Sterne Einzelsterne.

9.1 Klassifikation

Nach ganz praktischen Gesichtspunkten der unterschiedlichen Beobachtungstechnik werden die Doppelsterne traditionellerweise in folgende Gruppen unterteilt.

(1) *Visuelle Doppelsterne:* Bei ihnen sind beide Komponenten wirklich getrennt sichtbar oder zumindest mit einem optischen Interferometer nachweisbar.

(2) *Astrometrische Doppelsterne:* Hier ist die schwächere Komponente nicht mehr direkt nachweisbar. Man sieht aber eine periodische Ortsveränderung der Hauptkomponente, die sich »um etwas« bewegt, nämlich um den gemeinsamen Schwerpunkt.

(3) *Spektroskopische Doppelsterne:* Der Doppelsterncharakter macht sich hier im Spektrum des Sterns bemerkbar. Man beobachtet eine periodische Verschiebung der Spektrallinien infolge des Dopplereffekts ($\rightarrow$5.5.2). Gelegentlich sieht man auch, daß hier zwei unterschiedliche Sternspektren überlagert sein müssen.

(4) *Photometrische Doppelsterne:* Wenn eine Doppelsternbahn im Raum zufällig so orientiert ist, daß der irdische Beobachter genau von der Seite in die Bahnebene schaut, dann bedecken sich die beiden Sterne bei jedem Umlauf gegenseitig, und wir beobachten eine vorübergehende Abnahme der Helligkeit.

(5) *Röntgendoppelsterne:* Sie bilden eine neue Gruppe von Doppelsternen, bei denen die eine Komponente ein *kompakter* Stern ist (Weißer Zwerg, Neutronenstern oder

Schwarzes Loch; →7.3) und wo dann bei einem Materie-Austausch Röntgenstrahlung entsteht.

Die Grenze zwischen den ersten vier Gruppen ist nicht scharf. Es gibt Übergangstypen oder Doppelsterne, die zu zwei der beschriebenen Gruppen gehören. So sind viele photometrische auch spektroskopische Doppelsterne.

Da Doppelsterne um so leichter als visuelle Paare gesehen werden können, je weiter sie auseinander stehen, da andererseits bei engen Paaren die Umlaufgeschwindigkeit immer größer wird und damit auch die Wahrscheinlichkeit, Linienverschiebungen im Spektrum zu entdecken, kann man sagen, daß der Übergang von Typ 1 zu Typ 3 etwa dem Übergang von weiten zu engen Paaren entspricht. Aber das gilt natürlich nur cum grano salis, denn auch die Entfernung spielt eine Rolle. Ein nahes visuelles Paar wäre in großer Entfernung nicht mehr als Paar zu erkennen.

Ein Wort zur Stabilität. Wenn in einem Dreifachsystem die Komponenten vergleichbare Abstände voneinander haben, so führen die gegenseitigen Störungen schnell zu einem Zerfall des Systems, es ist instabil und löst sich auf. Ein bekanntes Beispiel ist das *Trapez* im Zentrum des Orionnebels. Bei diesen vier Sternen führt der Energieaustausch zu einem Zerfall in einigen 100000 Jahren. Hierarchische Systeme dagegen, zum Beispiel ein enges Paar mit einem weiten Begleiter, sind stabil, denn auf den weiten Begleiter wirkt das enge Paar wie *ein* Stern. Rund 70 Prozent aller Mehrfachsysteme sind in diesem Sinne stabil.

Ein Beispiel eines stabilen Vierfachsystems ist σCrB (Coronae Borealis, nördliche Krone) mit den Komponenten a, b, c, d. Die Gruppe (ab) ist ein sehr enger spektroskopischer Doppelstern mit einer Umlaufzeit von 8 Tagen. Dieses enge Paar und die Komponente c bilden ein visuelles Paar mit einer Umlaufzeit von 1162 Jahren und einem Abstand von 150 Astronomischen Einheiten (also etwa vierfacher Abstand Sonne–Pluto). Diese Dreiergruppe und die sehr entfernte Komponente d haben eine Umlaufzeit von rund einer Million Jahren und einen Abstand von 13000 Astronomischen Einheiten.

Im folgenden sollen die einzelnen Gruppen etwas näher betrachtet werden. Da die besonders interessanten physisch engen Doppelsterne nicht eindeutig einer der vier Gruppen zuzuordnen sind, werden sie in einem eigenen Abschnitt besprochen.

9.2 Visuelle Doppelsterne

Bei den visuellen, also wirklich getrennt sichtbaren, Doppelsternen und Mehrfachsystemen werden die einzelnen Komponenten ihrer Helligkeit nach mit den großen Buchstaben A, B,... bezeichnet. Neuere Kataloge enthalten ca. 65000 visuelle Doppelsterne. Zum Auffinden von Doppelsternen verwendet man gerne langbrennweitige Refraktoren mit einem großen Abbildungsmaßstab in der Brennebene. Tausende von neuen visuellen Doppelsternen wurden kürzlich durch den Satelliten *Hipparcos* entdeckt, der unbeeinflußt von der Luftunruhe eine sehr viel höhere Trennschärfe besitzt als erdgebundene Teleskope.

Bei genügend langer Beobachtungszeit bestimmt man zunächst die »relative« Bahn, das heißt die Bahn der schwächeren Komponente um die hellere. Die wahre relative Bahn ist – wie bei den Planetenbahnen – eine Ellipse, in deren einem Brennpunkt die helle Komponente steht. Diese elliptische Bahn wird aber perspektivisch verzerrt, weil man nur selten direkt von oben, sondern meist schräg auf die Bahnebene schaut. Die beobachtete (scheinbare) Bahn ist dann zwar auch eine Ellipse, aber eine solche, bei der die hellere Komponente nicht im Brennpunkt steht. Es gibt etliche graphische und analytische Verfahren, aus dieser beobachteten Bahn die wahre Bahn zu bestimmen. *Eine* Zweideutigkeit bleibt allerdings grundsätzlich bestehen: das Vorzeichen der Bahnneigung. Man kann also nicht unterscheiden, welche Hälfte der Bahn »hinten« und welche »vorne« liegt.

Bei den meisten visuellen Doppelsternen sind die Umlaufzeiten so lang, daß man bisher noch kein genügend großes Bahnstück kennt, um daraus die ganze Bahn zu bestimmen. Nur etwa von rund 1% der bekannten visuellen Doppelsterne liegen wirklich gute Bahnelemente vor.

Die absoluten Bahnen, also die Bewegung beider Komponenten um den gemeinsamen Schwerpunkt, erhält man, wenn man die Bewegungen der beiden Sterne relativ zu den Hintergrundsternen mißt, was natürlich zeitraubender und schwieriger ist.

Eine besondere Rolle spielen die Doppelsterne für die *Massenbestimmung* der Sterne. Diese ist in der Tat nur bei Doppelsternen möglich. Wenn man die Entfernung eines Doppelsystems kennt, kann man aus dem gemessenen Winkelabstand den linearen Abstand, also den Abstand in km, berechnen. Damit erhält man, wenn die Umlaufzeit bekannt ist, nach dem Keplerschen Gesetz ($\rightarrow 2.2$) die Summe der Massen der beiden Sterne $M_1 + M_2$. Kennt man ferner die absoluten Bahnen, so liefert das Verhältnis der Abstände vom Schwerpunkt das Massenverhältnis M_1/M_2. Und hieraus lassen sich die Einzelmassen bestimmen. Aber nur von einigen Dutzend Sternen liegen bisher auf diese Weise gewonnene erstklassige Massenbestimmungen vor.

Die tatsächliche Bewegung der Sterne am Himmel setzt sich aus drei Komponenten zusammen: erstens die Bewegung des Systems als Ganzem, also die gradlinige Bewegung des Schwerpunkts, zweitens die Bahnbewegung der beiden Komponenten um diesen gemeinsamen Schwerpunkt, wovon bisher die Rede war, und drittens schließlich – da es sich meist um nahe Sterne handelt – die Widerspiegelung der Bewegung der Erde um die Sonne, die *parallaktische Bewegung* ($\rightarrow 12.2$). Diese drei Anteile müssen aus der meist recht komplizierten Bewegung der Sterne herausgefiltert werden.

9.3　Astrometrische Doppelsterne

In manchen Fällen ist die schwächere Komponente nicht mehr sichtbar, man beobachtet nur noch eine Bewegung der einen sichtbaren Komponente um den Schwerpunkt. Man spricht darum gelegentlich auch von Sternen mit *unsichtbaren Begleitern,* leider sprachlich nicht korrekt, die Sterne sind nicht »unsichtbar«, sondern »nicht sichtbar« (das Englische ist da korrekter: dort heißt es »unseen«, und nicht »invisible« companions). Die Bahnbestimmung ist jetzt schwieriger und nicht so eindeutig durchzuführen wie bei den echten visuellen Doppelsternen.

Ein besonderes Problem liegt darin, daß man bei nicht aufgelösten Doppelsternen nur dann wirklich die Primärkomponente beobachtet, wenn die Sekundärkomponente sehr viel schwächer ist und zum Gesamtlicht kaum mehr beiträgt. Ist dies nicht der Fall, so beobachtet man den Schwerpunkt des Gesamtlichts, das *Photozentrum,* das sich natürlich anders bewegt als die einzelne hellere Komponente, und zwar beschreibt das Photozentrum eine kleinere Bahn, denn das Photozentrum liegt immer zwischen den beiden Sternen, also näher am Massenschwerpunkt oder *Baryzentrum.* Wenn die Helligkeiten der Sterne im gleichen Verhältnis zueinander stehen wie die Massen, so fällt das Photozentrum mit dem Baryzentrum zusammen, und man beobachtet gar keine Bewegung mehr. Es ist darum nicht ohne weiteres zu unterscheiden, ob es sich bei einem astrometrischen Doppelstern um einen entfernten, massearmen, lichtschwachen (vielleicht planetaren) Begleiter handelt oder um zwei helle Sterne, bei denen das Photozentrum nahe dem Baryzentrum liegt.

Der hellste Stern am nördlichen Himmel, *Sirius,* wurde 1844 von Bessel als astrometrischer Doppelstern entdeckt, und aus über 100jähriger Beobachtung wurde seine Bahn um den Schwerpunkt bestimmt. Später wurde der Begleiter, ein Weißer Zwerg, wirklich gefunden, Sirius ist also vom

astrometrischen zum echten visuellen Doppelstern aufge-
rückt.

Man kennt heute rund 20 sichere und 20 fragliche Fälle
astrometrischer Doppelsterne. Die kleinsten bisher bestimmten Massen betragen etwa 0,0015 Sonnenmassen, das
ist das Anderthalbfache der Jupitermasse, es handelt sich
also eigentlich um einen Riesenplaneten. Man sieht, die
Grenze zwischen Doppelstern und Planetensystem ist letztlich fließend.

9.4 Spektroskopische Doppelsterne

Bei den spektroskopischen Doppelsternen können die beiden Komponenten nicht mehr getrennt gesehen werden.
Aber sie bewegen sich so schnell umeinander, daß sich ihre
Bewegung in einer periodischen Verschiebung der Spektrallinien bemerkbar macht. Wenn eine Komponente gerade auf
uns zu kommt, so werden die Linien ihres Spektrums durch
den Dopplereffekt (→5.5.2) nach Blau verschoben; wenn
der Stern sich von uns entfernt, beobachten wir eine entsprechende Rotverschiebung. Sind die Spektren beider Komponenten sichtbar (*Zwei-Spektren-Systeme*), so oszillieren sie
gegeneinander, denn immer, wenn bei einem Doppelstern-
paar die eine Komponente sich von uns entfernt, kommt die
andere auf uns zu. Wenn bestimmte Spektrallinien in beiden
Komponenten vorhanden sind, so scheinen sich die Linien
bei jedem Umlauf zweimal zu verdoppeln. Häufig ist aber
eine Komponente so viel lichtschwächer, daß ihr Spektrum
nicht zu erkennen ist. Dann beobachten wir nur das Spektrum der helleren Komponente (*Ein-Spektren-System*), und
deren Linien oszillieren dann während eines Umlaufs hin
und her.

Die Zahl der Sterne mit variabler Radialgeschwindigkeit ist
sehr groß. Etwa 20 bis 30% aller genauer untersuchten Ster-

ne erweisen sich als spektroskopische Doppelsterne. Bis zur
9. Größe würden dann rund 30000 zu erwarten sein. Wirklich
bekannt sind allerdings bisher nur rund 5000 Systeme, und
nur für etwa 1000 liegen gute Bahnbestimmungen vor. Die
Perioden liegen überwiegend zwischen 1 und 100 Tagen. Oft
ist auf Anhieb nicht ohne weiteres zu entscheiden, ob periodische Radialgeschwindigkeiten auf solch einen Doppelsterncharakter zurückzuführen sind oder auf Schwingungen

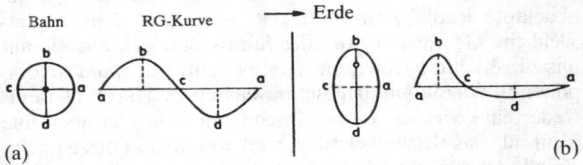

Abb. 11 Radialgeschwindigkeitskurve eines Doppelsterns.
(a) Kreisbahn (Sinuskurve); (b) elliptische Bahn, mit Blickrichtung
senkrecht auf die große Achse.

der Atmosphäre eines einzelnen pulsierenden Sterns. In der
Tat hat man den Stern δ Cephei nach der Entdeckung zunächst für einen spektroskopischen Doppelstern gehalten
und versucht, seine Bahn zu berechnen. Erst später erkannte
man, daß es sich um einen Pulsationsveränderlichen handelt
(→8.2.1).
Aus der Radialgeschwindigkeitskurve, also dem Verlauf der
Radialgeschwindigkeit während eines Umlaufs, läßt sich die
Bahn eines solchen Doppelsterns bestimmen. Wir wollen
uns das Erkennen der Bahnform an einem Beispiel veranschaulichen. Wenn die beiden Sterne Kreisbahnen umeinander beschreiben, so haben die Komponenten stets konstante
Geschwindigkeiten und die Radialgeschwindigkeitskurve
wird eine reine Sinuskurve (Abb. 11a). Beschreibt dagegen
eine Komponente eine langgestreckte Ellipsenbahn um die
andere Komponente (Abb. 11b) und betrachten wir solch ein

System von der Seite, dann beobachten wir in den Punkten b und d die Extremwerte der Radialgeschwindigkeit (mit entgegengesetzten Vorzeichen), aber im Punkt b ist sie sehr viel größer, weil der Stern dort nach dem Keplerschen Gesetz schneller läuft. Aus dem gleichen Grund wird der Bogen a–b–c schneller durchlaufen als der Bogen c–d–a. Das ergibt dann qualitativ die danebenstehende unsymmetrische Radialgeschwindigkeitskurve.

Eine Unsicherheit bleibt allerdings immer bestehen. Die beobachtete Radialgeschwindigkeit liefert uns nicht die tatsächliche Geschwindigkeit des Sterns, sondern nur die auf uns zu gerichtete Bewegungskomponente, die *radiale* Komponente. Kleine Radialgeschwindigkeit bedeutet also entweder eine wirklich kleine Geschwindigkeit oder aber eine Sicht auf das System ziemlich steil von oben. Dies ist prinzipiell nicht zu unterscheiden. Schaut man direkt von oben auf ein Doppelsternsystem, so verschwinden alle Radialgeschwindigkeiten, und der Stern kann gar nicht als spektroskopischer Doppelstern erkannt werden. Die Blickrichtung auf die Bahn (die *Bahnneigung* i) bleibt also als Unsicherheitsfaktor in den Ergebnissen bestehen. Viele Aussagen sind daher mit dem Faktor (sin i) behaftet und sind nur statistisch zu erbringen, wobei man annimmt, daß die Lage der Bahnebenen im Raum zufällig verteilt ist. Auch die Massenbestimmungen der spektroskopischen Doppelsterne sind mit dieser Unsicherheit behaftet, also auch nur statistisch, aber niemals im Einzelfall zu verwenden.

Vereinzelt kann die Duplizität aus dem Spektrum erkannt werden, ohne die Radialgeschwindigkeit zu messen, nämlich dann, wenn zwei ganz unterschiedliche Spektren überlagert sind, wenn also z.B. in einem Spektrum gleichzeitig Linien eines heißen B- und Linien eines kühlen K-Sterns auftauchen (→5.5.4), die kaum in einer einzelnen Atmosphäre gleichzeitig entstehen können. Man spricht dann von *Symbiotischen Sternen*.

9.5 Photometrische Doppelsterne

Bei den photometrischen Doppelsternen schauen wir genau von der Seite in die Bahnebene, und das bedeutet, daß sich die beiden Komponenten bei jedem Umlauf zweimal gegenseitig bedecken. Wenn die kleinere Komponente vorne ist, bedeckt sie einen Teil der größeren Komponente; wenn die größere Komponente vorne ist, kann sie die kleinere vollständig verdecken. Die Gesamthelligkeit des Systems nimmt also zweimal während eines Umlaufs ab, wir beobachten eine *Lichtkurve* mit zwei Minima, ein primäres oder Hauptminimum, wenn die heißere Komponente, ein sekundäres oder Nebenminimum, wenn die kühlere Komponente bedeckt wird. Man beachte, daß die größere Komponente nicht unbedingt auch die hellere sein muß. Ein heißer blauer Hauptreihenstern ist heller, aber sehr viel kleiner als ein aufgeblähter kühler K-Riese.

Wegen der periodischen Helligkeitsänderung werden die photometrischen Doppelsterne gelegentlich auch als *Bedeckungsveränderliche* bezeichnet und als solche in den Katalogen veränderlicher Sterne aufgeführt (→8.1). Physikalisch handelt es sich natürlich um ein ganz anderes Phänomen.

Wir kennen heute an die 5000 photometrische Doppelsterne, von etwas über 200 liegen bisher genaue Bahnen vor. Der erste bekannt gewordene Bedeckungsveränderliche war der Stern Algol im Perseus. Seine Variabilität wurde 1670 entdeckt; erst gut 100 Jahre später, 1782, erkannte J. Goodrike die Periodizität und gab auch gleich die richtige Erklärung.

Die meisten photometrischen Doppelsterne sind auch spektroskopische Doppelsterne, so daß seitens der Beobachtung eine Radialgeschwindigkeitskurve *und* eine Lichtkurve zur Verfügung stehen. Das bedeutet sehr viel mehr Information über das System. Ein wesentlicher Vorteil liegt darin, daß die Unbestimmtheit der Bahnneigung hier fortfällt; wir wissen, daß wir jetzt seitwärts auf die Bahnebene schauen, die Bahnneigung ist also etwa 90°. Die beobachtete maximale Radialgeschwindigkeit ist damit gleich der wirklichen Geschwindigkeit der Komponenten. Aus der Bahngeschwindigkeit und der Umlaufzeit folgt auch der gegenseitige Abstand in linearem Maß, und zwar jetzt *ohne* Kenntnis der Entfernung.

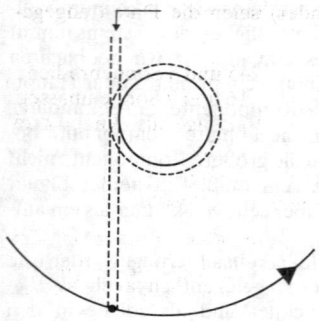

Abb. 12
Geometrische Verhältnisse
bei einem
Zeta-Aurigae-Stern.
Pfeil: partielle Phase.

Schließlich lassen sich aus dem Verlauf und vor allem aus der Dauer der Verfinsterung Aussagen über die Durchmesser der beiden Komponenten gewinnen und – da die Massen aus der Bewegung bekannt sind – auch über die mittleren Dichten. Solch eine direkte Durchmesser- und Dichte-Bestimmung ist *nur* bei den photometrisch-spektroskopischen Doppelsternen möglich. Darin liegt ihre besondere Bedeutung.

Es gibt etwa ein halbes Dutzend interessante Fälle, bei denen ein sehr kleiner, heißer Stern einen großen Roten Riesen umkreist. Wenn er hinter dem Riesenstern verschwindet, so scheint er vor dem endgültigen Verschwinden durch die ausgedehnte Chromosphäre (→4.1.2) des Riesensterns hindurch. Wie eine Sonde durchleuchtet er also erst deren hohe und dann immer tiefere Schichten, und man kann aus der

Veränderung des Spektrums die Chromosphäre des Riesensterns Schritt für Schritt physikalisch erkunden. Dasselbe erfolgt – in umgekehrter Reihenfolge –, wenn der kleine Stern
wieder hinter dem Riesen hervorkommt. Dies sind die einzigen Fälle, in denen eine solche direkte Untersuchung möglich ist (Abb.12). Für den bekanntesten Fall Zeta Aurigae
(ein K5-Riese und ein B9-Stern im Abstand von 5 Astronomischen Einheiten voneinander) seien die Daten angegeben:

Radien der beiden Sterne:	245 und 5 Sonnenradien
Massen der beiden Sterne:	16 und 9 Sonnenmassen
Umlaufperiode:	972 Tage, also knapp drei Jahre
Totale Phase (B9 hinter K5):	37 Tage
Partielle Phase:	32 Stunden.

Diese 32 Stunden stellen den interessanten Teil dar, in dem
der B9-Stern durch die Chromosphäre des K-Riesen hin-
durchscheint. Nach diesem Prototyp wird die ganze Gruppe
Zeta-Aurigae-Sterne genannt.

9.6 Die Physik enger Paare

Bei weiten Paaren, also Doppelsternen mit großem Abstand
der beiden Komponenten voneinander, verhält und entwik-
kelt sich jede Komponente ungestört wie ein einzelner Stern
(→Kap.7). Anders bei engen Paaren, die sich gegenseitig
beeinflussen.
Da ist zunächst die gegenseitige Beeinflussung durch die
Schwerkraft. In großem Abstand wirken beide Körper wie
punktförmige Massen aufeinander und bestimmen damit
ihre gegenseitige Bahn nach den Keplerschen Gesetzen.
Wird der Abstand kleiner, so wird es immer merklicher, daß
die Schwerkraft, die jede Komponente auf die andere aus-

übt, auf deren Vorderseite (diejenige Seite, die der jeweils anderen Komponente zugewandt ist) stärker ist als auf der abgewandten Rückseite. Es treten starke Gezeitenkräfte auf, wie wir es in kleinem Maße vom Einfluß des Mondes auf die Erde kennen (→2.3.1). Wird der Effekt größer, werden die Körper immer stärker verformt. Durch die Gezeitenreibung werden auch die Rotationen der Sterne allmählich so lange abgebremst (oder auch beschleunigt), bis sie sich der Umlaufzeit angeglichen haben, also sozusagen »eingefroren« sind. Die Komponenten erhalten eine *gebundene* Rotation, bei der sie dem anderen Körper stets die gleiche Seite zeigen, ein Effekt, der beim Erdmond bereits eingetreten ist. In der Tat besitzen die meisten engen Doppelsterne solch eine gebundene Rotation.

Die Schwerkraft eines jeden Körpers ändert sich mit dem Abstand von seinem Mittelpunkt. Man kann also jeweils Flächen um den Mittelpunkt mit konstanter Schwerkraft angeben, sogenannte *Äquipotentialflächen.* Jede Wasseroberfläche, z.B. die Meeresoberfläche, stellt solch eine Äquipotentialfläche dar, denn jede Abweichung davon (Berge oder Täler im Meer) wird durch Seitwärtsbewegungen sofort ausgeglichen. Bei einem völlig ungestörten, homogen aufgebauten und nicht rotierenden Körper sind die Äquipotentialflächen ideale Kugeln. Bei Doppelsternsystemen werden diese Äquipotentialflächen nach außen hin immer birnenförmiger verzerrt und berühren sich schließlich in einem Punkt zwischen den beiden Sternen, dem *Librationspunkt,* weil sich hier die Anziehungskräfte der beiden Körper gerade die Waage halten (lat. *libra* ›Waage‹). An dieser Stelle gelangt ein kleiner »Probekörper« aus dem Anziehungsbereich der einen Komponente in den Anziehungsbereich der anderen. Am Librationspunkt selbst befindet sich der Probekörper im Gleichgewicht, aber es ist ein labiles Gleichgewicht, eine ganz geringe Abweichung bringt ihn in den Schwerkraftbereich einer der Komponenten, und er würde auf diese hinunterfallen. Jedes Raumschiff zum Mond ge-

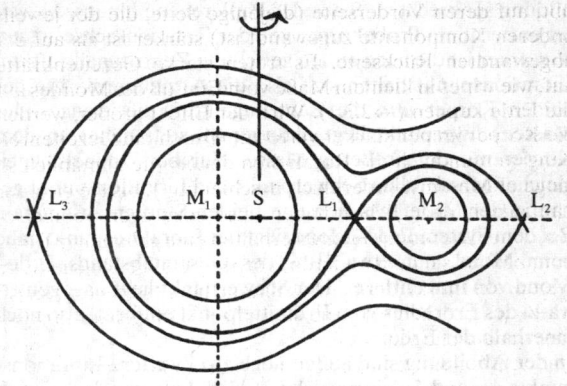

Abb. 13 Äquipotentialflächen und Rochesches Volumen
eines engen Doppelsterns.
S = Schwerpunkt; L₁, L₂, L₃ = Librationspunkte.
Weitere Erläuterungen im Text.

langt irgendwann aus dem Anziehungsbereich der Erde in
den Anziehungsbereich des Mondes. In Abb. 13 sind die Zusammenhänge dargestellt. M_1 und M_2 sind die beiden Komponenten des Systems. Die Kurve durch den Librationspunkt L_1 (mathematisch hat sie die Form einer Lemniskate)
stellt den Querschnitt durch die *kritische* Äquipotentialfläche dar. Nach dem französischen Astronomen und Mathematiker Édouard Albert Roche (1820–83) wird sie auch die
Rochesche Fläche genannt. Der Librationspunkt liegt naturgemäß stets näher an dem Körper mit der geringeren Masse.
Genau genommen werden der Ort des Librationspunktes
und die Äquipotentialflächen nicht nur durch die beiden
Massen bestimmt, sondern auch noch durch die Zentrifugalkraft, denn jedes Doppelsternsystem rotiert um den gemeinsamen Schwerpunkt S. Die Rotationsachse geht in der Ab-

bildung senkrecht zu S aus der Papierebene hinaus. Je weiter entfernt ein Probekörper von der Rotationsachse ist, um so stärker ist die nach außen gerichtete Zentrifugalkraft. Im Librationspunkt halten sich also die Anziehungskräfte der beiden Körper *und* die Zentrifugalkraft die Waage. Der Massenschwerpunkt liegt naturgemäß stets näher an dem Körper mit der größeren Masse. Nur bei Doppelsternen gleicher Masse fallen Schwerpunkt und Librationspunkt genau in der Mitte zwischen den beiden Sternen zusammen. Bei dem System Erde–Mond liegt der Librationspunkt nahe beim Mond, nur etwa 10 % des Gesamtabstands Erde–Mond von ihm entfernt. Der Schwerpunkt liegt dagegen etwa ¾ des Erdradius vom Erdmittelpunkt entfernt, also noch innerhalb der Erde.

In der Abbildung sind außen noch zwei weitere Librationspunkte L_2 und L_3 eingezeichnet. Hier halten sich die nach außen gerichtete Zentrifugalkraft und die Summe der nach innen gerichteten Anziehungskräfte *beider* Komponenten die Waage. Materie innerhalb dieser Librationspunkte bleibt infolge der Anziehungskraft der beiden Körper dem System erhalten, mitrotierende Materie außerhalb der Librationspunkte wird durch die Zentrifugalkraft fortgeschleudert und geht dem System verloren. Es gibt noch zwei weitere Librationspunkte ober- und unterhalb der Verbindungslinie, sie bilden in der Bahnebene mit den beiden Massenzentren ein gleichseitiges Dreieck. Sie spielen eine Rolle bei bestimmten kleinen Planeten, den *Trojanern* (→3.1), sind hier aber unwichtig.

Wir sehen aus der Abbildung, daß jeder der beiden Komponenten nur ein bestimmtes Volumen zur Verfügung steht (das von der Rocheschen Fläche eingeschlossene Volumen), innerhalb dessen man Materie eindeutig einem der beiden Sterne zuschreiben kann. Im Kapitel Sternentwicklung wurde gezeigt, daß die Sterne sich im Laufe ihrer Entwicklung enorm aufblähen und zu Riesensternen anwachsen können (→7.2). Da kann es bei engen Doppelsternen vorkommen, daß eine Komponente irgendwann ihr Grenzvolumen ausfüllt. Wenn sie weiter expandiert, verliert sie Materie, und zwar vor allem am Librationspunkt. Die Materie wird über den Punkt hinausgedrängt, die expandierende Komponente gibt Materie an die andere Komponente ab. Diese Materie stürzt nicht direkt auf den anderen Stern hinunter, da wegen der Rotation des Systems auch seitwärtige Kräfte auftreten. Die Materie fliegt vielmehr zunächst an der anderen Komponente vorbei und wird schließlich in einer ringförmigen, rotierenden Scheibe aufgesammelt, der *Akkretionsscheibe* (engl. *accretion* ›Wachstum‹). Nach und nach wird die Materie in solch einer Scheibe abgebremst und »regnet« allmählich auf den anderen Stern hinunter. Bei gleichaltrigen Sternen (und da enge Doppelsterne gleichzeitig entstanden sind, sind sie auch gleich alt) beginnt der massereichere eher, sich zum Riesenstern aufzublähen, und gibt Materie an die masseärmere Komponente ab. Bei einem Massenaustausch ändert sich auch der Abstand der beiden Sterne, da der Gesamtdrehimpuls erhalten bleiben muß. Bei gegebener Gesamtmasse haben zwei Komponenten den kleinsten Abstand voneinander, wenn die Masse zwischen den beiden genau aufgeteilt ist.

Dabei können seltsame Dinge passieren. Wir greifen ein Beispiel heraus und starten mit zwei Sternen, einem mit 9 und einem mit 5 Sonnenmassen und mit einem gegenseitigen Abstand von 13 Sonnenradien. Wenn der erste Stern beginnt, sich zu einem Riesenstern zu entwickeln, hat er bald sein kritisches Volumen erreicht und gibt nun Masse an den anderen Stern ab. Da sich dabei der Abstand verringert (die Massen gleichen sich ja nun an), nimmt der Massenaustausch zunächst rapide zu, und in der relativ kurzen Zeit von etwa 60000 Jahren sind rund 6 Sonnenmassen übergewechselt. Der ursprünglich massereichere Stern hat jetzt nur noch 3 Sonnenmassen, der ursprünglich massearme Stern dagegen ist auf 11 Sonnenmassen, also mehr als das Doppelte angewachsen. Er hat den ersten Stern an Masse weit über-

holt und ist im Hertzsprung-Russell-Diagramm (→5.6.1) auf
der Hauptreihe kräftig nach oben gerutscht. Wir haben also
einen unentwickelten massereichen und einen entwickelten
massearmen Stern gleichen Alters vor uns. Ohne Massenaustausch wäre solch ein Nebeneinander ganz unverständlich.

Auf ähnliche Weise ist ein System wie Sirius zu erklären:
ein massereicher normaler Stern mit einem masseärmeren
Weißen Zwerg als Begleiter, also einem Stern am Ende seiner Entwicklung (→7.3). Dieser Weiße Zwerg war ursprünglich einmal der massereichere, entwickelte sich und gab im
Riesenstadium Masse an den Begleiter ab. Dieser wuchs,
wurde zu einem massereichen normalen A-Stern, und die
Restmasse des ersten Sterns wurde zum Weißen Zwerg. Natürlich wird sich auch Sirius weiter entwickeln, und wenn er
sich zum Riesenstern aufbläht, wird er irgendwann sein kritisches Volumen ausfüllen und nun seinerseits Masse an den
Begleiter zurückgeben. Wenn diese Masse auf den heißen
Weißen Zwerg stürzt, kann es dort zu Kernprozessen an der
Oberfläche kommen, und wir erleben einen Nova-Ausbruch
(→8.3.1).

Manche Doppelsterne befinden sich in einer Phase, in der
beide Komponenten ihr kritisches Volumen ausfüllen. Diese
Sterne berühren sich also im Librationspunkt. Generell unterscheiden wir nach der Art der Konfiguration:

D (= detached):   getrennte Systeme
SD (= semi-detached):   halbgetrennte Systeme (eine Kom-
                        ponente füllt ihr kritisches Volu-
                        men aus)
C (= contact binaries): Kontaktsysteme.

Solche Kontaktsysteme haben kurze Umlaufzeiten von weniger als einem Tag, meist zwischen 7 und 12 Stunden. Unter
den photometrischen Doppelsternen sind Kontaktsysteme
sehr häufig. Ein Prototyp dieser Gruppe ist der Stern
W UMa im Großen Bären.

9.7 Röntgendoppelsterne

Eine spezielle Gruppe bilden die Röntgendoppelsterne, also Systeme mit starker Röntgenstrahlung. Es handelt sich um enge, wechselwirkende Systeme, bestehend aus einem »normalen Stern« und einem *kompakten* Begleiter. Dieser kann entweder ein Weißer Zwerg, ein Neutronenstern oder ein Schwarzes Loch sein (→7.3). Der generelle Vorgang ist folgender: Es gibt einen Massenfluß vom normalen Stern über den Librationspunkt zum kompakten Begleiter. Wegen des hohen Drehimpulses bildet sich eine *Akkretionsscheibe* um das kompakte Objekt, wie oben beschrieben. Hier wird die angesammelte Masse abgebremst und fällt auf den Stern hinunter. Dabei wird so viel Energie frei, daß Röntgenstrahlung emittiert wird. Die Scheibe ist also der eigentliche Sitz der Röntgenstrahlung. Der normale Stern dient als Massenreservoir, um den Akkretionsfluß aufrecht zu erhalten. Bei der Röntgenquelle Cyg X-1 (die erste Röntgenquelle im Sternbild Schwan) ergibt sich aus den Bahnbewegungen, daß der kompakte Begleiter eine Masse zwischen 9 und 15 Sonnenmassen haben muß, also mit sehr hoher Wahrscheinlichkeit ein Schwarzes Loch ist. Noch ist die Zahl der Röntgendoppelsterne relativ klein, aber unter der immens großen Zahl der durch den Satelliten ROSAT in den letzten Jahren neu entdeckten Röntgenquellen dürften viele solche Röntgendoppelsterne sein.

Die bei solchen Systemen ausgestrahlte Energie ist unvorstellbar. Eine Abschätzung ergibt z.B., daß beim Röntgendoppelstern Her X-1 pro mm^2 Oberfläche in jeder Sekunde mehr Energie abgestrahlt wird als dem jährlichen Energiebedarf der gesamten Menschheit entspricht.

9.8   Entstehung der Doppelsterne

Zum Schluß ein paar Bemerkungen zur Entstehung von
Doppelsternen. Im Laufe der Zeit wurden drei Möglichkeiten vorgeschlagen:

(1) *Einfang:* Zwei Sterne können sich nach den Gesetzen
der Mechanik nicht gegenseitig einfangen. Sie vollführen bei
einer engen Begegnung einen *Swing-by* ($\rightarrow$2.5.5) und laufen
wieder auseinander. Ein Doppelsystem kann sich nur bei einem zufälligen Dreierstoß bilden, wenn die dritte Komponente die überschüssige Energie mit sich fortnimmt. Die
Zahl der Doppelsterne ist aber viel zu groß, als daß sie durch
diesen äußerst seltenen Vorgang entstanden sein könnten.

(2) *Spaltung:* Hier liegt die Vorstellung zugrunde, daß ein
massiver Stern auseinanderbricht, wenn bei einer Kontraktion die Rotation immer schneller wird. Rechnungen zeigen
aber, daß schnell rotierende Sterne nicht zerfallen, sondern
Materie am Äquator abgeben und einen Ring bilden, sie
werden zu Hüllensternen ($\rightarrow$5.7). Und wenn es unter besonderen Umständen wirklich zu einer Spaltung kommt, so können auf diese Weise nur sehr enge Systeme, aber keine weiten Paare entstehen.

(3) *Getrennte Kerne:* Am plausibelsten ist es, daß bei der
Entstehung der Sterne aus der interstellaren Wolke ($\rightarrow$7.1)
die Materie nicht zu einem einzelnen Zentralstern zusammenfällt, sondern sich auf zwei oder mehr Verdichtungen,
also Massenzentren, die sich schon in diesem Vorstadium
umeinander bewegen, konzentriert. Dies würde vor allem
weite Paare erklären.

Es sind also wohl mehr oder weniger zufällige Umstände bei der Sternentstehung (Turbulenz, Magnetfeld u. a.) dafür verantwortlich, ob ein Einzelstern, ein Doppel- oder Mehrfachsystem oder ein Planetensystem entsteht. Da Sternentstehung generell vorwiegend in ganzen Haufen vor sich geht, ist hierbei die Entstehung von Doppelsternen etwas ganz Natürliches und erklärt sofort ihre große Anzahl.

10 Sternhaufen

Die nächste Stufe in der Sternhierarchie nach den Doppel-
und Mehrfachsystemen bilden die Sternhaufen: eine Ansammlung von vielen Sternen auf einem relativ engen Raum.
Man unterscheidet nach dem äußeren Erscheinungsbild und
– wie man erst später lernte – gleichzeitig nach dem Alter die
sehr alten, kompakten *kugelförmigen Sternhaufen* oder kurz
Kugelhaufen, die aufgelockerteren *offenen Sternhaufen* und
die sehr lockeren und jungen *Assoziationen*.
Die bekannten Sternhaufen werden meist mit der Nummer
in zwei viel benutzten Katalogen bezeichnet. Dabei bezeichnet M den Katalog von Ch. Messier von 1784 und NGC den
»New General Catalogue of nebulae and clusters« von J.
Dreyer (1888). Von beiden Katalogen gibt es moderne Nach-
drucke. Der mit einem Feldstecher gut zu beobachtende Kugelhaufen im Sternbild Herkules hat danach die offiziellen
Bezeichnungen M13 oder NGC 6205. Beide Kataloge enthalten aber nicht nur Sternhaufen, sondern auch andere
nicht sternförmige Objekte, vor allem galaktische Nebel
(→11.2) und extragalaktische Systeme (→Kap. 14).

10.1 **Kugelhaufen**

In einem *kugelförmigen Sternhaufen* stehen Tausende und
Abertausende von Sternen sehr nahe beieinander, so daß wir
im Zentrum die Sterne gar nicht mehr einzeln unterscheiden
können. Abweichungen von der kugelförmigen Gestalt sind,
wenn überhaupt vorhanden, nur sehr gering. Im Zentrum
eines solchen Haufens stehen die Sterne etwa 500mal so
dicht wie in der Sonnenumgebung. Wäre unsere Erde ein
Planet eines Haufenmitglieds, so wäre es wegen der vielen

nahen Sterne nachts etwa so hell, als wenn hier bei uns 1000 Vollmonde am Himmel ständen. Aber natürlich wäre das noch immer nicht »taghell«, denn die Sonne scheint rund 100mal heller als 1000 Vollmonde.

Im Kugelhaufen M3 im Sternbild Jagdhunde hat man über 44000 Sterne wirklich gezählt. Aber da die Zahl der Sterne mit abnehmender Helligkeit stark zunimmt und wir die schwachen Sterne dort nicht mehr sehen, ist die tatsächliche Zahl der Haufenmitglieder sehr viel höher, sie liegt bei den einzelnen Haufen etwa zwischen 10000 und 10 Millionen. Der Beitrag der einzelnen Sterne zum gesamten Licht eines Haufens und zur Gesamtmasse ist sehr unterschiedlich. Rund 90% des Lichts stammen von relativ wenigen, sehr hellen Riesensternen, dagegen stammen 90% der Masse von den sehr vielen Sternen, die schwächer sind als unsere Sonne.

Die Verteilung der Kugelhaufen in unserem Milchstraßensystem, unserer Galaxis, ist ganz charakteristisch. Sie liegen konzentrisch verteilt um das galaktische Zentrum, also nicht, wie die große Menge der Sterne und wie die Staub- und Gaswolken zwischen den Sternen, in der Scheibe unseres Systems, sondern weit außen im *Halo* der Milchstraße (→13.1).

Die Kugelhaufen sind zum galaktischen Zentrum konzentriert, und da dieses von der Erde aus gesehen am Südhimmel liegt, finden wir dort auch die meisten und die hellsten Kugelhaufen. Wir kennen heute 131 Kugelhaufen, die Gesamtzahl in unserem Milchstraßensystem wird zwischen 200 und 2000 geschätzt, je nachdem, welche Konzentration zum galaktischen Zentrum man annimmt.

Schon diese Verteilung zeigt, daß es sich um alte Objekte handeln muß, denn dort außerhalb der Scheibe gibt es heute keine interstellaren Gaswolken und darum auch keine Sternentstehung mehr. Die Haufen müssen in einem Frühstadium des Systems entstanden sein, als es noch nicht zu einer Scheibe abgeplattet war. Dies wird bestätigt durch die Verteilung der Haufenmitglieder im Farben-Helligkeits-Diagramm (FHD, →5.6.2). Abb.14 zeigt das FHD des

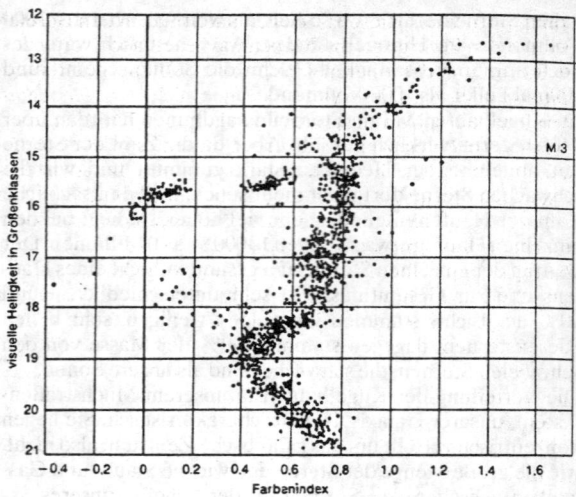

Abb. 14 Farben-Helligkeits-Diagramm des Kugelhaufens M 3.

Kugelhaufens M 3. Als erstes fällt auf, daß nur die untere Hauptreihe etwa bis zu den Sternen mit doppelter Sonnenmasse besetzt ist. Alle massereicheren Sterne auf der oberen Hauptreihe haben dieses Stadium schon durchlaufen und haben sich von der Hauptreihe fortentwickelt (→7.2). Sterne von Sonnenmasse und geringer liegen dagegen noch auf der Hauptreihe. Unser Milchstraßensystem ist noch nicht alt genug, als daß sich diese Sterne von ihr hätten fortentwikkeln können. Sodann zeigt das FHD einen langgezogenen Riesenast von der Hauptreihe links unten bis zu den Roten Riesen rechts oben. Hier befinden sich jetzt die entwickelten Sterne, die ursprünglich auf der oberen Hauptreihe lagen. Charakteristisch ist sodann der horizontale Ast, der etwa von der Mitte des Riesenastes weit nach links in den Bereich der Weißen Zwerge reicht. Manchmal liegen noch vereinzelte Sterne auf der oberen Hauptreihe, »Blaue Ausreißer« (*blue strugglers*). Diese Sterne können nicht von Anbeginn dort gewesen sein, weil sie sich dann längst zu Riesensternen oder gar schon zu Weißen Zwergen hätten entwickeln müssen. Es handelt sich um Komponenten von Doppelstern-systemen, die ursprünglich eine sehr viel geringere Masse hatten, dann aber von ihrem Begleiter, als dieser sich ausdehnte, Masse empfingen und dadurch erst sehr viel später die Hauptreihe »heraufgerutscht« sind (weiteres →9.6).

Kugelhaufen enthalten viele veränderliche Sterne. Vor allem finden wir hier RR-Lyrae-Sterne (→8.2.2), und RR-Lyrae-Sterne kommen fast nur in Kugelhaufen vor, so daß sie manchmal auch als *Haufen-Veränderliche* bezeichnet werden. Sie liegen alle an einer ganz bestimmten Stelle auf dem horizontalen Ast, und an dieser Stelle gibt es nur RR-Lyrae- und keine anderen Sterne. Wir haben hier also eine typische Instabilitätszone im HRD; es ist das untere Ende des breiten Delta-Cephei-Streifens (→8.2.1).

Die Mitglieder von Kugelhaufen werden durch die Schwerkraft, also durch ihre gegenseitige Anziehungskraft, zusammengehalten. Bei den Bewegungen der Sterne innerhalb eines Haufens kommt es immer wieder zu engen Begegnungen und gegenseitigen Störungen, so daß ständig einzelne Sterne eine zu hohe Geschwindigkeit erhalten und den Haufen verlassen. Man sagt, der Haufen »verdampft« allmählich, in Analogie zu den Molekülen in einer Flüssigkeit, die wegen zu hoher Geschwindigkeit entweichen. Aber dies geht langsam vor sich. Die Lebensdauer eines Kugelhaufens – der Fachmann spricht von der *Relaxationszeit* (nach engl. *relax* ›lockern, zerstreuen‹) – ist länger als das Alter des Milchstraßensystems. Darum sind alle Kugelhaufen noch vorhanden.

10.2 Offene Sternhaufen

Bei den *offenen Sternhaufen* handelt es sich um relativ lokkere Sternansammlungen von unregelmäßiger Gestalt. Die Zahl der sichtbaren Mitglieder reicht von einigen 100 bis zu so sternarmen Haufen, daß sie kaum von einer zufälligen Fluktuation im allgemeinen Sternfeld zu unterscheiden sind. Offene Sternhaufen sind nur in unserer Nähe zu beobachten; in großer Entfernung »ertrinken« sie im Hintergrund, denn die Haufenmitglieder werden mit wachsender Entfernung immer schwächer, gleichzeitig nimmt die Zahl der Vordergrund- und Hintergrundsterne mit abnehmender Helligkeit zu.

Die Spezialkataloge enthalten etwas über 1000 offene Sternhaufen, ihre Gesamtzahl in unserem Milchstraßensystem wird auf 15000 geschätzt. Sie sind also sehr viel häufiger als die kugelförmigen Sternhaufen, und vor allem unterscheiden sie sich von diesen in ihrer Verteilung. Die offenen Haufen sind stark zur galaktischen Ebene konzentriert. In der galaktischen Ebene finden wir rund 400 offene Haufen pro kpc^3 (also ein Würfel von 1000 pc oder 3600 Lichtjahren Kantenlänge, →12.2), in 500 pc Abstand von der Ebene aber nur noch 1% davon, also 4 Haufen pro kpc^3.

Wegen der viel kleineren Mitgliederzahl sind die inneren Gravitationskräfte viel geringer als bei den Kugelhaufen, die Haufen lösen sich darum infolge innerer und äußerer Störungen schneller auf. Ihre Lebensdauer liegt in der Größenordnung von 100 Millionen Jahren. Offene Haufen sind also junge Haufen. Das erklärt auch sofort ihre Verteilung. Sie sind entstanden, als unser Milchstraßensystem bereits zu einer Scheibe geworden war. Vor allem die interstellaren Gaswolken (→Kap.11) konzentrieren sich in der galaktischen Scheibe, und neue Sternhaufen können daher nur hier entstehen. Und da sie jung sind, befinden sie sich noch etwa dort, wo sie entstanden sind, also ebenfalls in der Scheibe. In vielen offenen Sternhaufen sehen wir auch noch Reste der interstellaren Staub- und Gasmaterie, aus der die Sterne des Haufens einst entstanden sind, ganz deutlich zum Beispiel in den *Plejaden*, dem *Siebengestirn*, das im Winter bei uns abends hoch am Himmel im Sternbild Stier zu sehen ist.

Das unterschiedliche Alter der einzelnen Haufen spiegelt sich sehr schön wider im Farben-Helligkeits-Diagramm

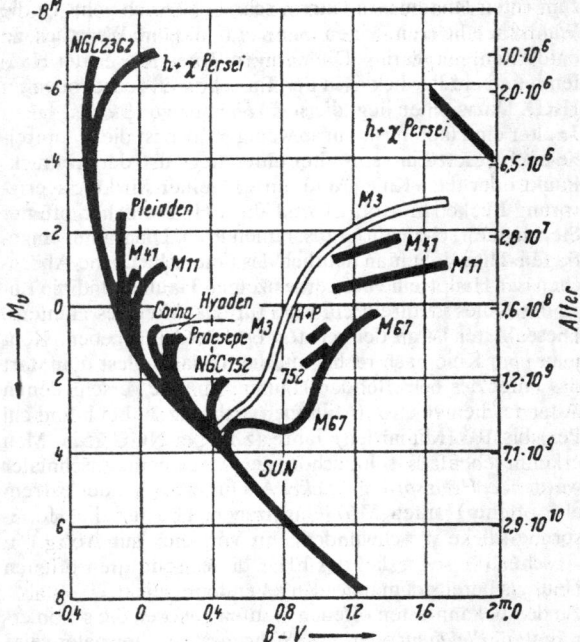

Abb. 15 Schematische Farben-Helligkeits-Diagramme offener Sternhaufen (nach A. R. Sandage: Astrophysical Journal, 125, 1957, S. 422).

(FHD, →5.6.2). Bei den sehr jungen Sternhaufen (z.B. den
Plejaden oder dem gut mit dem Feldstecher zu sehenden
Doppelsternhaufen h und chi Persei), ist die Hauptreihe
noch sehr hoch hinauf besetzt (Abb.15). Nur die massereichsten Sterne am obersten Ende haben sich bereits entwickelt
und sind ins Riesengebiet gewandert (→7.2). Da bei diesen
massereichen Sternen die Entwicklung von der Hauptreihe
zum roten Riesenstern extrem schnell vor sich geht, ist die
Wahrscheinlichkeit, einen Stern auf diesem Wegstück zu
entdecken, sehr gering. Die wenigen Roten Riesen der Haufen h und chi Per liegen in der Tat sehr weit rechts oben im
HRD. Dazwischen liegt die sog. *Hertzsprung-Lücke.*
Je älter ein Haufen ist, um so weniger hoch ist die Hauptreihe noch besetzt, um so weiter unten liegt also der Abknick-
Punkt oder das »Knie«, und um so kleiner wird die Hertzsprung-Lücke. In Abb.15 sind die FHDs etlicher offener
Sternhaufen schematisch zusammen in *ein* Diagramm eingetragen. Hier sieht man deutlich das unterschiedliche Abbre-
chen der Hauptreihe bei den einzelnen Haufen, und die Lage des Knies ist direkt ein Maß für das Alter des Haufens.
Dieses Alter ist an der rechten Ordinate angegeben. Geht
man vom Knie nach rechts auf die Skala, so liest man dort
das Alter des betreffenden Haufens ab. Die verschiedenen
Alter reichen von 10^6 (Millionen) Jahre (z.B. bei h und chi
Per) bis 10^9 (Milliarden) Jahre (z.B. bei NGC 752). Man
erkennt ebenfalls sehr schön die unten immer schmaler
werdende *Hertzsprung-Lücke.* Als unterster ist der extrem
alte offene Haufen M67 eingetragen. Hier ist die Hertzsprung-Lücke verschwunden. Ein Vergleich mit Abb.14 in
Abschn.10.1 zeigt, daß das FHD dieses sehr alten offenen
Haufens bereits dem eines Kugelhaufens gleicht.
Zu den bekanntesten offenen Haufen gehören die schon erwähnten *Plejaden* oder das *Siebengestirn.* Normalerweise
sieht man mit dem bloßen Auge nur sechs Sterne; die
Siebenzahl hat mythologische Hintergründe. Schon den
alten Griechen war der Haufen *Praesepe* bekannt, aber erst

Galilei konnte ihn in Einzelsterne auflösen. Den Doppelsternhaufen h und chi Per erwähnten wir bereits. Jeder von
ihnen hat etwa 300 bis 350 Mitglieder. Schließlich spielen
die *Hyaden* eine wichtige Rolle, weil sie einen Meilen-
stein in der Entfernungsbestimmung der Sterne darstellen
(→12.2).
Eine Untergruppe der offenen Sternhaufen bilden die *Bewegungshaufen*. Bei einigen sehr lockeren und gleichzeitig nahen Haufen stehen die Mitglieder am Himmel so weit auseinander, daß sie nicht mehr direkt als Haufen zu erkennen
sind. Ihre Zusammengehörigkeit macht sich erst durch ihre
gemeinsame Bewegung im Raum erkennbar. Das bekannteste Beispiel ist der *UMa-Haufen*, mit 25 pc Entfernung zu-
gleich der uns nächstliegende Haufen. Wir kennen etwa 20
Mitglieder dieses Bewegungshaufens, fünf Sterne des Gro-
ßen Wagens ($\beta, \gamma, \delta, \varepsilon$ und ζ UMa) gehören dazu.

10.3 Assoziationen

Assoziationen stellen die lockerste Ansammlung von Sternen dar, und zwar nur von Sternen eines ganz bestimmten,
sonst relativ seltenen Typs. Dabei ist die räumliche Dichte
dieser speziellen Sterne oft sogar geringer als die allgemeine
Sterndichte in der Umgebung. Schon das bedeutet, daß es
sich um instabile Gruppen handelt. Die Mitglieder einer Assoziation werden also nicht durch ihre gegenseitige Schwerkraft zusammengehalten wie bei den offenen und den Kugelhaufen, die Gruppe läuft vielmehr auseinander. Es handelt
sich um sehr junge Objekte, die »erst kürzlich« an einem Ort
entstanden sind und sich darum von ihrem Entstehungsort
noch nicht weit entfernen konnten. Das Alter der Assoziationen beträgt etwa 1 bis 10 Millionen Jahre.
Je nach dem Sterntyp unterscheidet man drei Assozia-
tionstypen. Am bekanntesten sind die *OB-Assoziationen*,

eine Ansammlung von O- und B-Sternen, etwa bis zum Spektraltyp B 2 ($\rightarrow$5.5.4). Die Kataloge enthalten 70 OB-Assoziationen, ihre Gesamtzahl in unserer Galaxis wird auf rund 100 geschätzt. Wir kennen also gut 70% aller OB-Assoziationen in unserem System; die O- und frühen B-Sterne sind nämlich sehr hell und können darum bis in große Entfernung beobachtet werden. Da Sterne vorwiegend in Gruppen entstehen ($\rightarrow$7.1), und da O-Sterne sehr jung sind, müßten sie eigentlich alle noch in der Nähe ihres Entstehungsortes liegen. Und in der Tat gehören praktisch alle O-Sterne zu Assoziationen oder lassen sich aufgrund ihrer Bewegung solchen zuordnen. Aus all dem Gesagten ergibt sich, daß OB-Assoziationen nur in den Spiralarmen unseres Systems vorkommen, weil nur dort genügend interstellare Materie zur Bildung neuer Sterne vorhanden ist. Die Verteilung der OB-Assoziationen spiegelt tatsächlich die Spiralarme wider. Sie sind wichtige Indikatoren, um den Verlauf der Spiralarme festzulegen ($\rightarrow$13.4). Die Zahl der Mitglieder jeder Assoziation beträgt etwa 50 bis 70. Oft sind junge, offene Sternhaufen in die Assoziation eingebettet, zum Beispiel ist der Doppelsternhaufen h und chi Per räumlich verknüpft mit der Assoziation Per OB 1 (Erste OB-Assoziation im Sternbild Perseus).

Eine zweite Gruppe bilden die *T-Assoziationen*, eine Ansammlung von T-Tau-Sternen ($\rightarrow$8.4). Bei den T-Tau-Sternen handelt es sich um schwächere Sterne, die im Zuge der Sternentwicklung noch nicht die Hauptreihe erreicht haben, sie befinden sich noch in der Phase ihrer Kontraktion und zeigen unregelmäßige Helligkeitsausbrüche, weil im Innern gerade die ersten Kernprozesse anlaufen ($\rightarrow$7.1). Auch hier handelt es sich demnach um sehr junge Objekte. Wir kennen rund 30 sichere und noch ein Dutzend mögliche T-Assoziationen, ihre Gesamtzahl in unserer Galaxis wird auf etwa 1000 geschätzt. Hier kennen wir also nur einen Bruchteil, denn es handelt sich um Sterne geringer Leuchtkraft, die wir nur in der Sonnenumgebung noch sehen können. Die Mitgliederzahl reicht (etwa bei der Assoziation Ori T 2) bis 400.

Eine dritte, 1966 eingeführte Gruppe schließlich bilden die *R-Assoziationen*, Ansammlungen von Sternen in Reflexionsnebeln. Es sind helle Sterne (meist vom Typ B 0V bis A 0V, vereinzelt aber auch Überriesen späteren Typs), deren Licht von dem umgebenden Staub reflektiert wird. Wir kennen rund 20 R-Assoziationen.

11 Interstellare Materie

11.1 Übersicht

Der Raum zwischen den Sternen ist nicht völlig leer, er ist – wenn auch unvorstellbar dünn – mit Gas und Staubpartikeln angefüllt. Wie viel, oder besser: wie wenig das ist, mögen ein paar Zahlen veranschaulichen. In einer »dichten« Staubwolke kommen vielleicht bis zu 10 winzige Staubpartikel auf einen Würfel von 100 m Kantenlänge, also auf Millionen m³. Im interstellaren Raum in der Sonnenumgebung kommt etwa 1 Gasatom auf 1 cm³, und in einer »sehr dichten« Gaswolke werden Dichten von 10 000 000 Atomen pro cm³ erreicht. Das erscheint recht viel. Bedenken wir aber, daß bei uns in der Erdatmosphäre in einem cm³ einige 10 000 000 000 000 000 000 (= 10^{19} = 10 Trillionen) Atome vorhanden sind, so sieht man, daß im interstellaren Raum durchweg ein Vakuum herrscht, von dem unsere Techniker nur träumen können.

Ein paar Worte zur Verteilung der interstellaren Materie. In unserem Milchstraßensystem bilden Gas und Staub eine flache Scheibe (die *galaktische Ebene*) von im Mittel 200 pc (etwa 600 Lichtjahre) Dicke. In der Scheibe finden wir eine Verdichtung der Materie in den Spiralarmen, ja, die Spiralarme sind geradezu durch das Vorhandensein der interstellaren Materie charakterisiert. Und innerhalb der Spiralarme kommt es zu vereinzelten Verdichtungen, zu ausgesprochenen Staub- und Gaswolken (weiteres →Kap. 13).

Die Erscheinungsformen der interstellaren Materie sind sehr mannigfaltig. Mehrere Gesichtspunkte spielen hier eine Rolle. Zunächst die Art der Materie: Gas oder Staub; sodann die Frage, ob die Materie selbst leuchtet oder nicht; ferner die Frage der Verteilung: allgemein verteilt oder zu mehr oder weniger dichten Wolken zusammengeballt; und schließlich auch die Frage, in welchem Spektralbereich wir beobachten: im Radiogebiet, im infraroten, im optischen und nahen UV- oder im Röntgenbereich.

Ein immer wieder auftretender Begriff soll hier gleich zu Beginn erläutert werden. Der Hauptbestandteil der interstellaren Materie ist, wie überall im Kosmos, der Wasserstoff, das erste Element in der langen Reihe der 92 Elemente, bestehend aus einem Atomkern und einem den Kern umkreisenden Elektron. In kühlen Wolken hat der Wasserstoff sein Elektron fest an sich gebunden, er ist neutral. Solche Gebiete nennt der Astronom *HI-Gebiete*. In heißen Wolken wird dagegen durch die hohe Temperaturstrahlung und durch Zusammenstöße dem Wasserstoffatom das Elektron entrissen, wir haben ein Gemisch von »nackten« Atomkernen (Protonen) und freien Elektronen. Der Wasserstoff ist *ionisiert*, und solche Gebiete nennt man *HII-Gebiete* (→11.4).

Im folgenden sollen die verschiedenen Erscheinungsformen der Reihe nach beschrieben und dabei soll auch einiges über die Physik der interstellaren Materie dargelegt werden.

11.2   Galaktische Nebel

Galaktischer Nebel ist ein Sammelbegriff für leuchtende Gas- und Staubnebel. Der Name ist historisch bedingt, er sollte diese Objekte von den *außergalaktischen Nebeln* (→Kap.14), bei denen es sich um andere Sternsysteme weit außerhalb unseres eigenen Systems handelt, unterscheiden. Beide erscheinen bei schwacher Vergrößerung als leuchtende, nebelhafte Flecken und sind darum nicht immer sofort zu unterscheiden.

Wir kennen in unserer Galaxis über 1000 galaktische Nebel. Ihre Strukturen sind sehr mannigfaltig (ähnlich wie bei den Wolken in der Erdatmosphäre), von völliger Regellosigkeit bis zu feingliedrigen Filamentstrukturen. Dasselbe gilt für ihre Ausdehnung: sie reicht von großen Komplexen, z.B. dem *Nordamerikanebel*, der am Himmel eine Ausdehnung von 3° erreicht (zum Vergleich: der Durchmesser des Vollmonds beträgt ½°) bis hin zu Gebilden, die eigentlich nur noch Hüllen einzelner Sterne sind.

Fast immer sind Sterne, die in den Nebel eingebettet sind oder in unmittelbarer Nähe stehen, die Ursache des Leuchtens. Nach der Ursache unterscheidet man: *Emissionsnebel*, bei denen das Gas selbst durch die UV-Strahlung der Sterne zum Leuchten angeregt wird, und *Reflexionsnebel*, bei denen das Licht der Sterne an Staubteilchen reflektiert wird. Da in den Wolken häufig Staub und Gas gleichzeitig vorhanden sind, erscheinen uns manche Nebel gleichzeitig als Emissions- und als Reflexionsnebel.

11.2.1 Emissionsnebel

Emissionsnebel sind selbstleuchtende und darum heiße Gaswolken, es sind nach dem oben Gesagten H II-Gebiete höherer Dichte. Drei Mechanismen spielen bei diesem Leuchten eine Rolle:

(1) *Rekombination:* Der Wasserstoff ist normalerweise ionisiert. Aber immer mal wieder fängt er ein freies Elektron ein. Dies landet zunächst meist auf einer höheren Bahn und springt dann nach und nach kaskadenartig auf die tieferen Bahnen herunter. Dabei werden charakteristische Emissionslinien ausgesandt, im sichtbaren Licht vor allem die Balmer-Serie, und damit fast immer die Wasserstofflinie H_α ($\rightarrow$5.5.3). In der Tat zeigen die Emissionsnebel durchweg ein kräftiges H_α-Leuchten.

(2) *Fluoreszenz:* Manche Elektronenübergänge, z.B. beim ionisierten Sauerstoff und Stickstoff, werden angeregt, weil die Wellenlängen dieser Übergänge zufällig den Linien anderer Atome (z.B. den Rekombinationslinien des H oder He) entsprechen.

(3) *Elektronenstöße:* Durch Zusammenstöße mit freien Elektronen werden immer wieder Elektronen aus der untersten Bahn auf höhere Bahnen angehoben. Meist springen sie dann von selbst spontan wieder zurück, denn die Lebensdauer eines Elektrons auf einer angehobenen Bahn beträgt meist nur einige Hundertmillionstel Sekunden. Manchmal erfolgt die Stoßanregung aber auch in ein sogenanntes *metastabiles Niveau,* in dem die Lebensdauer des Elektrons Sekunden, Tage oder auch Jahre beträgt. Das Elektron hat eine geringe *Übergangswahrscheinlichkeit.* Unter normalen Bedingungen kommt es dann nicht zu einer spontanen Rückkehr, weil schon längst vorher das Elektron infolge eines weiteren Elektronenstoßes zurückgekehrt ist. Bei den geringen Dichten in den interstellaren Wolken kann es aber bis zum nächsten Zusammenstoß so lange dauern, daß das Elektron doch spontan herunterspringt und dabei eine Spektrallinie auftritt, die sonst im Labor nicht zu beobachten ist. Man spricht von *verbotenen Linien* (quantenmechanisch bedeutet es, daß die ersten Glieder der entsprechenden Reihenentwicklungen verschwinden). Die hellsten dieser verbotenen Linien wurden ursprünglich einem unbekannten Element zugeschrieben, das man *Nebulium* nannte. Heute wissen wir, daß es sich bei den beiden hellsten um verbotene Linien des ionisierten Sauerstoffs handelt, aber weiterhin werden sie mit N_1 und N_2 bezeichnet.

Im Radiobereich beobachten wir ebenfalls Emissionslinien und eine kontinuierliche Strahlung. Bei den Emissionslinien handelt es sich wieder um Rekombinationslinien, aber jetzt um sehr viel höhere Bahnen, die energetisch immer dichter beieinander liegen. Das bedeutet, daß Übergänge zwischen diesen Bahnen nur sehr geringe Energie besitzen, also Linien im Radiobereich, meist im Wellenlängenbereich von einigen cm. Bezeichnet werden solche Linien mit dem Symbol des Elements, mit der »Bahnnummer« (Quantenzahl) des Endzustands und mit $\alpha, \beta\ldots$, je nachdem ob der Sprung

von der nächsten, der übernächsten usw. Bahn erfolgt
(→5.5.3). Drei Beispiele mögen das erläutern:

H158α: Wasserstoff, Übergang von Bahn Nr.159 zu Bahn
158

H186ε: Wasserstoff, Übergang von Bahn Nr.191 zu Bahn
186

C109α: Kohlenstoff, Übergang von Bahn Nr.110 zu Bahn
109

Um das Aufregende dieser Rekombinationslinien zu verstehen, muß man sich folgendes klarmachen. Beim Wasserstoff
hat die Bahn Nr.200 bereits einen Radius von rund 2 μm
(= 0,002 mm), für atomare Verhältnisse eine makroskopisch
große Entfernung. Nur unter den extremen Bedingungen im
interstellaren Raum, wo die einzelnen Atome weit voneinander entfernt sind, kann solch eine weit außen liegende
Bahn ungestört von einem Elektron besetzt sein. Unter irdischen Laborbedingungen sind die Abstände der Atome
selbst im Hochvakuum sehr viel kleiner als 2 μm. Da stören
sich die Atome gegenseitig so stark, daß derartig hohe Bahn-
übergänge niemals auftreten.
Bei der kontinuierlichen Radiostrahlung handelt es sich
einmal um eine normale *Temperaturstrahlung* nach dem
Planckschen Strahlungsgesetz. Die effektiven Temperaturen
in typischen Emissionsnebeln liegen bei etwa 10000 K. Darüber hinaus gibt es aber in etlichen Emissionsnebeln auch
eine nicht-thermische Strahlung, und zwar *Synchrotronstrahlung*. Sie tritt auf, wenn Elektronen sehr hoher Energie
in einem vorhandenen Magnetfeld um die magnetischen
Feldlinien kreisen. Diese Strahlung wurde erstmals im Labor bei einem Synchrotron genannten Teilchenbeschleuni-
ger beobachtet, daher der Name. Thermische und nicht-
thermische Radiostrahlung lassen sich unterscheiden, weil
sie einen unterschiedlichen Verlauf mit der Wellenlänge auf-
weisen.

11.2.2   Planetarische Nebel

Eine besondere Form der Emissionsnebel stellen die *planetarischen Nebel* dar. Ihr scheibenförmiges Aussehen erinnert im Fernrohr an den Anblick eines Planeten, daher ihr von F.W. Herschel geprägter Name; physikalisch haben sie mit Planeten gar nichts zu tun.

Es handelt sich um heiße, leuchtende, von einem Zentralstern stammende Materie, die vermutlich torusartig (also etwa wie ein Autoreifen) um diesen *Zentralstern* herum liegt. Genau von oben sehen wir sie dann ringförmig aus (z.B. der *Ringnebel in der Leier*), von der Kante oder schräg von oben erscheinen sie perspektivisch als sehr unterschiedliche bipolare Gebilde, die zu phantasievollen Namen führten (z.B. *Hantelnebel, Eulennebel, Saturnnebel*…). Die Ringmaterie wird durch die UV-Strahlung des sehr heißen Zentralsterns (30000 bis 100000 K) zum Leuchten angeregt, die Physik ist die gleiche wie bei den eben beschriebenen Emissionsnebeln. Die planetarischen Nebel expandieren mit Geschwindigkeiten um 20 km/s, es können also nur relativ kurzlebige Objekte mit Lebenszeiten von einigen zehntausend Jahren. Die Ausdehnung ist sehr unterschiedlich und reicht von der unseres Sonnensystems bis zu etwa 1 Lichtjahr; die typische Masse des Nebels beträgt 0,2 Sonnenmassen. Etwa 1500 planetarische Nebel sind in Katalogen erfaßt, ihre Gesamtzahl in unserem Milchstraßensystem wird auf 50000 geschätzt.

Nach ihrer Stellung im Hertzsprung-Russell-Diagramm (→5.6.1) handelt es sich um Übergangstypen zwischen den Roten Riesen und den Weißen Zwergen, also um den Übergang vom fortgeschrittenen »Mittelalter« in den Endzustand der Sternentwicklung (→7.2/7.3). Zunächst vermutete man, daß die Materie bei einem Nova-Ausbruch (→8.3.1) herausgeschleudert sei, aber Expansionsgeschwindigkeit und Masse passen nicht zu denen einer Nova. Heute nimmt man an, daß es sich um aktive Phasen mit verstärktem stellaren Wind bei den Roten Riesen handelt. Gebilde wie die Protuberanzen auf der Sonne (→4.2.3) – nur in größerem Ausmaß – können bei den Roten Riesen wegen der sehr viel geringeren Schwerkraft an der Oberfläche leicht abgestoßen werden. Aber noch bleiben etliche Fragen offen. In vielen Fällen sind die Zentralsterne Wolf-Rayet-Sterne (→8.5).

11.2.3 Reflexionsnebel

Wenn die Temperatur der anregenden Sterne niedriger ist als 30000 K, besitzen sie zu wenig UV-Strahlung, um das Gas in einem Nebel zum Selbstleuchten anzuregen. Der Nebel wird nur noch »beleuchtet« und reflektiert das Sternlicht. Die Stärke der Reflexion hängt ein wenig von der Wellenlänge ab. Das bedeutet: das reflektierte Sternlicht hat eine etwas andere Farbe als das ursprüngliche. Außerdem wird das reflektierte Licht etwas polarisiert. Aus der *Verfärbung* und der *Polarisation* ergibt sich, daß es sich bei den reflektierenden Teilchen um solche von etwa $^1/_{10000}$ mm Größe handelt, also um winzigste Staubpartikel.

Die Grenze zwischen Emissions- und Reflexionsnebel ist nicht scharf, oft tritt innerhalb eines Nebels beides auf: Der Staub reflektiert das Sternlicht, das Gas absorbiert das Sternlicht und emittiert eigenes Licht. Im *großen Orionnebel,* der im *Schwertgehänge* des Orions gerade noch mit bloßem Auge als verwaschenes Fleckchen zu sehen ist, überwiegt in den inneren Gebieten das Selbstleuchten des Gases, in den Außengebieten das vom Staub reflektierte Licht.

11.3 **Dunkelwolken – Molekülwolken**

In vielen Wolken ist kein heller Stern eingebettet oder in der Nähe, so daß es kein eigenes oder reflektiertes Licht gibt. Solche Wolken machen sich dadurch bemerkbar, daß der Staub in ihnen das Licht der hinter ihnen stehenden Sterne abschwächt oder vollständig verschluckt. Sie erscheinen also am Himmel tatsächlich wie eine dunkle Wolke. Am bekanntesten ist der *Kohlensack* in der südlichen Milchstraße. Auch die Gabelung der Milchstraße am nördlichen Himmel im Sternbild Schwan ist durch solche davorliegenden Dunkelwolken bedingt. Etwa ein Drittel des Milchstraßenbandes am Himmel ist mit Dunkelwolken bedeckt.

Aus einem Vergleich der Sternzahlen in Richtung der Wolke und neben der Wolke kann man Aussagen über die Ausdehnung der Wolke und über die Stärke der Lichtabschwächung gewinnen.

Die Kataloge enthalten fast 2000 Dunkelwolken. Sie sind von unterschiedlicher Größe, etwa von 3 bis 100 pc Durchmesser. Die insgesamt in ihnen enthaltene Masse reicht von 10 bis 10000 Sonnenmassen. Den Dunkelwolken ist es auch zuzuschreiben, daß wir im optischen Bereich das Zentrum des Milchstraßensystems nicht sehen können (→13.6).

Eine spezielle Form der Dunkelwolken sind die *Globulen*, kleine kreisrunde Wolken, die meist vor hellen Nebeln beobachtet werden. Ihre Durchmesser reichen bis zu maximal 1 pc, ihre geschätzten Massen liegen zwischen 0,1 und 2000 Sonnenmassen. Bei den massereichen dürfte es sich um *Protosterne*, also Vorstufen von Sternen, handeln, bei den massearmen Globulen sind Masse und Dichte für einen Gravitationskollaps zu gering (→7.1).

Viele Dunkelwolken sind heute auch als *Molekülwolken* bekannt. Bis vor einigen Jahrzehnten kannte man im interstellaren Raum nur zweiatomige Moleküle wie Kohlenmonoxid CO, Kohlenwasserstoff CH, Cyan CN oder Hydroxyl OH. Höhere Moleküle waren auch nicht zu erwarten, denn ehe solch ein Molekül bei den geringen Dichten im interstellaren Raum die Chance hat, ein weiteres Atom anzubauen, ist es längst durch die UV-Strahlung der Sterne wieder dissoziiert, also zerstört. Aber seit 1963 entdecken die Radioastronomen immer neue und immer komplexere Moleküle in den Dunkelwolken. Wie ist das möglich? Drei Gründe führen zu dieser zunächst völlig überraschenden Entdeckung. Zum ersten sind im Innern der großen Dunkelwolken die Dichten sehr viel größer als im freien interstellaren Raum, somit auch die Zahl der Zusammenstöße und damit die Chance für ein Molekül, weitere Atome anzubauen. Zum zweiten schirmt der Staub das Innere gegen die zerstörende UV-Strahlung der Sterne ab. Und drittens: für die Radiostrahlung sind die Wolken durchsichtig, sie kann also die Staubschichten durchdringen und uns Kunde von dem Inneren der Dunkelwolken bringen. Heute kennen wir rund 70 verschiedene Moleküle; wenn man die Isotopen (gleiche Elemente mit unterschiedlichem Atomgewicht, z.B. Wasserstoff und Deuterium) getrennt zählt, sind es sogar über 100 verschiedene Moleküle, davon etwa $\frac{1}{3}$ anorganische und $\frac{2}{3}$ organische Stoffe. Beteiligt sind, soweit bisher beobachtet, insgesamt nur 6 Elemente, und zwar (mit ihren Isotopen):

$$^{1}H, \; ^{2}H(=D), \; ^{12,13}C, \; ^{14,15,16}N, \; ^{16,17,18}O, \; ^{28,29,30}Si, \; ^{34}S.$$

Ein paar interessante Moleküle seien hier herausgegriffen. 1963 wurde das schon bekannte OH-Molekül auch im Radiobereich entdeckt. 1968 folgte das erste Polyatom Ammoniak NH_3 bei 1,25 cm Wellenlänge, und seit 1970 ging es dann Schlag auf Schlag. Der Rekord liegt derzeit bei dem 13-atomigen Molekül Cyanpentazetylen $HC_{11}N$. 1986 wurde das erste Ringmolekül gefunden, das C_3H_2. Einige Moleküle wurden zuerst in den Dunkelwolken entdeckt und konnten dann erst später auch im Labor synthetisiert werden, z.B. die Isoblausäure HNC. Interessant ist auch die 1975 identifizierte Ameisensäure mit dem zugehörigen Methylalkohol und Formaldehyd. Dann kam die nächste Stufe, der Äthylalkohol CH_3CH_2OH und das Azetaldehyd, so daß mit ziemlicher Sicherheit auch die – bisher nicht gefundene – zugehörige Säure, die Essigsäure, vorhanden ist. Und über die Essigsäure geht es im nächsten Schritt zur Aminosäure, diesem wichtigen biologischen Grundbaustein. Zur Zeit gibt es eine Art Wettrennen unter den Radioastronomen, wer als erster das erste *Biomolekül* entdeckt.

Es handelt sich bei den großen Molekülwolken um kalte Wolken, die Temperatur im Innern beträgt 6 bis 10 K (also etwa –265 °C). Die Moleküle bilden sich hier nicht direkt durch gegenseitiges Einfangen, sondern durch Anlagerung an Staubteilchen. Bei der ausgesandten Radiostrahlung handelt es sich vorwiegend um *Rotationsübergänge*, also um eine Änderung des Rotationszustands des Moleküls.

Einige Moleküllinien zeigen eine extrem hohe Intensität, die nicht als thermische Strahlung gedeutet werden kann, z. B. Linien des OH, des H_2O, SiO und des CH_3OH. Der Verstärkungsmechanismus ist hier der gleiche, wie im Labor beim optischen LASER (= **L**ight **A**mplification by **S**timulated **E**mission of **R**adiation). Hier im Radiobereich spricht man von MASER (= **M**icrowave **A**mplification…).

11.4 Das allgemein verteilte Gas

Bisher haben wir nur die in Wolken zusammengeballte interstellare Materie betrachtet. Aber auch der Raum zwischen den Wolken ist – wenn auch mit einem Atom auf 10 bis $100\,cm^3$ unvergleichlich dünner – mit Gas gefüllt. Auch hier müssen wir, je nach den physikalischen Gegebenheiten, verschiedene Erscheinungsformen, nämlich HI- und HII-Gebiete ($\rightarrow$11.1) unterscheiden.

11.4.1   HI-Gebiete

Das kühle, allgemein verteilte Gas in den Spiralarmen, in denen der Wasserstoff neutral ist, kann im optischen Bereich nicht direkt beobachtet werden. Es absorbiert aber Strahlung aus dem Licht der Hintergrundsterne, wenn dieses durch das Gas hindurch zur Erde kommt. Man beobachtet dann im Spektrum der Sterne *interstellare Absorptionslinien,* die 1904 von Hartmann in Potsdam entdeckt und gleich richtig gedeutet wurden. Von den stellaren Absorptionslinien im gleichen Spektrum lassen sie sich zum einen unterscheiden durch ihre extreme Schärfe, bedingt durch die geringe Temperatur des interstellaren Mediums. Zum andern hat das interstellare Gas meist eine andere Radialgeschwindigkeit relativ zur Erde als die Sterne, so daß die Linien infolge des Dopplereffekts (→5.5.2) gegeneinander verschoben sind. Schließlich ist charakteristisch, daß bei ein und demselben Sterntyp die interstellaren Linien mit der Entfernung des Sterns zunehmen, da der Weg, den das Licht durch das Gas zurücklegen muß, immer länger wird. Die kräftigsten interstellaren Linien sind die Linien »H« und »K« des ionisierten Kalziums und die Natrium-D-Linien (→5.5). Bei genauem Hinsehen steigt die Zahl der identifizierten interstellaren Linien im sichtbaren und besonders im ultravioletten Bereich in die Hunderte.

Sehr viel aufregender wird es bei Beobachtungen im Radiobereich. Hier strahlt nämlich der neutrale Wasserstoff selbst, und zwar bei einer Wellenlänge von 21 cm. Diese *21-cm-Linie* spielt in vielen Bereichen der Astronomie eine große Rolle, darum ein paar Worte zu ihrer Physik. Im Grundzustand, also dem energetisch tiefstmöglichen Zustand des Wasserstoffatoms (→5.5.3), stehen die Rotationsachsen des Atomkerns und des umkreisenden Elektrons parallel zueinander. Die Rotationsachsen können aber auch antiparallel zueinander stehen, und das ist ein energetisch etwas höherer Zustand. Der Energieunterschied beträgt 6 Millionstel eV.

Beim Umklappen der Rotationsachse, also beim Übergang von dem angeregten in den untersten Zustand wird diese Energie frei und entspricht einer Strahlung von 21 cm Wellenlänge. Etwa drei Viertel aller Wasserstoffatome befinden sich in dem angeregten Zustand, bedingt durch gelegentliche Zusammenstöße zwischen den Atomen. Ein spontaner Übergang des Elektrons vom oberen zum unteren Zustand, der zur Emission der 21-cm-Linie führt, ist äußerst selten, die Linie ist quantenmechanisch im höchsten Grade »verboten«, die mittlere Lebensdauer des oberen Zustands beträgt 11 Millionen Jahre, d. h., im Mittel macht ein Elektron »von sich aus« alle 11 Millionen Jahre einen solchen Sprung. Aber wegen der großen Häufigkeit des Wasserstoffs und wegen fehlender Konkurrenzübergänge reicht das aus, eine kräftige Linie entstehen zu lassen. Die Existenz und Beobachtbarkeit dieser Linie wurde bereits 1945 von H. C. van der Hulst in den Niederlanden theoretisch vorausgesagt. Aber noch war die Beobachtungstechnik nicht weit genug entwickelt. Erst 7 Jahre später wurde die Linie dann fast gleichzeitig in den USA, in Holland und in Australien entdeckt, in Holland übrigens mit einem aus deutschen Wehrmachtsbeständen stammenden *Würzburg-Riesen*, einem Radarspiegel von 7 m Durchmesser.

Die Bedeutung dieser Linie liegt darin, daß jetzt der sonst nicht nachweisbare interstellare neutrale Wasserstoff direkt beobachtet werden kann. Außerdem kann man große Entfernungen überbrücken, weil die Radiostrahlung und damit auch die 21-cm-Linie ungehindert durch die Staubwolken hindurchgeht, die das sichtbare Licht völlig verschlucken. So wurde es z. B. möglich, die Spiralstruktur unseres Milchstraßensystems und ihr Rotationsverhalten in größeren Entfernungen zu erforschen und bis zum galaktischen Zentrum vorzustoßen. Weiteres hierzu →Abschn. 13.4 und 13.6.

11.4.2   H II-Gebiete

In der Umgebung heißer Sterne wird der Wasserstoff ionisiert. Die Reichweite der Ionisation richtet sich nach der Temperatur des anregenden Sterns und der Dichte des Wasserstoffs (je mehr Wasserstoffatome vorhanden sind, um so schneller ist die ionisierende Strahlung erschöpft). Nach dem dänischen Astronomen Strömgren, der sich hiermit intensiv beschäftigt hat, nennt man diesen Bereich die *Strömgren-Sphäre*. Bei der Sonne entspricht die Strömgren-Sphäre der Heliosphäre (→3.4.2) mit einer Ausdehnung von 40 bis 90 AE (= Astronomische Einheiten; 40 AE entsprechen der Plutobahn). Bei heißen Sternen ist der Strömgren-Radius sehr viel größer und kann bis zu 100 pc reichen.

Ein HII-Gebiet ganz anderer Art ist der Bereich außerhalb der Spiralarme, das *Interarm-Gebiet*. Ursache für die Ionisation des Wasserstoffs ist hier nicht die hohe Temperatur, sondern die extrem geringe Dichte. Die Wasserstoffatome werden irgendwann einmal durch die Strahlung der Sterne ionisiert, verlieren also ihr Elektron. Im Interarmgebiet ist die Dichte nun so gering, daß der Wasserstoffkern keine Chance hat, ein neues Elektron einzufangen. Er kann nicht wieder *rekombinieren*, sondern bleibt ionisiert. Erst recht stellt das *Halo* der Milchstraße (→13.1) ein HII-Gebiet dar, weil hier die Dichte noch geringer ist.

11.5   Der allgemein verteilte Staub

Der allgemein verteilte Staub zwischen den Sternen ist noch stärker auf die galaktische Ebene konzentriert als das Gas. Bereits in 40 pc Abstand ist die Dichte auf rund 30 % gesunken. Die mittlere Dichte in der galaktischen Ebene beträgt etwa 10^{-26} g/cm³, das ist unvorstellbar wenig, etwa ein Staubpartikel von 0,01 g in einem Würfel von 1000 km Seitenlänge.

Aber die Wege zwischen den Sternen sind so groß, daß auch der so dünn verteilte Staub das Licht der Sterne mit wachsender Entfernung in zunehmendem Maße abschwächt oder absorbiert. Diese Absorption erfolgt selektiv, abhängig von der Wellenlänge: blaues Licht wird stärker absorbiert als rotes Licht – die Sterne werden also verfärbt, und zwar gerötet. Aus dem *Verfärbungsgesetz* (die Absorption ist etwa umgekehrt proportional zur Wellenlänge) ergibt sich, daß es sich um Teilchen von der Größenordnung der Wellenlänge handeln muß, also um Teilchen von $^1/_{1000}$ bis $^1/_{10000}$ mm Durchmesser, winzige Partikel. Zu gleichen Ergebnissen war man auch bei den Reflexionsnebeln ($\rightarrow$11.2.3) gekommen.

Die interstellare Rötung verfälscht somit die tatsächliche Farbe der Sterne, ihre *Eigenfarbe* (intrinsic color). Das ist ein Problem bei der Bestimmung der Sternfarben, denn es ist a priori nicht zu entscheiden, wie sich die beobachtete Farbe aus der Eigenfarbe und der interstellaren Verfärbung zusammensetzt. Im Prinzip versucht man dies folgendermaßen zu lösen: Bei nahen Sternen und Sternhaufen, die so nahe sind, daß die interstellare Verfärbung durch den Staub noch keine Rolle spielt, bestimmt man den Zusammenhang zwischen Spektraltyp und Eigenfarbe der Sterne, bei Sternhaufen also den Zusammenhang zwischen Hertzsprung-Russell- und Farben-Helligkeits-Diagramm ($\rightarrow$5.6.1/5.6.2). Bei entfernteren Sternen benutzt man diese Eichung, um aus dem Spektraltyp die Eigenfarbe zu bestimmen. Die Differenz zwischen der Eigenfarbe und der beobachteten Farbe ergibt dann die *interstellare Verfärbung,* den sog. *Farbexzeß.* Und noch ein weiteres Problem tritt auf: Das Licht der Sterne wird durch den Staub nicht nur verfärbt, sondern auch insgesamt abgeschwächt. In der galaktischen Ebene wird das Sternlicht auf einer Strecke von 1 kpc im Mittel um 2 Größenklassen, d.h. um einen Faktor 6, geschwächt. Damit verfälscht sich aber das quadratische Abstandsgesetz der Sternhelligkeit, auf dem zum großen Teil die Entfernungsbestimmung der Sterne beruht. Die Verfälschung der Farben und

Entfernungen der Sterne wird mit wachsender Entfernung immer stärker und stellt immer noch eines der wichtigen Probleme der Stellarastronomie dar. Weiteres hierzu →Abschn. 12.3.

Die Natur des interstellaren Staubes ist noch nicht eindeutig geklärt. Vorgeschlagen wurden Eis (H_2O) bzw. »schmutziges Eis« (mit CH_4 und NH_3 verunreinigtes Eis) oder Graphit, also reiner Kohlenstoff, oder auch Silikate, Silikon-Carbid, Eisen, Magnetit und andere ähnliche Stoffe. Das Verhalten der Absorption und der Streuung in Reflexionsnebeln zeigen, daß ein einzelnes Material zur Erklärung nicht ausreicht. Es handelt sich also sicher um ein Gemisch verschiedener Stoffe, was eigentlich auch plausibel ist.

Die vom Staub absorbierte, also aufgenommene Strahlungsenergie heizt den Staub auf etwa 10 bis 50 K auf, bis er seinerseits nun eine infrarote Wärmestrahlung abgibt, etwa bei Wellenlängen von einigen Zehntel Millimetern.

11.6 Gesamtmenge der interstellaren Materie

Der Anteil der interstellaren Materie an der Gesamtmasse unseres Milchstraßensystems ist unsicher, und die Meinung darüber hat sich mehrfach geändert. Bis etwa 1920 wußte man von der Existenz der interstellaren Materie kaum etwas, ihr Anteil galt als verschwindend klein. Nach ihrer Entdeckung schätzte man ihren Anteil bald auf rund 50 %. Das war sicher viel zu hoch, man hatte die Beobachtungen in der Sonnenumgebung, also in einem Spiralarm, auf das ganze System extrapoliert. Aus Radiomessungen und in Analogie zu anderen Galaxien ergaben sich später Schätzungen von 1 bis 2 %. Dann realisierte man, daß ein merklicher Anteil des interstellaren Wasserstoffs in Molekülform auftritt (H_2), später wurden die UV-Banden des H_2-Moleküls auch entdeckt. Schließlich deutet der Rotationsverlauf des Milch-

straßensystems (→13.3.4) und der Galaxien (→14.3.3) auf größere, bisher nicht direkt aufgefundene Materie in den Außengebieten hin. Der Kurswert ist daher wieder am Steigen und liegt gegenwärtig bei etwa 5 bis 8%.
Staub und Gas treten im interstellaren Raum meist gemeinsam auf, aber der Staubanteil ist sehr gering. Etwa 1% der gesamten interstellaren Materie besteht aus Staub, 99% sind Gas. Ein typisches Beispiel ist der Orionkomplex, der etwa 20000 Sonnenmassen Gas und 200 Sonnenmassen Staub enthält.

11.7 Interstellares Magnetfeld

Unser Milchstraßensystem besitzt ein *Magnetfeld*, dessen Kraftlinien etwa längs der Spiralarme verlaufen. Es hat eine Stärke von 10^{-5} bis 10^{-6} G (G = Gauß = 10^{-4} Tesla), das ist etwa $^1/_{100000}$ des Erdmagnetfelds. Woher weiß man das? Es macht sich auf unterschiedliche Weise bemerkbar. Einmal richtet es die offensichtlich etwas länglichen Staubteilchen parallel zueinander aus. Deswegen absorbieren die Teilchen das Licht in den verschiedenen Schwingungsrichtungen – parallel oder senkrecht zu den ausgerichteten Staubteilchen – unterschiedlich stark. Das Licht wird *polarisiert*. Diese Polarisation von einigen Prozent beobachtet man mit wachsender Entfernung vor allem bei Sternen in der galaktischen Ebene. Ferner beschreiben energiereiche Elektronen Kreisbahnen um die Magnetfeldlinien und erzeugen dabei eine *Synchrotronstrahlung* im Radiobereich. Auch diese nichtthermische Komponente der galaktischen Radiostrahlung wird beobachtet (→11.2.1). Und schließlich zeigt die Energiedichte und die Isotropie der kosmischen Strahlung (→11.8), daß ein Magnetfeld vorhanden sein muß, das diese Strahlung in der Milchstraße festhält.

11.8 Kosmische Strahlung

Unter der *kosmischen Strahlung* (früher auch *Höhenstrahlung* oder *Ultrastrahlung* genannt) versteht man eine 1912 entdeckte, sehr energiereiche *Partikelstrahlung* von 10^7 bis 10^{20} eV (zum Vergleich: Photonen des sichtbaren Lichts haben eine Energie von 2,5 eV; 10^{20} eV entsprechen 1,6 Wattsek). Die kosmische Strahlung besteht aus 75% Protonen (= Wasserstoffkerne), 23% α-Teilchen (= Heliumkerne) und 2% schwereren Atomkernen. Die – astronomisch allein interessante – aus dem Kosmos kommende *Primärkomponente* ist nur außerhalb der Erdatmosphäre (oberhalb von 40 km Höhe) zu beobachten. Bei der am Erdboden ankommenden *Sekundärkomponente* handelt es sich um einen Schauer von Produkten, die erst in der Erdatmosphäre durch Kernprozesse und Kettenreaktionen entstehen. Die Häufigkeit der auf die Erde auftreffenden kosmischen Strahlung beträgt im Mittel etwa ein Teilchen pro cm^2 und sec.

Die Energiedichte der kosmischen Strahlung in unserem Milchstraßensystem entspricht etwa der Energiedichte der thermischen Strahlung des gesamten Sternlichts. Nach dem 2. Hauptsatz der Thermodynamik erscheint eine so hohe Energieerzeugung in Form extrem nicht-thermischer kosmischer Strahlung ausgeschlossen. Der Grund für diese hohe Energiedichte ist ein Speichereffekt. Während die thermische Strahlung (Photonen) geradlinig verläuft und schnell das Milchstraßensystem verläßt, werden die Bahnen der elektrisch geladenen Partikel der kosmischen Strahlung im galaktischen Magnetfeld ($\rightarrow$11.7) aufgewickelt und laufen auf Kreisbahnen um die magnetischen Feldlinien herum. Ihre Aufenthaltsdauer in unserem System wird dadurch etwa um den Faktor Tausend verlängert, so daß die tatsächliche Energie der kosmischen Strahlung nur etwa ein Promille der Energie der thermischen Strahlung entspricht.

Die eigentlichen Quellen der kosmischen Strahlung sind recht unterschiedlich. Die energiearme Strahlung (etwa bis

10^{10} eV) stammt ausschließlich von der Sonne, denn außersolare Strahlung dieser Energie wird durch das Magnetfeld der Sonne am Eindringen in das Planetensystem gehindert. Energiereichere Strahlung kann die Erde erreichen. Die Hauptquelle der galaktischen kosmischen Strahlung bilden vermutlich Supernovae und deren Überreste (→8.3.2/7.3.2). Ferner kommen Flare-Sterne (→8.4) und stellare Aktivitäten in Betracht. Von unserer Sonne wurde erstmals 1942 und später mehrmals bei großen Eruptionen (→4.2.4) eine energiereiche kosmische Strahlung beobachtet. Eine starke Quelle stellen sodann sicher das galaktische Zentrum (→13.6) und in noch stärkerem Maße die Kerne aktiver Galaxien (→14.7) dar.

12   Entfernungsbestimmungen

Wenn der Astronom vom »Ort eines Sterns am Himmel«
spricht, so meint er die sphärischen Koordinaten am (scheinbaren) Himmelsgewölbe (→1.1), also die *Richtung*, in der
wir den Stern sehen. Sie ist relativ leicht zu bestimmen, und
Sternörter wurden bereits in der Antike festgelegt. Damit ist
aber noch nichts ausgesagt über die Entfernung der Sterne
von uns. Die Entfernungsbestimmung erfordert ganz andere, sehr viel schwierigere Methoden, und erst vor rund 160
Jahren gelang die erste genaue Entfernungsbestimmung
eines Fixsterns. Da Entfernungen im Kosmos eine wichtige
Rolle spielen, soll dieses Problem hier etwas eingehender
behandelt werden.
Eine sprachliche Randbemerkung: Bei dem durch zwei Koordinaten, also zwei Zahlen in einem Katalog festgelegten
Ort eines Sterns benutzt der Astronom nicht den Plural »Orte« sondern »Örter«. Es handelt sich hier um den analogen
Vorgang wie bei den beiden Pluralformen von »Wort«, näm-
lich »bedeutsame Worte« aber »Aufzählung von Wörtern im
Wörterbuch«.

12.1   Entfernungsbestimmungen
innerhalb des Sonnensystems

Alle Entfernungsbestimmungen beginnen letztlich damit,
daß irgendwo auf der Erde eine Strecke wirklich mit dem
Bandmaß gemessen wird. Von den Enden dieser Strecke aus
mißt man dann die Winkel zu einem dritten, weiter entfernt
liegenden Punkt, und – so haben wir es bereits in der Schule
gelernt – aus einer Seite und zwei Winkeln kann man das
ganze Dreieck, also auch die Entfernung zum dritten Punkt,
berechnen. Alles Weitere geschieht dann durch aneinander-

gehängte Dreiecke, wobei nur noch Winkel gemessen werden. Aber das ist keine Aufgabe der Astronomie, sondern der Geodäsie.
Wir gehen deshalb davon aus, daß die Entfernung zweier Sternwarten A und B voneinander bekannt ist. Dann ver-

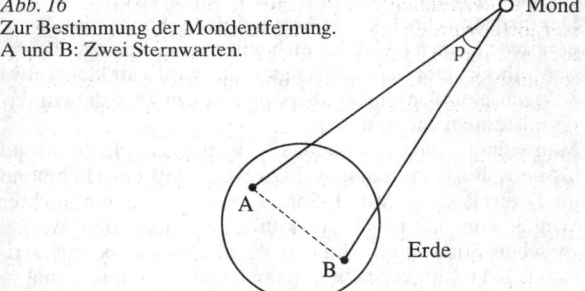

Abb. 16
Zur Bestimmung der Mondentfernung.
A und B: Zwei Sternwarten.

mißt man das Dreieck A–B–Mond und bestimmt die Entfernung zum Mond. In praxi messen die Beobachter in A und B allerdings nicht den Winkel zwischen den Richtungen zur jeweils anderen Sternwarte und zum Mond (wegen der Erdkrümmung sehen sie ja auch die andere Sternwarte gar nicht), sondern bestimmen die Richtung zum Mond relativ zum Hintergrund der »unendlich« weit entfernten Sterne, und messen somit, wie in Abb. 16 veranschaulicht, die Verschiebung der Richtungen von A und B zum Mond und damit den Winkel p beim Mond, den *parallaktischen Winkel.*
Bei der Gründung der britischen Sternwarte in Kapstadt hat in der Tat die Bestimmung der Mondentfernung aus dem Dreieck Greenwich–Kapstadt–Mond eine wichtige Rolle gespielt. Wir alle kennen die Methode, es ist der bekannte *Daumensprung.* Wenn man den ausgestreckten Daumen (Mond) einmal mit dem linken Auge (Sternwarte A) und

einmal mit dem rechten Auge (Sternwarte B) betrachtet, so
»verschiebt« er sich gegenüber dem Hintergrund, und diese
»Verschiebung«, dieser Daumensprung, wird immer kleiner,
je weiter entfernt ich den Daumen halte. Für den Mond ergibt sich so eine mittlere Entfernung von 384 400 km. Der
Wert, den Ptolemäus im Jahre 150 für die Mondentfernung
angab, war nur 2% kleiner als der moderne Wert.

Der nächste Schritt ist der Abstand Erde–Sonne, die *Astronomische Einheit* (AE). Schon bei der Sonne versagt die obige Methode. Der Verschiebungswinkel wird sehr klein (etwa
8 Bogensekunden), und außerdem sind am Tage die Hintergrundsterne nicht zu sehen.

Man könnte daran denken, die Entfernung Erde–Mond
als neue Basis zu nehmen. Man weiß, daß bei Halbmond
im Dreieck Erde–Mond–Sonne beim Mond ein rechter
Winkel von 90° liegt, und müßte nur noch den Winkel
zwischen Sonne und Mond messen. Das hat bereits Aristarch 265 v. Chr. versucht und fand, daß die Sonne 19mal so
weit entfernt sei wie der Mond. Das war allerdings viel zu
wenig. Erst fast 2000 Jahre später, 1650, wurde dieser Wert
von Wendelin verbessert, er fand die Sonne 229mal so weit
entfernt wie den Mond, der moderne Wert ist 389mal so
weit.

Auf diese unsichere Methode sind wir heute zum Glück
nicht mehr angewiesen, hier hilft das Newtonsche Gravitationsgesetz bzw. das hieraus folgende 3. Keplersche Gesetz
weiter (→2.2). Danach besteht – solange man die Planeten-
masse gegenüber der Sonnenmasse vernachlässigen kann –
ein strenger Zusammenhang zwischen der Umlaufzeit der
Planeten und ihren Abständen von der Sonne. Die Umlaufzeiten der Planeten, die seit Jahrtausenden beobachtet werden, sind mit sehr hoher Genauigkeit bekannt, und damit
auch die relativen Abstände der Planeten, also zum Beispiel
in Astronomischen Einheiten. Das bedeutet für die Praxis:
Man braucht nur den Abstand *eines* Planeten von der Sonne
oder auch nur den Abstand zwischen zwei Planeten zu einem

bestimmten Zeitpunkt zu kennen, und kann damit alle Planetenabstände auch in km berechnen. Dies wurde erstmals 1672 während einer Marsopposition versucht, als sich Mars der Erde auf 0,37 AE näherte. Angepeilt wurde Mars damals von Paris und von Südamerika aus. Noch näher kommen der Erde einige kleine Planeten, die sich darum noch besser eignen. Es sind – leicht zu merken – die der Liebe gewidmeten kleinen Planeten *Amor* und *Eros*. Eros näherte sich 1930/31 der Erde auf 0,15 AE. Der Fehler in der Bestimmung der AE wurde damals unter ein Promille heruntergedrückt. Eine weitere beliebte Methode war der Venusdurchgang (→2.5.2), also das Vorübergehen des Planeten Venus vor der Sonnenscheibe. Wenn man den Weg der Venus über die Sonnenscheibe von zwei Stationen aus beobachtet, läßt sich daraus (die etwas komplizierte Geometrie soll hier nicht im Detail beschrieben werden) ebenfalls die Entfernung zur Venus und damit über das 3. Keplersche Gesetz auch die Astronomische Einheit bestimmen. Die letzten Venusdurchgänge fanden in den Jahren 1872 und 1884 statt und wurden wieder von Südamerika und von Paris aus beobachtet. Der nächste Venusdurchgang findet im Jahre 2004 statt.

So lange brauchen wir aber nicht zu warten, denn wesentlich genauer ist eine erst einige Jahrzehnte alte, ganz neue Methode, die *Radarechos*. Wir schicken Radarimpulse zu einem Körper im Sonnensystem, z. B. zur Venus oder einem nahen kleinen Planeten, und messen die Zeit, bis das Echo wieder bei uns ankommt, also die Laufzeit des Lichts oder kurz: die *Lichtzeit*. Aus der Lichtzeit und der aus Labormessungen bekannten *Lichtgeschwindigkeit* (c = 300000 km/s) folgt dann die Entfernung. Wir können heute sogar Radarimpulse direkt zur Sonne schicken und in etwa einer Viertelstunde das Echo empfangen, nur können wir nicht genau sagen, wo in der ausgedehnten Sonnenkorona (→4.1.3) der Radarstrahl reflektiert wird. Die besten Werte liefern Radarechos von der Venus. Heute kennen wir die Astronomische Einheit bis auf 9 Stellen: AE = 149597870 km. Die Unsicherheit in der Entfernung Erde–Sonne beträgt etwa 2 km. Damit ist unser Sonnensystem mit sehr hoher Genauigkeit vermessen. Jetzt folgt der große Schritt zu den Sternen.

12.2 Geometrische Sternparallaxen

Auch die Entfernungsbestimmung zu den Sternen beginnt wieder mit einer Dreiecksmessung. Aber die Basis liegt nun nicht mehr auf der Erde, sondern der Durchmesser der jährlichen Bahn der Erde um die Sonne, rund 300 Millionen km, dient jetzt als Basis. Wir beobachten einen Stern zu verschiedenen Jahreszeiten und messen, wie er seinen Ort am Himmel ändert (Abb. 17). Im Laufe eines Jahres spiegelt sich so die Bewegung der Erde um die Sonne in einer entsprechenden, entgegengesetzten Bewegung des Sterns gegenüber dem unendlich fern gedachten Himmelshintergrund wider. Steht ein Stern senkrecht über der Erdbahn (am Pol der Ekliptik), so beobachten wir eine komplette Widerspiegelung der Erdbahn; steht der Stern dagegen in der Erdbahnebene, so degeneriert seine Bewegung am Himmel zu einem Hin und Her, zu einem Strich. In den Lagen dazwischen beschreibt er eine mehr oder weniger abgeplattete Ellipse, deren große Achse dem Winkel π ent-

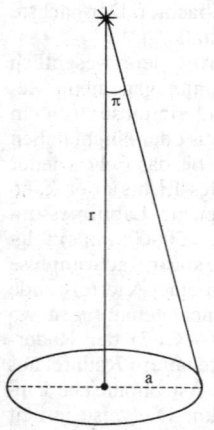

Abb. 17
Zur Bestimmung
der Fixsternparallaxe π.
a = große Halbachse der Erdbahn;
r = Entfernung.

spricht, und das ist der Winkel, unter dem vom Stern aus gesehen der Erdbahnradius erscheint. Wir nennen ihn wieder den *parallaktischen Winkel* und reden, da es sich um eine jährliche Verschiebung handelt, von der *jährlichen Parallaxe*. Dieser Winkel wird immer kleiner, je weiter entfernt ein Stern ist, und da die Parallaxe unmittelbar ein Maß für die Entfernung ist, spricht der Astronom statt von der Entfernung häufig auch von der *Parallaxe* eines Sterns, auch dann, wenn die Entfernungsbestimmung gar nicht mehr auf einer Dreiecksmessung beruht.

Schon bald nach Aufstellung des heliozentrischen Systems durch Kopernikus war den Astronomen klar, daß sich in diesem Weltbild die Bahn der die Sonne umkreisenden Erde in solch einer parallaktischen Bewegung der Sterne widerspiegeln müsse. Sie würde das heliozentrische Weltbild beweisen. Alle Versuche schlugen jedoch zunächst fehl, der Effekt ist zu klein. Erst rund 300 Jahre später, 1832, gelang Friedrich Bessel in Königsberg bei dem Stern 61 Cygni die erste eindeutige Parallaxenmessung und damit die erste Entfernungsbestimmung eines Fixsterns. Bessel maß eine Parallaxe, also eine jährliche Verschiebung, von 0,35″ (das entspricht etwa dem Durchmesser eines Zehnpfennigstücks in 12 km Entfernung). Daraus ergibt sich eine Entfernung von 9,3 Lichtjahren.

Die Astronomen benutzen diese Parallaxenmessung zur Definition einer neuen Entfernungseinheit. Wenn der parallaktische Winkel π genau eine Bogensekunde beträgt, wenn also die Erdbahn vom Stern aus gesehen einen Radius von 1″ hat, nennen wir die zugehörige Entfernung 1 *parsec* (pc, Kurzform für Parallaxen-Sekunde). Die Entfernung eines Sterns in pc entspricht dann genau dem Kehrwert der Parallaxe in Bogensekunden, als Formel: $r\,[\mathrm{pc}] = 1/\pi''$, also z. B.:

$\pi = 1''$ entspricht der Entfernung 1 pc

$\pi = 0,1''$ entspricht der Entfernung 10 pc

$\pi = 0,01''$ entspricht der Entfernung 100 pc usw.

Ein parsec entspricht, wie man schnell nachrechnet, 205 265
Astronomischen Einheiten (die Zahl 206 265 ist der Kehrwert von sin 1″), und das sind rund 3 Billionen km oder 3,26
Lichtjahre (LJ). Ein *Lichtjahr* ist die Strecke, die das Licht
bei einer Geschwindigkeit von 300 000 km/s in einem Jahr
zurücklegt. Nochmals in Kurzform:

$$1 \text{ pc} = 206265 \text{ AE} = 3 \cdot 10^{12} \text{ km} = 3,26 \text{ LJ}$$

Für große Entfernungen bildet man in der üblichen Weise:

1 kpc (Kiloparsec)   =   1000 pc
1 Mpc (Megaparsec) = 1 000 000 pc

Der uns nächstgelegene Stern, *Proxima Centauri,* hat eine
Parallaxe von 0,76″ und damit eine Entfernung von 1,31 pc
oder rund 4,3 Lichtjahren. Die Meßgenauigkeit liegt heute
etwa bei 0,01″ oder bei 100 pc. Das schreibt sich leicht hin,
aber was bedeutet es anschaulich? Es bedeutet, wenn wir
wieder an den »Daumensprung« denken, von Berlin aus die
Türme des Kremls in Moskau einmal mit dem linken und
einmal mit dem rechten Auge anpeilen und messen, wie sich
die Türme dabei gegenüber dem Ural verschieben (von der
Erdkrümmung sehen wir dabei einmal ab). Das gibt einen
Hinweis für die sprichwörtliche »astronomische Genauigkeit«.
Aber wir sind mit den Methoden der Dreiecksmessung damit noch nicht am Ende. Die Sonne, samt Planetensystem,
bewegt sich mit einer Geschwindigkeit von etwa 20 km/s in
Richtung des Sternbilds Herkules (= Pekuliarbewegung,
weiteres dazu →13.3.2). Das sind im Jahre mehr als 600 Millionen km, also mehr als das Doppelte des Erdbahndurch-
messers, und diese Basis vergrößert sich automatisch von
Jahr zu Jahr. Wenn wir Sterne jetzt und dann wieder in einigen Jahren beobachten, zeigen sie eine Widerspiegelung dieser Bewegung, wir können wieder den parallaktischen Winkel messen und daraus die Entfernung bestimmen – wenn
die anderen Sterne still ständen. Dies ist aber nicht der Fall,

auch sie bewegen sich mit ähnlichen Geschwindigkeiten. Diese Methode der *säkularen Parallaxe* läßt sich darum nicht mehr auf Einzelsterne, sondern nur noch statistisch auf eine Gruppe von Sternen anwenden, wenn man annimmt, daß deren Bewegungen regellos verteilt sind.

Nicht alle geometrischen Methoden beruhen auf Dreiecksmessungen. Die Entfernung ergibt sich auch, wenn man eine bestimmte Strecke, etwa den Durchmesser eines Objekts oder den Abstand zweier Objekte, einmal in linearem Maß, also in Kilometern, kennt und zum andern die gleiche Strecke am Himmel als Winkel messen kann. Hier ist, vor allem für den Übergang zu anderen Methoden, die *Sternstromparallaxe* ein wichtiges Verfahren. Die Mitglieder eines Sternhaufens bewegen sich alle gemeinsam parallel im Raum. Bei einigen näheren offenen Haufen und Bewegungshaufen ($\rightarrow$10.2) sind diese Bewegungen zu beobachten. Wegen des perspektivischen Effekts bewegen sich die Sterne dann, ähnlich wie zwei Eisenbahnschienen, scheinbar auf einen gemeinsamen Fluchtpunkt zu, den sog. *Vertex*, oder kommen von diesem her, wie in Abb. 18 dargestellt. Damit ist die Richtung der räumlichen Bewegung bekannt. Die auf uns zu gerichtete, radiale Komponente dieser Bewegung (= Radialgeschwindigkeit RG, $\rightarrow$13.3.1) mißt man mit Hilfe des Dopplereffekts ($\rightarrow$5.5.2) direkt in km/s. Aus der RG und der bekannten Richtung der Raumgeschwindigkeit ergibt sich sofort die Geschwindigkeit der anderen Komponente senkrecht zur Beobachtungsrichtung, also die Bewegung an der Himmelssphäre, ebenfalls in km/s oder auch in km/Jahr. Andererseits mißt man diese Seitwärtsbewegung (= Eigenbewegung EB, $\rightarrow$13.3.1) auch direkt am Himmel im Winkelmaß, z.B. in Bogensekunden pro Jahr. Der Vergleich von Winkel und km liefert dann die Entfernung.

Der Vergleich von Winkelmaß und linearem Maß funktioniert auch bei einigen visuell-spektroskopischen Doppelsternen, bei denen man den gegenseitigen Abstand aus Ge-

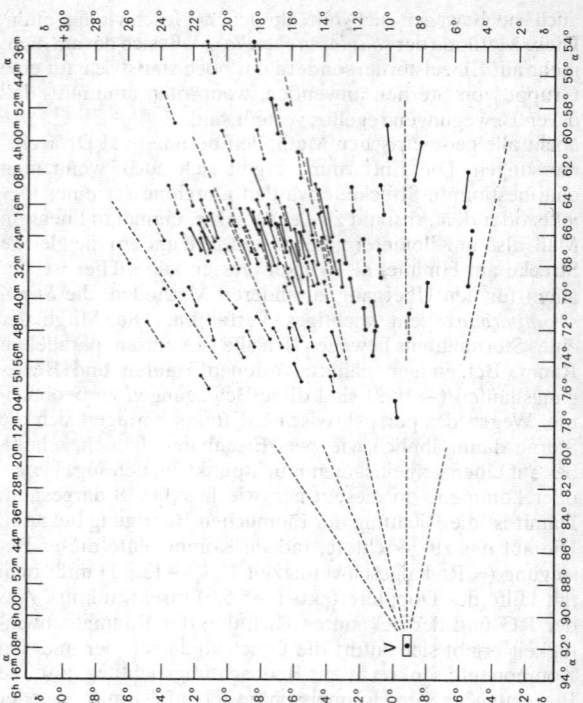

Abb. 18 Zur Sternstrom-Parallaxe. Eingetragen sind die Mitglieder des Hyaden-Bewegungshaufens mit ihren Eigenbewegungen und der Konvergenz- oder Fluchtpunkt V (= Vertex).

schwindigkeit und Umlaufzeit in km berechnen und auch als Winkel am Himmel messen kann (→9.2/9.4). Brauchbare Werte liefert diese Methode auch bei Kugelhaufen und bei bestimmten Typen extragalaktischer Systeme. Mit der Annahme eines mittleren Durchmessers erhält man einen guten Hinweis für die Entfernung. Aber das Verfahren muß erst an Objekten bekannter Entfernung geeicht werden. Man muß von einigen Objekten die Entfernung anderweitig bestimmen, um den Mittelwert des linearen Durchmessers zu erhalten.

Eine im weiteren Sinne geometrische Methode liefert schließlich die Rotation unseres Milchstraßensystems. Unser System rotiert, und zwar differentiell, innen schneller als außen ($\rightarrow$13.3.4). Wenn das Rotationsgesetz einmal bekannt ist, ergibt sich für die einzelnen Richtungen ein Zusammenhang zwischen der Entfernung und der Bewegung der Sterne relativ zur Sonne. Wenn man diese relative Bewegung mißt, folgt daraus die Entfernung. Voraussetzung dabei ist allerdings, daß die Objekte sich auf Kreisbahnen um das galaktische Zentrum bewegen. Dies Verfahren wird im großen Stil angewendet, um die Entfernungen der interstellaren Wasserstoffwolken und damit die Struktur unseres Milchstraßensystems zu bestimmen. Weiteres hierzu $\rightarrow$Abschn. 13.4.

Soweit die geometrischen Methoden, die (bis auf die letzte Methode) letztlich alle auf Winkelmessungen zurückgehen und darum unabhängig davon sind, was dem Licht unterwegs passiert, also unabhängig von der Lichtabschwächung durch den interstellaren Staub.

12.3 Photometrische Methoden

Die zweite große Klasse der Entfernungsbestimmungen bilden die photometrischen Methoden oder die *photometrischen Parallaxen*. Wir wissen, daß die Helligkeit einer Lichtquelle mit dem Quadrat der Entfernung abnimmt. Abb. 19 macht dies sofort deutlich: In doppelter Entfernung bestrahlt ein Lichtkegel die vierfache Fläche, pro Quadratmeter kommt also bei doppelter Entfernung nur ein Viertel der Energie an. Das heißt, wenn man von einem Stern die Leuchtkraft kennt und mit der Helligkeit vergleicht, mit der er uns am Himmel erscheint, so ergibt sich daraus sofort die

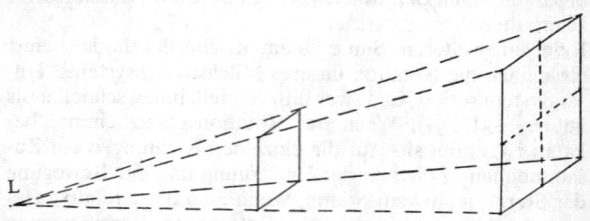

Abb. 19 Die Quadratische Abnahme der Helligkeit eines Objekts.
L = Lichtquelle.

Entfernung. Dabei setzen wir zunächst einmal voraus, daß dem Licht der Sterne auf dem Weg zu uns nichts passiert. Die einzelnen photometrischen Methoden unterscheiden sich nun dadurch, woher man die wahre Helligkeit eines astronomischen Objekts kennt. Normalerweise bestimmt man die Leuchtkraft eines Objekts aus seiner scheinbaren Helligkeit und seiner Entfernung. Hier beißt sich die Katze in den Schwanz. Die Methoden müssen also anderweitig geeicht werden. Man wählt zunächst Objekte, die so nahe sind, daß man ihre Entfernung noch geometrisch bestimmen kann, dann kennt man ihre Leuchtkraft. Beobachtet man nun *gleichartige* Objekte, also solche mit gleichen physikalischen Eigenschaften und damit auch gleicher Leuchtkraft, dann kann man jetzt umgekehrt deren Entfernung bestimmen.
Die weitaus wichtigste Methode ist hier die Parallaxe über das Farben-Helligkeits-Diagramm von Sternhaufen (→5.6.2 und 10.2). Man trägt bei einem nahen Sternhaufen, dessen

Entfernung geometrisch bekannt ist, die Farbe der Sterne gegen die Leuchtkraft oder die *absolute* Helligkeit auf. Wir erhalten das bekannte Diagramm mit einer Hauptreihe und einem Riesenast. Nun nimmt man einen anderen Sternhaufen in unbekannter Entfernung und trägt hier die Farben gegen die *scheinbare* Helligkeit auf. Da alle Sterne dieses Haufens gleich weit entfernt sind, ist das Licht aller Sterne gegenüber dem nahen Haufen in gleicher Weise abgeschwächt. Wir erhalten dieselbe Form des Farben-Helligkeits-Diagramms, nur sind die Ordinaten um einen festen Betrag gegeneinander verschoben. Der Betrag dieser Verschiebung gibt uns sofort den Unterschied zwischen der absoluten und der scheinbaren Helligkeit und damit über das quadratische Abstandsgesetz die Entfernung. Da man Sternhaufen bis in sehr große Entfernung beobachten kann, ist dies eine sehr weitreichende Methode, auf der ganz wesentlich die Auslotung unseres Milchstraßensystems beruht.

Ein bekannter Haufen, dessen Entfernung noch geometrisch bestimmt werden kann, sind die *Hyaden*, und in der Tat gründet sich der Übergang von den geometrischen zu den photometrischen Methoden ganz entscheidend auf diesen Sternhaufen, dessen Entfernung darum immer wieder mit wachsender Genauigkeit bestimmt wird. Sie dient sozusagen als »Eichmaß«. Die Entfernung zu den Hyaden beträgt 46 pc mit einer Unsicherheit von 1 pc, also einer Genauigkeit von ≈ 2%.

Da das Hertzsprung-Russell-Diagramm inzwischen gut geeicht ist, genügt bereits die genaue Kenntnis des Spektraltyps, um nach dieser Methode auch die Entfernung einzelner Sterne zu bestimmen. Wenn z.B. aus dem Spektrum (→5.5.4) bekannt ist, daß es sich um einen A1 V-Stern handelt (z.B. Sirius, auf der oberen Hauptreihe), so liefert uns das Diagramm seine Leuchtkraft (Tab.6 in 5.5.4). Diese *spektroskopische Parallaxe* funktioniert gut für Hauptreihensterne, sie wird unsicherer für Riesen oder gar Überriesen, denn es gibt im Bereich der geometrischen Methoden keine Überriesen, an denen die Methoden geeicht werden könnten. Die Eichung muß hier über Sternhaufen erfolgen.

Ein Problem wurde bisher verschwiegen: die zusätzliche Abschwächung des Lichts durch den interstellaren Staub zwischen den Sternen (→11.5). Damit wird das quadratische Abstandsgesetz verfälscht. Wenn der Stern schwächer ist, setzen wir ihn fälschlicherweise in eine zu große Entfernung. Das ist in der Tat zunächst geschehen (→13.2.2).

Wenn das Licht der Sterne durch den Staub nur abgeschwächt würde, wären wir in einer ziemlich hoffnungslosen Lage. Aber die Natur tut uns den Gefallen, daß blaues Licht stärker absorbiert wird als rotes, die Sterne werden also auch verfärbt, sie werden röter (→11.5). Wenn man den Zusammenhang zwischen Verfärbung und Absorption, das *Verfärbungsgesetz*, einmal kennt und die Verfärbung gemessen hat, kann man dies alles berücksichtigen und genauere Entfernungen bestimmen. Die Verfärbung erhält man ebenfalls über das Farben-Helligkeits-Diagramm, indem man dieses nun horizontal verschiebt. Im Prinzip ist somit alles klar, aber die Eichung dieser Methoden, insbesondere bei der Bestimmung des Verfärbungsgesetzes, ist immer noch eine der wichtigen Aufgaben in der Stellarastronomie, zumal das Verfärbungsgesetz, bedingt durch unterschiedliche Zusammensetzung des interstellaren Staubes, vermutlich von Ort zu Ort etwas variiert. Als Mittelwert gilt: Die Absorption, also die Abschwächung des Sternlichts im visuellen Bereich (gemessen in Größenklassen oder magnitudines), ist 3mal so groß, wie der Farbexzeß (bezogen auf den Bereich blau minus visuell); als Gleichung: $A_V = 3 \cdot E_{B-V}$. Zur näheren Erläuterung der hier auftretenden Begriffe →Abschn. 5.3 und 11.5.

Die weiteren photometrischen Methoden lassen sich schnell aufzählen. Es handelt sich stets um Objekte, deren absolute Helligkeit wir kennen, d.h. an Objekten mit bekannter Entfernung geeicht haben. Da sind zum Beispiel die Novae (→8.3.1). Bei ihnen besteht ein Zusammenhang zwischen der Maximalhelligkeit beim Ausbruch und dem zeitlichen Verlauf des Helligkeitsabfalls. Je heller der Ausbruch, um so schneller nimmt nachher die Helligkeit wieder ab. Wenn man die Zeit mißt, in der sie um einen Faktor 15 abnimmt (das sind drei Größenklassen), ergibt sich daraus die Maximalhelligkeit beim Ausbruch. Aus dieser und der gemessenen Helligkeit folgt dann die Entfernung. Novae sind so hell, daß man sie auch in anderen Galaxien, z. B. im Andromedasystem, beobachten kann. Hier gelingt also der Sprung zu den anderen Sternsystemen.

Das gilt in noch stärkerem Maße für die Supernovae ($\rightarrow$8.3.2), die zwar selten sind, dafür aber bis zu den fernsten Galaxien hin beobachtet werden können. Die Supernovae vom Typ I haben eine Maximalhelligkeit beim Ausbruch von etwa 3 Milliarden, die vom Typ II von etwa 300 Milliarden Sonnenleuchtkräften.

Ferner gibt es natürliche Obergrenzen für die Leuchtkraft von Sternen. Man kann daher mit guter Näherung annehmen, daß die hellsten Sterne in einem Sternhaufen etwa diese Grenze erreichen und daher überall die gleiche Leuchtkraft besitzen. Um exotische Fälle auszuschließen, wählt man meist nicht den hellsten, sondern z. B. den dritthellsten Stern des Haufens.

Eine besondere Rolle spielen die δ-Cephei-Sterne, die eine Perioden-Leuchtkraft besitzen. Einmal geeicht, liefert die leicht zu beobachtende Periode sofort die absolute Helligkeit und damit die Entfernung. Da es sich bei diesen Sternen um Überriesen handelt, sind auch sie bis in sehr große Entfernung zu beobachten. Sie galten lange als »Meilensteine« im Kosmos. Jedoch ist die Eichung immer noch problematisch. Weiteres hierzu $\rightarrow$Abschn. 8.2.1.

Die Entfernungsbestimmungen der außergalaktischen Systeme und die Bestimmung kosmologischer Entfernungen, die die Ausmaße des Universums insgesamt betreffen, werden in eigenen Abschnitten ($\rightarrow$14.4 und 15.2) besprochen.

Die Entfernungsbestimmungen reihen sich also hierarchisch hintereinander. Jede Methode liefert die Grundlage für die nächste Methode. Am Anfang steht die Längenmessung einer Basisstrecke auf der Erde, der nächste Schritt führt zur Vermessung des Erdkörpers und weiter zu den Entfernungen innerhalb unseres Sonnensystems. Es folgen, mit der Erdbahn als Basis, die geometrischen Methoden (jährliche Parallaxe), die zu den nahen Fixsternen führen, und die Sternstromparallaxe zu einigen Sternhaufen. Daran schließen sich die photometrischen Methoden zu den entfernteren Objekten in unserer Milchstraße an, und mit sehr hellen Objekten zu den nahen Galaxien. Hier schließlich werden die Methoden für die großen Entfernungen im Kosmos geeicht. Es ist klar, daß sich auch alle Fehler in dieser Hierarchie fortpflanzen, so daß die Entfernungen immer unsicherer werden.

13 Unser Milchstraßensystem

13.1 Überblick

Alle mit bloßem Auge am Himmel sichtbaren Sterne und Milliarden weitere, dazu Sternhaufen, Doppel- und Mehrfachsysteme, Staub- und Gaswolken zwischen den Sternen – all das bildet im Kosmos ein übergeordnetes großes Sternsystem. Es hat die Form einer großen, flachen Scheibe (Abb. 20) mit einem verdickten Kern. Die Sonne (samt dem Planetensystem) liegt in der Hauptebene dieser Scheibe (*galaktische Scheibe*), aber nicht im Zentrum, sondern ziemlich weit außen. Die Sterne in der Sonnenumgebung sehen wir als Einzelsterne über den ganzen Himmel verteilt. Aber von den vielen anderen Sternen in der Scheibe sehen wir mit bloßem Auge nur ihren allgemeinen Schein. Das ist ein helles Band am Himmel; dieses Band bezeichnen wir als *Milchstraße*, und darum nennen wir das ganze System unser *Milch-*

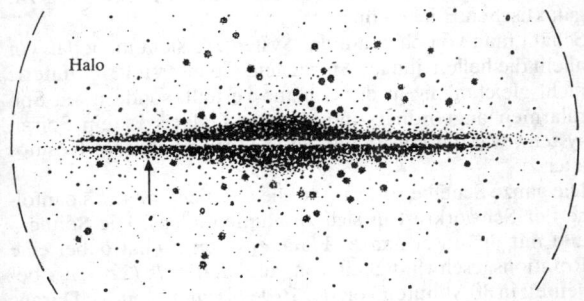

Abb. 20 Schematische Seitenansicht unserer Galaxis. Pfeil = Ort der Sonne; dicke Punkte = Kugelsternhaufen; kleine Punkte = Einzelsterne.

straßensystem oder – nach dem griechischen Wort für Milchstraße – unsere *Galaxis*.

Wir wollen die wichtigsten Daten dieses Systems hier vor-
wegnehmen und zusammenstellen. In den folgenden Abschnitten wird dann besprochen, wie man zu diesen Ergebnissen kommt und welche Probleme noch offen sind.

Die Scheibe hat einen Durchmesser von rund 30 kpc oder
100000 Lichtjahren oder 10^{18} km ($\rightarrow$12.2). Der Abstand der
Sonne vom galaktischen Zentrum liegt zwischen 8 und
10 kpc (rund 30000 Lichtjahre), je nach dem benutzten Modell für die Dichteverteilung der Materie. Am Ort der Sonne
hat die Scheibe noch eine Dicke von rund 3000 Lichtjahren.
Das ganze System ist umgeben von einem *Halo* mit einem
Durchmesser von rund 150000 Lichtjahren; hier befinden
sich die über 100 kugelförmigen Sternhaufen ($\rightarrow$10.1) und
zahlreiche Einzelsterne. Das ganze System besteht aus rund
200 Milliarden Einzelsternen, hat also eine Gesamtmasse
von ca. $2 \cdot 10^{11}$ Sonnenmassen. Die gesamte interstellare Materie, also Gas und Staub zwischen den Sternen ($\rightarrow$Kap.11)
macht 5–8% der Gesamtmasse aus und ist in einer relativ
dünnen Schicht von etwa 750 Lichtjahren Dicke stark zur
galaktischen Ebene konzentriert.

Schaut man von oben auf das System, so sieht man, daß vor
allem die hellen, jungen Sterne und die interstellare Materie
nicht gleichmäßig in der Scheibe verteilt, sondern auf Spiralarmen angeordnet sind. Unsere Galaxis ist ein Spiralsystem, wie die meisten anderen Sternsysteme im Kosmos
auch.

Die ganze Scheibe rotiert (täte sie das nicht, müßte sie infolge der Schwerkraft in sich zusammenfallen). Die Sonne –
und mit ihr unser ganzes Planetensystem – hat dabei eine
Rotationsgeschwindigkeit von rund 220 km/s (220 km/s bedeutet: in 30 Minuten von der Erde bis zum Mond!). Daraus
folgt dann, daß ein voller Umlauf um das galaktische Zentrum an die 200 Millionen Jahre dauert. Seit der Karbonzeit
hat die Sonne also einen Umlauf vollführt, und insgesamt hat

sie seit ihrer Entstehung fast 25 mal das galaktische Zentrum umrundet. Nach dem Newtonschen Gravitationsgesetz rotiert die Galaxis dabei nicht starr wie ein Wagenrad, sondern differentiell, das heißt – zumindest im Bereich der Sonnenumgebung – innen schneller als außen, ähnlich wie die Planeten bei ihrem Weg um die Sonne.

Zwischen den Sternen und der interstellaren Materie besteht eine dauernde Wechselwirkung. Laufend entstehen neue Sterne aus kollabierenden Gaswolken (→7.1), z.B. im Orionnebel, und laufend geben die Sterne, teils harmlos als stellarer Wind, teils katastrophenartig in Nova- und Supernova-Ausbrüchen (→8.3) wieder Materie an den interstellaren Raum ab. Zwischen diesen beiden Prozessen hat sich im Laufe der Zeit ein Gleichgewicht eingestellt.

Es hat viele Mühe gekostet, die Struktur unserer Galaxis zu erforschen, und das Problem ist noch keineswegs endgültig gelöst. Warum ist das so schwer? Aus zweierlei Gründen: Einmal stehen wir in diesem System mitten drin, zum andern versperren uns Staubwolken in der galaktischen Ebene die Durchsicht. Das Problem ähnelt der Aufgabe, einen Stadtplan zu entwerfen. Bezüglich der anderen Sternsysteme befinden wir uns in der Lage eines Beobachters, der sich in einem Hubschrauber über der Stadt befindet. Mit einem Blick überschaut er den ganzen Stadtplan. Bezüglich unseres eigenen Systems befinden wir uns aber in der Lage eines Mannes, der mitten in der Stadt an einer Kreuzung steht, sich nicht vom Ort bewegen darf – und außerdem herrscht Nebel. Man sieht, die Aufgabe ist praktisch hoffnungslos, und in der Tat ist die Struktur unserer Galaxis mit optischen Mitteln allein nicht zu erkunden. Erst die Radioastronomie hat hier den entscheidenden Schritt ermöglicht.

Im wesentlichen sind es vier Methoden, die uns helfen, die Struktur unserer Galaxis zu erforschen:

(1) Die *Gerüstmethode*, d.h. die Richtung und Entfernung individueller Objekte bestimmen und so ein direktes Bild

unserer Umgebung entwerfen (→13.2.1). Natürlich funktioniert das nur in der näheren Sonnenumgebung oder bei Objekten sehr hoher Leuchtkraft.

(2) *Stellarstatistische Methoden*, also Sternzählungen und ähnliches (→13.2.2).

(3) *Dynamische Methoden*, also das Hinzuziehen der Bewegung der Sterne (→13.3).

(4) *Radioastronomische Methoden* (→13.3.5/13.4).

13.2 Der räumliche Aufbau des Systems

Bei Untersuchungen zum Bau unseres Milchstraßensystems ist es nicht zweckmäßig, das an der Erdrotation orientierte Koordinatensystem mit Deklination und Rektaszension (→1.1) zu benutzen. Die Astronomen verwenden statt dessen ein der Milchstraße angepaßtes *galaktisches Koordinatensystem*. Man wählt die *galaktische Ebene*, also das Band der Milchstraße am Himmel, als Äquator und bezeichnet den Abstand von diesem galaktischen Äquator als *galaktische Breite*, analog der geographischen Breite auf der Erde. Senkrecht dazu mißt man die *galaktischen Längen*, analog zu den geographischen Längen auf der Erde. Als Nullpunkt (analog zu Greenwich) wählt man die Richtung zum galaktischen Zentrum (am Südhimmel), genauer: den Längenkreis, der durch das galaktische Zentrum läuft. Der Nordpol des galaktischen Systems liegt im Sternbild Coma Berenices (Haupthaar der Berenice).

13.2.1 Die nächste Sonnenumgebung (Gerüstmethode)

In der näheren Sonnenumgebung können wir die Entfernungen der Sterne noch individuell bestimmen, also die Gerüstmethode verwenden. Als Ergebnis erhalten wir die räumliche Dichte der Sterne in unserer Umgebung: 0,2 Sterne pro pc^3 oder 1 Stern auf einen Würfel mit der Kantenlänge von 6 Lichtjahren. Diese unanschauliche Angabe wollen wir uns durch ein Modell verdeutlichen. Wir verkleinern alles im Maßstab 1:100 Milliarden (1:10^{11}). Dann werden die Sterne im Mittel 1,5cm groß, also so groß wie Kirschen, und ihre Abstände betragen einige 100 km. Ein anschauliches Bild wäre also etwa »Kirschen an den Hauptstädten Europas«, je eine Kirsche in Berlin, Prag, Wien, Rom, Bern, Paris, usw. Dies Modell macht deutlich, wie leer der Raum ist.

Der uns nächste Nachbar ist das Sternpaar α Centauri/Proxima Centauri, in 1,33 und 1,31 pc Entfernung. Dabei ist α Cen selbst auch wieder ein Doppelstern, dessen Komponenten einen Abstand von 23 AE (etwas mehr als die Entfernung des Uranus von der Sonne) voneinander haben und sich in 80 Jahren umkreisen.

Bis zu 10 pc kennen wir 254 Sterne. Das dürften etwa 50% aller in diesem Raum vorhandenen Sterne sein. Unter ihnen befindet sich kein einziger Riesenstern, geschweige denn ein Überriese, zwei Unterriesen, der Rest sind Zwergsterne (Hauptreihensterne, →5.6.1) wie unsere Sonne (wobei unsere Sonne durchaus noch zu den helleren gehört) und Weiße Zwerge (→7.3.1). Rund 50% aller dieser Sterne sind Doppelsterne oder Mehrfachsysteme (→Kap.9). Das Hertzsprung-Russell-Diagramm der 100 nächsten Sterne ist in Abb.8 in Abschn.5.6.1 wiedergegeben.

13.2.2 Stellarstatistische Methoden

Zu größeren Entfernungen hin wird die Anzahl der Sterne so groß, daß nun statistische Methoden, also Sternzählungen, verwendet werden müssen. Man bestimmt die Zahl aller Sterne N(m) bis zu einer bestimmten scheinbaren Helligkeit m. Für die Helligkeiten von m = 6 (Grenze der Sichtbarkeit für das bloße Auge) bis m = 20 ist das Ergebnis in Tab. 8 zusammengestellt. Wären die Sterne alle gleich hell, so würde das Intervall von 2 Größenklassen in der Tabelle etwa einem Faktor 2,5 in der Entfernung entsprechen.

Tab. 8
Zahl der Sterne (N) bis zur Helligkeit m (Kumulative Sternzahlen)

m	N (m)	m	N (m)
6	5 Tausend	14	11 Millionen
8	36 Tausend	16	47 Millionen
10	265 Tausend	18	260 Millionen
12	1800 Tausend	20	1013 Millionen

Schaut man sich die Verteilung der Sterne in verschiedenen Richtungen am Himmel genauer an, zeigen die statistischen Ergebnisse zunächst quantitativ, was qualitativ schon lange bekannt ist: Die hellen Sterne (und das sind im Mittel die nahen Sterne) sind ziemlich gleichmäßig am Himmel verteilt. Je schwächer die Sterne sind, um so stärker sind sie zur galaktischen Ebene (zum Milchstraßenband am Himmel) konzentriert. Wir befinden uns also in einem abgeplatteten System. Aus dem Verlauf der Zunahme der beobachteten Sternzahlen mit abnehmender Helligkeit folgt dann nach Lösung der hierbei auftretenden Integralgleichung (eine der Anfang des Jahrhunderts aufgestellten *Grundgleichungen der Stellarstatistik*) der Verlauf der räumlichen Dichte der Sterne in den verschiedenen Richtungen.

Untersuchungen dieser Art in den ersten Jahrzehnten unseres Jahrhunderts ergaben, daß die Sterndichte nach allen Seiten hin abnimmt. Man schloß daraus, daß die Sonne im Zentrum des Systems stehen müsse. So etwas ist immer verdächtig und ist in der Tat auch falsch. Wo lag der Fehler? Man wußte damals noch nichts von der Existenz des allgemein verteilten interstellaren Staubes. Er schwächt das Licht der Sterne ab, sie erscheinen uns schwächer, als sie sein sollten. Wir setzen sie darum irrtümlich in eine zu große Entfernung und dies um so stärker, je weiter entfernt sie sind. Mit Hilfe der gleichzeitig auftretenden Verfärbung der Sterne kann man heute die Abschwächung abschätzen und genauere Entfernungen bestimmen. Weiteres hierzu →Abschn. 11.5/12.3.

Das Ergebnis zahlreicher stellarstatistischer Detailuntersuchungen unter Berücksichtigung der interstellaren Absorption zeigt, daß die Sonne nicht im Zentrum, sondern nur in einer lokalen Sterndichte steht, in oder am Rand eines Spiralarms. In Richtung zum Sternbild Sagittarius steigt die Sterndichte dann bald wieder stark an. Dort ist auch die Milchstraße am Himmel am hellsten (leider am Südhimmel und für uns nicht sichtbar), und dort werden wir die Richtung zum Zentrum unserer Galaxis annehmen müssen. Mit solchen statistischen Untersuchungen konnten die Astronomen das Gesichtsfeld auf einige 1000 Lichtjahre erweitern – immer noch wenig im Vergleich zum Gesamtsystem.

Hier hilft die Kinematik und Dynamik des Systems weiter, wir müssen also die Bewegung der Sterne hinzuziehen.

13.3   Die Bewegung der Sterne

13.3.1   Radialgeschwindigkeit und Eigenbewegung

Wegen der ganz unterschiedlichen Beobachtungsmethoden zerlegen wir die Bewegung eines Sterns im Raum in zwei Komponenten (Abb. 21). Erstens die Bewegung auf uns zu oder von uns fort, die sogenannte radiale Komponente der Geschwindigkeit oder kurz: die *Radialgeschwindigkeit* (RG). Wir können sie direkt mit Hilfe des Dopplereffekts (→5.5.2) aus der Verschiebung der Linien im Spektrum bestimmen, eine Blauverschiebung, wenn der Stern sich uns nähert, eine Rotverschiebung, wenn er sich von uns fort bewegt. Wir erhalten die Radialgeschwindigkeit direkt in km/s und mit großer Genauigkeit. Allerdings müssen wir von jedem Stern einzeln ein Spektrum aufnehmen. Daher ist das Material relativ gering und beschränkt sich auf hellere Sterne: wir kennen heute die Radialgeschwindigkeiten von etwa 20000 Sternen, diese aber recht genau. Bei fast 80% aller untersuchten Sterne liegt die RG zwischen 0 und 30 km/s. Bei 4% der Sterne ist RG größer als 65 km/s. Diese – *Schnelläufer* genannten – Sterne laufen nicht auf Kreis-sondern auf Ellipsenbahnen um das galaktische Zentrum, ihre Geschwindigkeiten weichen daher von der Kreisbahngeschwindigkeit der Sonne ab.

Zweitens die seitliche Komponente, senkrecht zur Radialkomponente. Sie macht sich dadurch bemerkbar, daß der Stern im Laufe der Zeit seinen Ort am Himmel ändert. Er bewegt sich relativ zu den anderen Sternen, und darum nennen wir diese Komponente die *Eigenbewegung* (EB). Wir bestimmen sie aus dem Vergleich zweier Positionsmessungen mit möglichst großem zeitlichen Abstand. Die Effekte sind sehr klein, die nahen Sterne bewegen sich am Himmel in etwa 10000 Jahren um eine Vollmondbreite. In solchen Zeiträumen haben die Sternbilder durchaus schon eine andere Gestalt. In 50 Jahren sind das aber nur Bruchteile von Millimetern auf der Photoplatte. Bei einem Vergleich mit weiter zurückliegenden Beobachtungen wird der Gewinn des größeren Effekts durch die geringere Genauigkeit alter Beobachtungen wieder wettgemacht. Die Daten sind daher individuell sehr unsicher, dafür ist das Material sehr umfangreich, denn auf

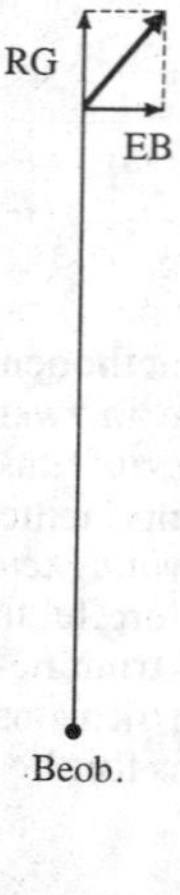

Abb. 21 Die beiden Komponenten der räumlichen Bewegung eines Sterns relativ zum Beobachter: Radialgeschwindigkeit (RG) und Eigenbewegung (EB).

einer einzelnen photographischen Aufnahme hat man gleich Tausende von Sternpunkten. Wir kennen heute die EB von etwa 300000 Sternen, für statistische Untersuchungen ein brauchbares Material. Die größte bisher bekannte Eigenbewegung besitzt Barnards Stern mit 10,3″/Jahr.

Während wir die RG direkt in km/s erhalten, messen wir bei der EB nur die Verschiebung am Himmel, also Winkel/Jahr. Um auch diese Geschwindigkeitskomponente in km/s und damit die tatsächliche *Raumgeschwindigkeit* zu erhalten, muß man zusätzlich die Entfernung der Sterne kennen, was nur in wenigen Fällen gegeben ist.

Die Analyse des kinematischen Materials zeigt drei Effekte: (1) die Pekuliarbewegung der Sonne, (2) die Bewegung der Sonne um das galaktische Zentrum und damit die Rotation des Systems, (3) die differentielle Rotation der Galaxis.

13.3.2   Die Pekuliarbewegung der Sonne

Bei einer Autofahrt durch den Wald kommen die Bäume vor uns (scheinbar) auf uns zu, die Bäume hinter uns bleiben zurück und entfernen sich von uns, die Bäume rechts und links bewegen sich seitwärts an uns vorbei. Das Ganze ist eine Widerspiegelung unserer eigenen Bewegung. Dasselbe beobachten wir bei den Sternen in unserer Umgebung. Sterne in der Umgebung des Sternbilds Herkules zeigen bevorzugt eine negative Radialgeschwindigkeit, sie kommen auf uns zu, Sterne in der entgegengesetzten Richtung entfernen sich von uns (positive RG), und die Sterne seitwärts zeigen eine große Eigenbewegung, laufen also senkrecht zur Blickrichtung an uns vorbei. Schon Herschel deutete dies vor 200 Jahren ganz richtig als Widerspiegelung der Sonnenbewegung relativ zu den Sternen unserer Umgebung. Aus sehr viel umfangreicherem Material wissen wir heute, daß sich die Sonne samt dem Sonnensystem mit einer Geschwindigkeit von rund 20 km/s in Richtung des Sternbilds Herkules bewegt. Wir nennen dies die *Pekuliarbewegung der Sonne* und den Zielpunkt der Bewegung den *Apex*, den entgegengesetzten Punkt am Himmel den *Antapex* der Sonnenbewegung.

Allerdings läßt sich dieser Effekt nur statistisch aus einem größeren Material herausschälen, denn im Gegensatz zu den Bäumen im Wald stehen die anderen Sterne nicht still, sondern besitzen ihrerseits auch Pekuliarbewegungen gleicher Größenordnung. Wir bestimmen also – exakt ausgedrückt – die Bewegung der Sonne relativ zum kinematischen Schwerpunkt der ausgewählten Sterngruppe (z.B. alle Sterne bis zu einer bestimmten Entfernung oder alle A-Sterne eines bestimmten Helligkeitsintervalls oder ähnliches). Diesen Schwerpunkt bezeichnet man als das *lokale Ruhesystem* (lokal standard of rest = LSR). Bei allen weiteren Untersuchungen ist dieser Effekt der Pekuliarbewegung der Sonne stets berücksichtigt.

13.3.3 Die Bewegung der Sonne um das galaktische Zentrum (galaktische Rotation)

Wenn man die Bewegung der Sonne relativ zu sehr weit entfernten Objekten bestimmt, etwa relativ zu den Kugelsternhaufen unseres Systems oder gar relativ zu außergalaktischen Objekten, so erhält man eine Geschwindigkeit von rund 220km/s in Richtung zum Sternbild Schwan, also eine Richtung, die in der galaktischen Ebene liegt und innerhalb der Ebene senkrecht zur Richtung zum galaktischen Zentrum. Hier messen wir offenbar die Rotationsgeschwindigkeit der Sonne und aller Sterne ihrer Umgebung um das galaktische Zentrum. Ein Umlauf um das galaktische Zentrum dauert etwa 200 Millionen Jahre (→13.1).

Den Unterschied zwischen diesen beiden Effekten macht man sich leicht klar am Beispiel von Passagieren, die auf einem Ozeandampfer spazieren gehen. Der Mast des Schiffes entspricht dem *lokalen Ruhesystem*. Die Bewegung der Passagiere auf dem Schiff relativ zum Mast entspricht dann der *Pekuliarbewegung* der Sterne, bei der Sonne also die 20 km/s in Richtung Herkules. Und all den Bewegungen der Passagiere auf dem Schiff überlagert ist die Bewegung des Dampfers als Ganzem über den Ozean – die Rotationsgeschwindigkeit von 220 km/s.

Die Tatsache, daß die Sonne relativ zur allgemeinen Rotationsgeschwindigkeit noch eine Pekuliarbewegung besitzt und etwas nach innen läuft, bedeutet, daß sie keine genaue Kreisbahn um das galaktische Zentrum beschreibt, sondern eine leicht ellipsenförmige Bahn. Die Abstände der Sonne vom galaktischen Zentrum im *Peri-* und *Apogalaktikum* (= dem Zentrum nächster und entferntester Punkt der Bahn) weichen um etwa +/–7% vom mittleren Abstand ab. Diese Ellipsenbahn ist keine geschlossene Kepler-Ellipse, weil die Galaxis keine dominierende, punktförmige Zentralmasse besitzt. Es handelt sich nicht um ein Zweikörperproblem, sondern vielmehr um eine Bewegung im allgemeinen Schwerefeld aller anderen Sterne. Detaillierte

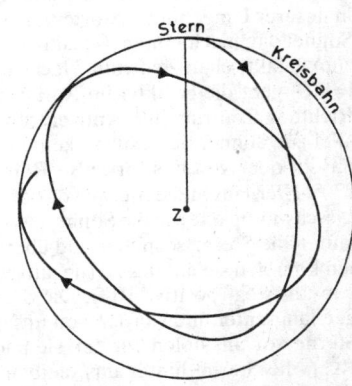

Abb. 22
Die Rosettenbahn eines
Sterns um das galaktische
Zentrum (Z).

Rechnungen ergeben, daß die Ellipse schneller durchlaufen wird als einem Umlauf entspricht. Die Sonne – und ähnlich die anderen Sterne – beschreibt also eine Rosettenbahn (Abb. 22). Nach etwa ¾ Rotation ist die Ellipse bereits durchlaufen und der gleiche Zentrumsabstand wieder erreicht. Besitzen die Sterne außerdem eine Geschwindigkeitskomponente senkrecht zur Milchstraßenebene, also geneigte Bahnen, so werden sie durch die Masse in der Scheibe schnell wieder zurückgeholt. Sie schwingen etwa dreimal während eines Umlaufs durch die galaktische Ebene hindurch.

13.3.4   Die differentielle galaktische Rotation

Der dritte Effekt, den wir aus den Bewegungen herausschälen können, ist die differentielle Rotation. Wir finden, was nach dem Kraftgesetz auch zu erwarten ist, daß die Sterne weiter innen schneller, die Sterne weiter außen langsamer laufen. An Hand einer Skizze (Abb. 23) wollen wir uns klarmachen, was wir z.B. für die Radialgeschwindigkeiten (RG) in unserer Umgebung erwarten. Der Kreis stellt den Ort der Sonne dar, nach unten (galaktische Länge $l=0°$) geht es zum galaktischen Zentrum. Nach rechts (galaktische Länge $l=90°$) geht die galaktische Rotation. Bei $0°$ und $180°$ (also Richtung Zentrum und Antizentrum) laufen die Sterne parallel zur Sonne, sie besitzen keine radiale Komponente auf uns zu oder von uns fort, also $RG=0$. Ebenso bei $90°$ und $270°$: Hier laufen die Sterne vor oder hinter uns mit gleicher Geschwindigkeit wie die Sonne, also auch hier $RG=0$. Innen laufen die Sterne schneller und überholen uns, d.h. von hinten kommen sie auf uns zu (negative RG), vor uns laufen sie von uns weg (positive RG). Die Sterne außen laufen dagegen langsamer und werden von uns überholt. Das heißt, die Sterne vor uns holen wir ein, sie nähern sich uns (negative RG), die Sterne hinter uns bleiben zurück (positive RG).

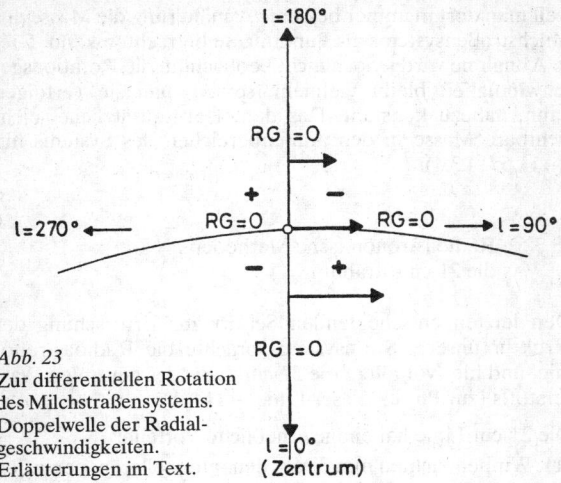

Abb. 23
Zur differentiellen Rotation
des Milchstraßensystems.
Doppelwelle der Radial-
geschwindigkeiten.
Erläuterungen im Text.

Wenn wir also, beginnend bei $l=0°$, in der galaktischen Ebene herumgehen, so erwarten wir eine Doppelwelle der Radialgeschwindigkeiten $(0) \rightarrow (+) \rightarrow (0) \rightarrow (-) \rightarrow (0) \rightarrow (+) \rightarrow (0) \rightarrow (-) \rightarrow (0)$. Und genau diese Doppelwelle beobachtet man und kann daraus das lokale Rotationsgesetz der Milchstraße ableiten. Eine ähnliche, phasenverschobene Doppelwelle ergibt sich für die Eigenbewegungen (EB). Aus den beobachteten Amplituden der beiden Doppelwellen ergibt sich nach einiger Rechnung die Winkelgeschwindigkeit der Sonne um das galaktische Zentrum und der Abstand der Sonne vom galaktischen Zentrum. Wir können also aus kinematischen Beobachtungen – im Prinzip – die Dimensionen und die Rotation des Systems bestimmen, obwohl wir nur einen sehr kleinen Teil direkt überschauen.
Weit außen sollte die Rotation des Systems in eine Kepler-Rotation übergehen und entsprechend abnehmen ($\rightarrow$2.2),

weil man dort in immer besserer Annäherung die Masse des Milchstraßensystems als Punktmasse betrachten kann. Diese Abnahme wird jedoch nicht beobachtet, die Rotationsgeschwindigkeit bleibt vielmehr, soweit man sie verfolgen kann, nahezu konstant. Das deutet auf zusätzliche, nicht sichtbare Masse in den Außenbereichen des Systems hin (→11.6 /14.3.4).

13.3.5   Radioastronomische Methoden, die 21-cm-Strahlung

Den letzten entscheidenden Schritt zur Erforschung der Struktur unseres Sternsystems brachte die Radioastronomie, und hier vor allem die *21-cm-Linie* des neutralen Wasserstoffs (zur Physik dieser Linie →11.4.1).

Die 21-cm-Linie hat einige erhebliche Vorteile:

(1) Wir beobachten nun direkt den interstellaren, neutralen Wasserstoff, das häufigste Element im Kosmos. Im sichtbaren Bereich ist er nicht zu beobachten, dort konnte nur indirekt auf ihn geschlossen werden.

(2) Radiostrahlen gehen ungehindert durch die interstellaren Wolken hindurch (wir können ja auch bei Nebel Radio hören und fernsehen – und es handelt sich um gleiche Wellenlängen). Die Staubwolken, die uns normalerweise gerade in der galaktischen Ebene die Durchsicht versperren, werden hier durchsichtig, und damit werden Bereiche des Milchstraßensystems der Beobachtung zugänglich, die bisher jeder direkten Beobachtung entzogen waren.

(3) Da es sich bei der 21-cm-Strahlung um eine scharfe Spektrallinie handelt, können wir, wieder mit Hilfe des Dopplereffekts, direkt die Bewegung der Atome in radialer Richtung, also auf uns zu oder von uns fort, messen. Auf diese Weise gelang es zunächst einmal, das Rotationsgesetz der Milchstraße, das bis dahin nur lokal aus der Bewegung

der Sterne in der Sonnenumgebung erschlossen war (s.o.), räumlich zu erweitern, und im nächsten Schritt dann, die Spiralstruktur unseres Systems zu bestimmen.

13.4 Die Spiralstruktur unseres Milchstraßensystems

Optisch war über die Spiralstruktur unseres Systems nur wenig bekannt. Zunächst schloß man in Analogie zu anderen außergalaktischen Systemen, daß auch unseres ein *Spiralsystem* sei. Darüber hinaus gab es ein paar weitere Indikatoren. Die Spiralarme sind charakterisiert durch interstellare Wolken und, da Sterne in interstellaren Wolken entstehen, auch durch junge Objekte, die sich noch nicht weit von ihrem Ursprungsort entfernt haben können. Das sind vor allem junge Sternhaufen, Assoziationen (→10.2 /10.3) und heiße, junge Sterne, die meist noch von ionisierten Wasserstoffwolken (HII-Gebiete, →11.4.2) umgeben sind. Bei den näheren Objekten dieser Art können wir die Entfernungen noch individuell bestimmen, also nach der Gerüstmethode ihren Standort festlegen. Die Verteilung dieser Objekte ließ kurze Stücke von drei Spiralarmen erkennen: unseren eigenen Arm, den sog. *Orion-Cygnus-Arm*, in dem die Sonne steht, ferner den weiter außen liegenden *Perseus-Arm* und den weiter innen gelegenen *Sagittarius-Arm* (jeweils benannt nach den Sternbildern, in denen diese Arme von uns aus gesehen am Himmel liegen). Das ist alles, was bis in die 50er Jahre bekannt war.

Hier führte die Radioastronomie weiter. Wenn man das Rotationsgesetz kennt, so kann man für jede vorgegebene Richtung den Zusammenhang zwischen der Entfernung und der Radialgeschwindigkeit berechnen, oder – anders herum – aus der beobachteten Radialgeschwindigkeit die Entfernung des Wasserstoffs bestimmen, also den Wasserstoff lokalisieren. Und da sich der Wasserstoff in den Spiralarmen konzen-

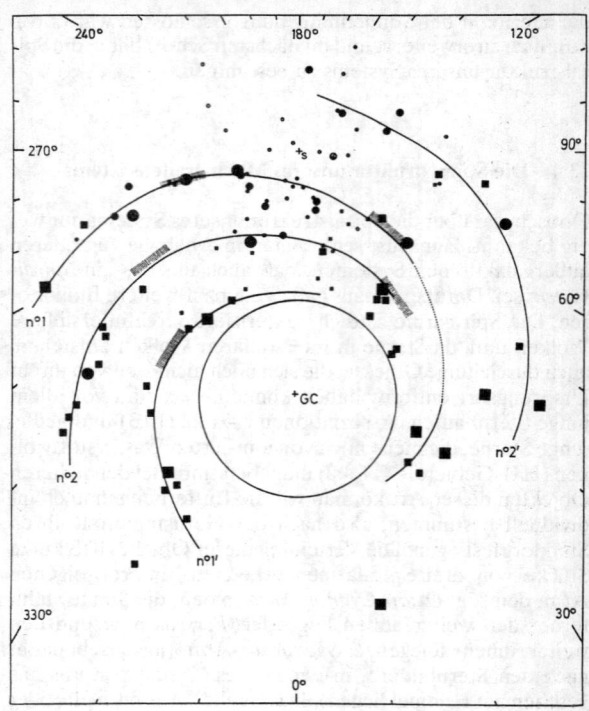

Abb. 24
Spiralstruktur der Galaxis (nach Y. M. und Y. P. Georgelin:
Astronomy and Astrophysics, 49, 1976, S. 57).
Erläuterungen im Text.

triert, gelingt es so, die Spiralstruktur über weite Bereiche des Systems aus der Beobachtung zu erschließen.

Die ersten Durchmusterungen mit der 21-cm-Linie zeigten noch etliche Ungereimtheiten und Widersprüche zu den optischen Beobachtungen. Das ist nicht überraschend, denn man mußte zunächst einige vereinfachte Annahmen machen. Die wichtigsten Annahmen waren: (1) daß sich die Wasserstoffwolken auf Kreisbahnen um das galaktische Zentrum bewegen, (2) daß das Rotationsgesetz, das in unserer Umgebung erschlossen wurde, für das ganze System gilt, und (3) daß die interstellare Materie demselben Rotationsgesetz folgt wie die Sterne.

Im Laufe der Jahre hat man viel dazugelernt. Vor allem entdeckte man etliche sehr helle HII-Gebiete, die auch in großer Entfernung noch zu sehen sind. Bei ihnen konnte man die Entfernung sowohl optisch als auch radioastronomisch bestimmen und somit die beiden Methoden aneinander anschließen. Das zur Zeit wohl beste Bild über die Spiralstruktur unserer Galaxis ist in Abb. 24 dargestellt. Es ist wieder ein Blick von oben auf unser System. Das Kreuz stellt den Ort der Sonne dar, GC ist das galaktische Zentrum. Die Punkte stellen optische Beobachtungen von HII-Gebieten dar, die Quadrate radioastronomische Beobachtungen; die unterschiedliche Größe der Symbole charakterisiert die Helligkeit der betreffenden Objekte. Gestrichelt sind die Richtungen, in denen die Milchstraße von uns aus gesehen am Himmel im Radiolicht besonders hell ist. Das sollten die Richtungen sein, in denen wir tangential in einen Spiralarm hineinschauen. Dieser Befund wurde ebenfalls zur Festlegung der eingezeichneten Spiralarme benutzt. Sicher ist dies noch nicht das letzte Wort, dürfte aber doch bereits eine gute Annäherung an die Wirklichkeit sein. Man sieht aus diesem Bild auch, daß die Sonne nicht direkt in einem Spiralarm steht, sondern eher in einem Verbindungsarm zwischen zwei Hauptarmen. Auch das paßt zu anderen Beobachtungen.

13.5 Entstehung und Stabilität der Spiralarme

Die Entstehung von Spiralarmen ist eigentlich trivial. Wir wissen bereits, daß unsere Galaxis differentiell rotiert, also innen schneller als außen, und jede zufällige Materie-Ansammlung in der Scheibe wird dann durch diese differentielle Rotation zwangsläufig zu Spiralen auseinandergezogen. Dies zeigt anschaulich Abb.25. Hier wird das Rotationsgesetz der Milchstraße auf eine Kuh angewendet, und die Abb. zeigt, wie die Kuh nach 50 Millionen, nach 100 Millionen und nach 200 Millionen Jahren aussieht – ein ideales Spiralsystem (womit natürlich nicht bewiesen ist, daß unsere Milchstraße aus einer Kuh entstanden ist).

Das Problem ist also nicht die Entstehung, wohl aber die Stabilität der Arme. Unsere Sonne hat bereits über 20 Umläufe um das galaktische Zentrum hinter sich, und auch die meisten anderen Galaxien haben schon viele Rotationen vollzogen. Das bedeutet aber, die Spiralarme müßten viel stärker aufgewickelt sein und das beobachtet man fast nie. Eine Zeitlang glaubte man, die Arme würden durch Magnetfelder zusammengehalten. Aber auch das bereitet Schwierigkeiten. Vor allem können Magnetfelder nur auf die elektrisch geladene (ionisierte) interstellare Materie einwirken, nicht aber auf die Sterne.

Die Lösung gelang C.C. Lin mit der *Dichtewellen-Theorie*. Durch zufällige Schwankungen in der Materieverteilung bilden sich Dichtefluktuationen. Solche dichteren Gebiete ziehen weitere Materie an, es bilden sich Maxima und Minima im galaktischen Schwerefeld. Die Materie läuft, infolge der Anziehung, mit wachsender Geschwindigkeit in solche Dichtemaxima (man spricht von *Potentialtöpfen*) hinein. Dort sammelt sich Materie an, und es kommt hier bevorzugt zur Entstehung von Sternen und Sternhaufen (→7.1). Die jungen Sterne laufen allmählich wieder aus dem Dichtemaximum hinaus. Diese Dichtemaxima mit der angesammelten Materie und den jungen Sternen charakterisieren die Spi-

0 Jahre   50 Mio. Jahre

100 Mio. Jahre   200 Mio. Jahre

30 000 Lichtjahre

Abb. 25
Zur Entstehung von Spiralarmen. Die nach dem Rotationsgesetz unserer Galaxis rotierende Kuh (nach A. Behr).

ralarme. Die Bewegung der interstellaren Materie und der
Sterne ist demnach eine andere als die Bewegung der Spiralarme. Wir können uns dies an einem sehr vereinfachten,
eindimensionalen Vergleich veranschaulichen: ein Stau auf
der Autobahn. Der Stau, die Blechlawine, entspricht dem
Spiralarm. Die einzelnen Autos (die Sterne) fahren hinten in

den Stau hinein, arbeiten sich langsam hindurch und fahren vorne wieder aus dem Stau heraus. Der Stau, die Autoansammlung (etwa von einem Hubschrauber aus gesehen), wandert dabei entgegengesetzt zur Bewegungsrichtung der einzelnen Autos.

13.6 Das galaktische Zentrum

Das Zentrum unseres eigenen Systems war uns lange Zeit wegen der dazwischen liegenden Staubwolken völlig verschlossen (→11.3/11.5). Erst die Radiostrahlung und in neuerer Zeit mehr und mehr die Infrarotstrahlung, die diese Wolken durchdringen können, bringen uns Kunde von den Zentralgebieten. Wir beobachten eine sehr komplexe Struktur, und das Problem liegt darin, aus dem zweidimensionalen Bild, das die Beobachtung uns liefert, ein dreidimensionales räumliches Gebilde zu konstruieren. Wir beobachten ja immer nur die Richtung, aus der die Strahlung kommt, wissen aber a priori nichts über die Entfernung der jeweiligen Strahlungsquelle. Die Erforschung des galaktischen Zentrums ist noch ganz im Fluß; die interferometrischen Methoden der Radioastronomie erlauben eine immer bessere Winkelauflösung und bringen immer mehr Details zutage. Ein zur Zeit favorisiertes, etwas schematisches Modell, das die Beobachtungen im wesentlichen erklären kann, sei in großen Zügen beschrieben.

Im eigentlichen Zentrum sitzt die Radioquelle *Sagittarius A** (Sag A*) von $\frac{1}{1000}$ Bogensekunde Durchmesser; das entspricht in dieser Entfernung etwa der Jupiterbahn um die Sonne. Es mehren sich die Indizien, daß es sich hier um ein *Schwarzes Loch* (→7.3.3) von etwa 10^6 Sonnenmassen handelt. Ein Schwarzes Loch dieser Masse hat selbst nur einen Radius von 2 bis 4 Sonnenradien und ist per definitionem nicht zu sehen. Aber es ist umgeben von einer *Akkretions-*

scheibe aus Staub und Gas (→9.6), die einige hundert Sonnenmassen enthält und bis zu einigen Zehnteln Lichtjahren reicht. Diese Akkretionsscheibe »füttert« das Schwarze Loch, wobei sich die Materie in einem gigantischen Strudel auf das Zentrum zu bewegt. Dabei wird Gravitationsenergie freigesetzt, die zur Hälfte durch innere Reibung in Wärme umgewandelt und abgestrahlt wird. Die andere Hälfte wird dazu verwendet, den Innenrand der Akkretionsscheibe aufzuheizen und die Materie zu ionisieren. Dabei werden Elektronen und Protonen auf nahezu Lichtgeschwindigkeit beschleunigt und senden in der Magnetosphäre des Schwarzen Lochs eine starke *Synchrotronstrahlung* aus (→11.2.1); das ist die beobachtete Radioquelle Sag A*. Gestützt wird diese Vorstellung durch erst kürzlich entdeckte *Radiojets*, die von Sag A* in entgegengesetzter Richtung fast senkrecht aus der galaktischen Ebene herausgehen. Solche Kern-Jet-Strukturen beobachtet man auch in aktiven Galaxien (→14.7). Unsere Galaxis zeigt also eine, wenn auch recht milde, Aktivität.

Um die Akkretionsscheibe herum liegt eine bis zu etwa 3 Lichtjahren reichende HII-Region (→11.4.2), die schon lange bekannte Radioquelle *Sag A West*. Es folgt nach außen eine fragmentierende Scheibe, also Gaswolken, die in einzelne Dichtekonzentrationen zerfallen, aus denen dann Sterne entstehen (→7.1). Schließlich kommen ausgedehnte Gas- und Molekülwolken. Das Ganze kann als eine gigantische, differentiell rotierende Scheibe betrachtet werden, die sich zum Zentrum hin verjüngt. Das Entstehen solch einer Dichteverteilung könnte durch eine starr rotierende *Balkenstruktur* im Zentralbereich erklärt werden, wie wir dies auch bei anderen Galaxien finden. Etwa in 10000 Lichtjahren Abstand vom Zentrum setzt die normale Spiralstruktur unserer Galaxis ein (→13.4). Sicher wird dieses Modell im Laufe der Zeit noch Erweiterungen und Verfeinerungen erhalten, aber es gibt doch eine ungefähre Vorstellung davon, wie es im Zentrum unseres Systems aussehen könnte.

13.7 Die Entstehung des Milchstraßensystems

Die Entstehung und Entwicklung des galaktischen Systems
ist in vielen Details noch offen. In großen Zügen können wir
uns aber etwa folgendes Bild machen. Die nach dem Urknall
expandierende Materie (→Kap. 15) verteilt sich nicht gleich-
förmig im Universum, sondern bildet große Konglomerate.
Ein solches Konglomerat, im wesentlichen eine turbulente
Gaswolke aus Wasserstoff und Helium, bildete die Vorstufe
zu unserer Galaxis. Hier kommt es bereits vor, daß durch
zufällige Dichteschwankungen einzelne kleinere Gebiete
gravitations-instabil werden, die Schwerkraft also größer
wird als der innere Druck. Die Gebiete kollabieren und
es kommt zur Entstehung von Sternen und Sternhaufen
(→7.1). Etwa ein Promille der Gesamtmasse hatte diese
Chance, das sind die kugelförmigen Sternhaufen im Halo
unseres Systems (→10.1). Sie befinden sich noch heute in
dem Volumen, das zu Beginn einmal von dem großen Konglomerat eingenommen wurde.
Die Turbulenz des verbleibenden Gases wird allmählich
durch dauernde Stöße abgebremst und aufgezehrt, wir sprechen von *turbulenter Reibung*. Das ganze System besitzt aber
einen bestimmten Gesamtdrehimpuls (es ist äußerst unwahrscheinlich, daß in einer so großen turbulenten Gaswolke der Gesamtdrehimpuls gerade Null ist). Dieser *Drehimpuls* muß erhalten bleiben, die Wolke rotiert also und plattet
sich infolge der turbulenten Reibung zu einer rotierenden
Scheibe ab. Diese Entwicklung ist ziemlich zwangsläufig,
und in der Tat besitzen viele Galaxien (→Kap. 15) heute die
Form rotierender Scheiben. Nur die Sterne, die vor der Abplattung entstanden sind, behalten ihre ursprünglichen Bahnen bei, denn bei ihnen kann die turbulente Reibung nicht
mehr angreifen.

14   Außergalaktische Systeme

14.1   Einführung und Klassifikation

Unser im vorigen Kapitel beschriebenes Sternsystem ist bei weitem nicht das einzige im Kosmos. Außerhalb unseres eigenen Systems gibt es zahlreiche weitere, ähnliche Sternsysteme, und weil sie außerhalb unserer eigenen Galaxis liegen, nennt man sie *außergalaktische Systeme*. Meist redet man – etwas verkürzt – einfach von anderen *Galaxien*. Im Englischen unterscheidet man unser eigenes und die anderen Systeme durch Groß- oder Kleinschreibung: »Our Galaxy« und »another galaxy«. Im Deutschen nennen wir unser eigenes System »Galaxis«, bei den anderen sprechen wir von einer »Galaxie«.

Eines dieser außergalaktischen Systeme können wir am nördlichen Himmel mit bloßem Auge sehen: es ist ein kleiner, verwaschener Fleck im Sternbild Andromeda – der berühmte *Andromedanebel*. Der Name »Nebel« ist dabei historisch bedingt, weil man diesen Fleck zunächst für einen echten Gasnebel hielt. In Wirklichkeit handelt es sich um ein Sternsystem, das unserer eigenen Galaxis sehr ähnlich ist: ein Spiralsystem mit Milliarden von einzelnen Sternen, Sternhaufen, Staub- und Gaswolken und allem, was es bei uns auch gibt. Wir sprechen darum lieber vom Andromedasystem. Das Licht ist von dort bis zu uns rund anderthalb Millionen Jahre unterwegs.

Schon Wright hatte sich im 18. Jahrhundert überlegt, wie unsere Milchstraße aus großer Entfernung aussehen müsse, und hatte daraus geschlossen, daß es sich bei vielen der damals bekannten elliptischen Nebelflecken um andere Sternsysteme handeln könne. Aber erst Anfang unseres Jahrhunderts konnte dies durch tatsächliche Auflösung der Objekte in Einzelsterne eindeutig nachgewiesen werden.

Einige sehr helle außergalaktische Systeme haben eigene Namen, wie das Andromedasystem oder die Magellanschen Wolken. Die zahlreichen, nicht allzu schwachen Objekte werden mit ihrer Nummer in einem der vielen Kataloge bezeichnet. Zu den älteren Katalogen gehören der schon früher erwähnte Messierkatalog (M) und der New General Catalogue (NGC). Beide enthalten alle verwaschenen, nicht sternförmigen Objekte und das heißt: galaktische Nebel (Gas- und Staubwolken, →11.2), Sternhaufen (→Kap.10) und außergalaktische Systeme. So läuft das Andromedasystem in der astronomischen Literatur unter der Bezeichnung M 31 oder NGC 224. Darüber hinaus gibt es zahlreiche Spezialkataloge für bestimmte Typen von Galaxien. Sehr schwache Objekte sind meist als Einzelsysteme uninteressant, sie sind wichtig für statistische Untersuchungen und werden daher nur noch durch ihre Koordinaten, also ihren Ort an der Himmelssphäre, charakterisiert. Oft interessiert nur die Zahl der Systeme pro *Quadratgrad*; das ist eine quadratische Fläche am Himmel von 1° Seitenlänge. Der Vollmond hat einen Durchmesser von rund ½°, das heißt eine Fläche von rund ⅕ Quadratgrad. Ein Quadratgrad hat also etwa die Fläche von 5 Vollmonden. Die gesamte Himmelskugel hat eine Fläche von 43000 Quadratgrad.

Mit einem Weitwinkelteleskop (Schmidtspiegel) auf dem Mt. Palomar in Kalifornien wurde vor vielen Jahren der ganze dort sichtbare Himmel photographiert, der sogenannte *Palomar Observatory Sky Survey* (= POSS). Er überdeckt insgesamt 879 Felder mit je einer Blau- und einer Rotaufnahme. Die Platten sind 36 cm × 36 cm groß. Hier sind alle Objekte bis zur 21. Größe erfaßt, das sind Objekte, deren Helligkeit am Himmel etwa einem Millionstel der Helligkeit der schwächsten mit bloßem Auge sichtbaren Sterne entspricht. Dies ist ein großartiges »Bilderbuch« des Himmels und erfaßt etliche Millionen außergalaktische Objekte. Die Fortsetzung dieses Werkes bis zum Südpol, der in Kalifornien nicht sichtbar ist, wurde von der Europäischen Süd-

Sternwarte (European Southern Observatory = ESO) in Chile durchgeführt.
In diesem Kapitel sollen die Galaxien als Individuen behandelt werden. Das letzte Kapitel bringt dann den Aufbau des Universums als Ganzem sowie die Entstehung und Entwicklung des Kosmos, die Kosmologie.

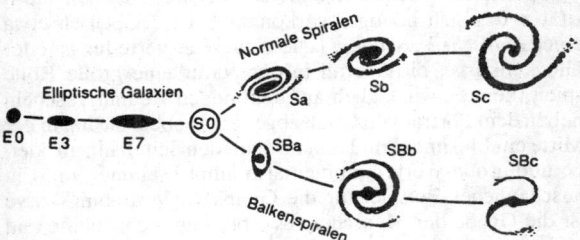

Abb. 26
Die Hubble-Klassifikation der Galaxien. Erläuterungen im Text.

Bei der sehr unterschiedlichen Erscheinungsform liegt es nahe, die Galaxien nach ihrer äußeren Form zu klassifizieren. Die älteste und immer noch gebräuchliche Klassifikation ist die nach ihrem Urheber genannte *Hubble-Klassifikation*, die später von Sandage noch etwas erweitert wurde. Sie unterscheidet zunächst *reguläre*, d.h. rotationssymmetrische, Systeme und *irreguläre Systeme*. Bei den regulären unterscheidet Hubble drei Grundtypen: *elliptische Systeme* (E), *normale Spiralen* (S) und *Balkenspiralen* (SB). Diese drei Typen sind mit ihren Untergruppen in Abb. 26 schematisch wiedergegeben.
Die Untergruppen der *elliptischen Systeme* charakterisieren die Abplattung (Elliptizität): E0 bedeutet kreisförmig, Achsenverhältnis 10:10; E1 ein Achsenverhältnis 10:9 usw. bis E7 mit einem Achsenverhältnis 10:3. Diese beobachtete Abplattung entspricht allerdings keineswegs der wahren Abplattung. Ein abgeplattetes E7-System ist zwar auch in

Wirklichkeit ein stark abgeplattetes System, das wir etwa von der Kante sehen. Ein E0-System dagegen kann entweder ein auch in Wirklichkeit kugelförmiges System sein, ebensogut aber auch ein abgeplattetes System, das wir genau von oben (*pole-on*) sehen. Erst statistische Untersuchungen zeigen, daß die wirklich kugelförmigen und die sehr stark abgeplatteten Systeme seltener sind, echte mittlere Elliptizitäten dagegen häufiger vorkommen. Es ergibt sich etwa eine *Gaußsche Verteilung*. (Die Gaußsche Verteilungs- oder Glockenkurve, die überall in der Natur eine große Rolle spielt, können wir täglich auf dem neuen Zehnmarkschein neben dem Porträt von Gauß abgebildet sehen. Sie hat in der Mitte ein Maximum und fällt nach beiden Seiten hin ab; kleine und große Werte kommen also immer seltener vor. Ein anschauliches Beispiel für die Gaußsche Verteilungskurve ist die Größe der Menschen: es gibt einige sehr kleine und einige sehr große Menschen, die meisten gruppieren sich um eine mittlere Größe.)

Die *normalen Spiralsysteme* zeigen ein schwach abgeplattetes Kerngebiet (die Kerngebiete ähneln den elliptischen Systemen) und dann Spiralarme, die tangential am Kern ansetzen. Die Art der Arme ist durchaus unterschiedlich. Oft sind es zwei große, symmetrisch zueinander liegende Hauptarme. Manchmal gibt es aber auch eine größere Anzahl kleinerer Arme, die kürzer und enger gewunden sind, mit einem mehr rosettenförmigen Aussehen. Die Untergruppen a→b→c zeigen ein fortschreitendes Zurücktreten des Kerns und ein immer stärkeres Sich-Öffnen der Arme. Bei Sa bildet der Kern fast das ganze System, während er bei Sc fast verschwindet. Unser eigenes Milchstraßensystem ist ein Sb-System.

Bei den *Balkenspiralen* gehen die Arme erst radial nach außen und knicken dann mehr oder weniger scharf um zu den eigentlichen Spiralen. Man kann auch sagen: die Systeme zeigen einen balkenförmigen Kern, an dessen Ende die Spiralarme ansetzen. Die Untergruppen a→b→c zeigen wieder ein fortschreitendes Zurücktreten des Kerns und ein stärkeres Sich-Öffnen der Arme. Die SBa-Systeme sehen etwa aus wie ein großes griechisches Theta Θ mit einem scharfen Knick zwischen Balken und Spirale. Die SBc-Systeme ähneln mehr einem großen lateinischen S; Balken und Spirale gehen ohne Knick ineinander über.

Am Verzweigungspunkt der drei Äste E, S, SB liegen die sogenannten *Spindel-* oder *linsenförmigen Systeme* S0. Kern und äußere Form sind hier ähnlich wie bei einem Spiralsystem, aber ohne Spiralarme.

Ganz getrennt von diesem Schema gibt es die irregulären Systeme ohne charakteristische äußere Form. Es sind einfach große Sternwolken. Bekanntestes Beispiel sind die beiden Begleiter unserer Galaxis, die *Magellanschen Wolken*.

In den großen Durchmusterungen sind rund 70% aller Galaxien Spiralsysteme, die große Mehrheit davon sind normale Spiralen. Dies ist aber keine Widerspiegelung der wahren Verteilung, denn die Spiralsysteme sind hell und groß, so daß wir sie bis in sehr weite Entfernung sehen können. Unter den elliptischen Systemen gibt es dagegen sehr viele kleine Systeme, sog. *Zwergsysteme* oder *Zwerggalaxien*, die wir nur in unserer unmittelbaren Nähe beobachten können. Ein Bild der wahren Verteilung gibt die Lokale Gruppe von Galaxien (→14.6), zu der wir selbst gehören und wo wir auch schwache Objekte noch identifizieren können. Hier finden wir über 56% elliptische Systeme, 25% irreguläre Systeme, 19% normale Spiralen und keine einzige Balkenspirale.

Es gibt heute weitere Klassifikationen, die mehr ins Detail gehen und physikalische Parameter verwenden. Zur allgemeinen Charakterisierung benutzt man aber weiterhin das Hubble-Schema, weil es sich sofort aus dem Anblick am Himmel ergibt.

14.2 Auflösung in Einzelobjekte

Mit großen Teleskopen können die nahen Galaxien bis zu
einigen Megaparsec Entfernung in Einzelobjekte aufgelöst
werden [1 Megaparsec = 1 Mpc = eine Million parsec = 3,3
Millionen Lichtjahre; →12.2]. Natürlich lassen sich nur Objekte hoher Leuchtkraft in diesen Entfernungen noch identifizieren. Ein Stern wie unsere Sonne ist schon in den nächsten Galaxien nicht mehr als Einzelstern zu erkennen. Im
Andromedasystem, unserem großen Nachbarn, sind Sterne
von etwa 100facher Sonnenleuchtkraft noch zu identifizieren. Bereits 1924 gelang Hubble die Auflösung der äußeren
Gebiete des Andromedasystems in Einzelsterne, 1944 konnte Walter Baade – unter Ausnutzung der kriegsbedingten
Verdunkelung von Los Angeles – im Mt. Wilson-Obser-
vatory auch die Zentralgebiete des Andromedasystems in
Einzelsterne auflösen. Ein Problem ist es manchmal, helle
Sterne von H II-Gebieten, also leuchtenden Wasserstoffwolken (→11.4.2), zu unterscheiden, weil auch diese in großer
Entfernung punktförmig erscheinen.
In großer Zahl findet man in den anderen Galaxien veränderliche Sterne, wie wir sie auch aus der eigenen Milchstraße
her kennen (→Kap. 8), z.B. Cepheiden, RR-Lyrae-Sterne,
langperiodische Mira-Sterne und helle unregelmäßige Veränderliche. Natürlich beobachten wir auch Nova- und Super-
nova-Ausbrüche, die zu den hellsten Einzelobjekten zählen,
die wir kennen. Im Andromedasystem werden im Mittel 25
bis 30 Novae pro Jahr beobachtet. Supernovae erreichen im
Maximum etwa die gleiche Helligkeit wie das ganze System,
in dem sie aufleuchten, sie sind also bis zu Entfernungen zu
erkennen, in denen überhaupt normale Galaxien zu beobachten sind. Eine Zeitlang betrieb man eine systematische
Überwachung nach Supernova-Ausbrüchen. Allein im Jahre
1960 wurden dabei 26 extragalaktische Supernovae beobachtet (weiteres →8.3.2).
In den Magellanschen Wolken sind über 100 planetarische

Nebel (→11.2.2) bekannt, im Andromedasystem liegen sie
an der Grenze der Beobachtbarkeit, fünf sehr helle planetarische Nebel konnten dort identifiziert werden.

Sternhaufen (→Kap. 10) konnten in den näheren Galaxien
in großer Zahl identifiziert werden. Auch hier liegen die offenen Sternhaufen in den Scheiben der Systeme, während
die Kugelhaufen in einem großen Halo um die Systeme herum liegen. Den Rekord hält das große elliptische E0-System
M87 im Virgohaufen mit über 1000 kugelförmigen Sternhaufen. Das Andromedasystem mit etwas über 100 Kugelhaufen
entspricht unserer eigenen Galaxis. In entfernteren Systemen ist die Identifizierung nicht mehr einfach, weil dann
auch die Sternhaufen als punktförmige, etwas verwaschene
Gebilde erscheinen.

Und schließlich findet man in den anderen Galaxien auch
interstellare Materie in den gleichen Erscheinungsformen
wie bei uns: leuchtende Emissionsnebel, dunkle Staubwolken (Dunkelwolken) und – mit Hilfe der 21-cm-Linie – auch
interstellaren Wasserstoff (→Kap. 11).

Alles in allem stellen wir fest, daß wir in den anderen Galaxien die gleichen Objekte in den gleichen Erscheinungsformen beobachten wie in unserer eigenen Galaxis – es handelt
sich um gleichartige Gebilde.

14.3 Integrale Eigenschaften

Hier sollen zunächst einige Eigenschaften »normaler« Galaxien betrachtet werden. Die exotischen Gebilde werden
dann in einem späteren Abschnitt behandelt.

14.3.1   Durchmesser

Die elliptischen Systeme zeigen in ihrer Größe einen sehr
weiten Spielraum von etwa 0,3 bis 50 kpc (etwa 1000 bis
150000 Lichtjahre), sie reichen also von ausgesprochenen
Zwerggalaxien (sogenannten dE-Systemen = dwarf ellipti-
cals) bis zu wahren Riesensystemen. Die Existenz von
Zwerggalaxien wurde erst relativ spät realisiert, weil man sie
nur in unserer Nähe noch identifizieren kann; in Wirklichkeit stellen sie den häufigsten Typ dar. In der Lokalen Gruppe (→14.6), unserer näheren Umgebung, sind 70% aller Mitglieder Zwerggalaxien.
Bei den Spiralsystemen ist der Bereich sehr viel kleiner, er
reicht von etwa 5 bis 30 kpc Durchmesser. Wir kennen keine
spiralförmigen Zwerggalaxien. Offenbar muß ein System
eine bestimmte Größe erreichen, um Spiralarme bilden zu
können. Die geringe Spannweite von etwa einem Faktor 6
im Durchmesser bedeutet, daß der scheinbare Durchmesser
am Himmel schon ein recht brauchbares Maß für die Entfernung liefert. Unsere eigene Galaxis und das Andromedasystem gehören zu den großen Systemen, nehmen aber
keine Sonderstellung ein. Bei den irregulären Systemen handelt es sich fast durchweg um Zwergsysteme.

14.3.2   Leuchtkraft, Farbe, Spektraltyp

Die Leuchtkräfte der normalen Galaxien, oder besser: ihre
absoluten Helligkeiten (→5.4) liegen im Bereich von -15^M
bis -20^M. Eine absolute Helligkeit von -20^M bedeutet rund
10^{10}, also 10 Milliarden Sonnenleuchtkräfte. Der Hellig-
keitsbereich beträgt 5 Größenklassen, die hellsten und die
schwächsten Systeme unterscheiden sich also etwa um einen
Faktor 100. Die Spannweite ist merklich kleiner als bei den
Sternen: Die hellsten Einzelsterne sind etliche millionenmal
heller als die schwächsten Sterne.

Die elliptischen Galaxien sind durchweg röter, ihr integraler Spektraltyp entspricht den G- und K-, also den gelbroten Sternen. Das bedeutet eine »alte« Sternpopulation, denn es fehlen offenbar die jungen, heißen, blauen Sterne der oberen Hauptreihe (→5.6.1/7.1). Das paßt auch zu dem Befund, daß wir in den elliptischen Galaxien kaum oder gar keine interstellare Materie finden, denn wo kein »Baumaterial« ist, können auch keine neuen Sterne entstehen.

Spiralsysteme sind generell blauer. Bei genauem Hinsehen zeigt sich eine charakteristische Verteilung der Farbe. Die Kerne der Spiralsysteme sind rot und ähneln in der Farbe und in ihrer Helligkeitsverteilung eher den elliptischen Systemen. Die Außengebiete sind dagegen deutlich blauer, und der blaue Anteil kommt vorwiegend aus den Spiralarmen selbst. Wie in unserer eigenen Galaxis haben wir hier also die Geburtsstätte neuer Sterne vor uns.

Die irregulären Systeme sind die blauesten, und hier finden wir auch viel interstellare Materie und damit viele junge Sterne.

14.3.3   Rotation

Die Kerne der großen Systeme zeigen eine starre Rotation wie ein Wagenrad. Die Umlaufperioden liegen im Bereich von 10 bis 100 Millionen Jahren. Außerhalb des Kerns geht die Rotation dann in eine differentielle Rotation über, die inneren Sterne laufen schneller als die äußeren, wie auch in unserer eigenen Galaxis im Bereich der Sonnenumgebung (→13.3.4). Sehr viel weiter außen, wo man die Hauptmasse des Systems wie eine Zentralmasse behandeln kann, sollte die Rotation in eine Keplerrotation (→2.2) übergehen, so wie bei den Bahnen der Planeten um die Sonne. Erstaunlicherweise wird dies aber nicht beobachtet. Alle genau untersuchten Systeme, auch unsere eigene Galaxis, rotieren in den Außengebieten schneller als nach dem Keplerschen Gesetz erwartet. Dies deutet zwangsläufig auf die Existenz von sehr viel mehr Masse als bisher vermutet noch außerhalb des optisch sichtbaren Bereichs. Möglicherweise handelt es sich um ausgedehnte Massen neutralen Wasserstoffs. Wirklich gelöst ist diese Frage noch nicht.

14.3.4 Massen

Es gibt mehrere Methoden, die Massen der Galaxien abzuschätzen, aber jede Methode hat ihre Schwierigkeiten und Schwächen, so daß es sich immer nur um Abschätzungen handeln kann. Gute Massenbestimmungen sind nach wie vor ein Problem.

Im Prinzip läßt sich die Masse recht gut aus der Rotation bestimmen, denn die Rotationsgeschwindigkeit ist weit außen durch die dort herrschende Schwerkraft und damit durch die Gesamtmasse des Systems bestimmt. Wie aber oben schon erwähnt, sind die Rotationskurven so weit außen bisher nicht beobachtbar. Mit einem bestimmten Modell über den Aufbau und die Dichteverteilung kann man auch den Schwerkraftverlauf im Innern des Systems und damit die Rotationsgeschwindigkeit weiter innen berechnen. Ein Vergleich mit der beobachteten Rotation ergibt dann Aussagen über die Masse.

Eine zweite Methode der Massenbestimmung bezieht sich auf Doppelsysteme, analog zur Massenbestimmung bei Doppelsternen (→Kap. 9). Während man aber bei den Doppelsternen meist einen oder mehrere volle Umläufe beobachten kann, ist dies bei den Galaxien nicht möglich. Man kennt ferner nicht die räumliche Lage der Systeme zueinander (z. B. welches System von uns aus gesehen vorne, welches hinten ist, wie groß ihr tatsächlicher Abstand voneinander ist), sondern nur die Radialgeschwindigkeiten, also den auf den Beobachter zu gerichteten Anteil ihrer gegenseitigen Bewegung. Hier geht viel Information in den Projektionseffekten unter. Man erhält nur statistische Aussagen, aber keine Aussagen über ein einzelnes Doppelsystem. Die bisher noch recht mageren statistischen Ergebnisse lassen sich am besten durch die Annahme von zwei Gruppen darstellen: Zwerggalaxien von einigen 10 Milliarden und Riesengalaxien von einigen 100 Milliarden Sonnenmassen.

Bei Galaxienhaufen lassen sich Massen aus der Geschwindigkeitsstreuung der einzelnen Mitglieder abschätzen. Auf das hierbei auftretende Problem werden wir im Abschnitt Galaxienhaufen (→14.6) näher eingehen.

Eine weitere Massenabschätzung ergibt sich aus dem Masse-Leuchtkraft-Verhältnis. Wenn die Sternzusammensetzung für alle Galaxien die gleiche wäre, so würde – einmal geeicht – aus der Gesamthelligkeit sofort auch die Gesamtmasse folgen. Aber wir wissen bereits, daß dies keineswegs der Fall ist. Der Anteil der jungen, heißen Sterne, die vor allem die Leuchtkraft des Systems bestimmen, ist sehr unterschiedlich. Einen groben Anhalt hierfür liefert die Farbe.

Eine wichtige Rolle spielt schließlich noch die Strahlung der 21-cm-Linie (→11.4.1). Sie liefert – über den Dopplereffekt (→5.5.2) – die Rotationsbewegung des interstellaren Wasserstoffs und damit Aussagen über die Gesamtmasse. Die Intensität der Strahlung liefert dagegen Aussagen über die Masse des interstellaren Wasserstoffs. Aus beiden zusammen ergeben sich dann Aussagen über den Anteil interstellarer Materie an der Gesamtmasse. Für das Andromedasystem findet man auf diese Weise eine Gesamtmasse von 210 Milliarden Sonnenmassen, eine Wasserstoffmasse von 7,6 Milliarden Sonnenmassen und damit einen Anteil der interstellaren Materie von 3,6%.

Die Ergebnisse der Massenbestimmungen einzelner Systeme nach den verschiedenen Methoden können sich durchaus um den Faktor 2 bis 3 oder mehr unterscheiden.

14.4   **Entfernungsbestimmungen**

14.4.1   Primäre Methoden

Die Entfernungsbestimmung naher Galaxien baut sich auf den Entfernungsbestimmungen innerhalb unseres eigenen Milchstraßensystems auf (→Kap.12). Die in unserer eigenen Galaxis geeichten Methoden werden auf andere Galaxien übertragen. Das bedeutet: Wir beobachten in anderen Galaxien Objekte, deren Leuchtkraft oder deren geometrische Größe wir aus unserem eigenen System bereits kennen. Dann ergibt sich aus der beobachteten Helligkeit oder aus dem Winkeldurchmesser sofort die Entfernung. Das Problem dabei ist, daß es sich nur um helle Objekte handeln kann, deren Entfernungsbestimmung schon innerhalb des Milchstraßensystems nur indirekt möglich ist.

Zu diesen hellen Objekten (die im einzelnen alle in den früheren Kapiteln beschrieben wurden) gehören vor allem die hellsten überhaupt vorkommenden normalen Sterne (Überriesen) mit absoluten Helligkeiten von -9^M bis -10^M, das ist rund das Millionenfache der Sonnenleuchtkraft. Sodann gehören dazu die Cepheiden, die RR-Lyrae-Sterne, die Novae, die hellsten Sterne in Kugelhaufen und die Gesamthelligkeit von Kugelhaufen. Zu den geometrischen Möglichkeiten zählen der Durchmesser von großen H II-Gebieten und von Kugelhaufen.

Wendet man diese verschiedenen Methoden auf unser großes Nachbarsystem, das Andromedasystem, an, so streuen die Ergebnisse um fast 20%. Berücksichtigt man dann noch die Unsicherheit der interstellaren Absorption, also die Tatsache, daß das Licht der Objekte sowohl im Andromedasystem als auch bei uns durch die interstellare Materie abgeschwächt wird (→11.5), so ergibt sich bereits bei diesem relativ nahen Objekt eine Unsicherheit von +/–30%.

14.4.2   Sekundäre Methoden

Sekundäre Methoden der Entfernungsbestimmung sind diejenigen, die den außergalaktischen Systemen selbst entnommen und an den nahen Galaxien, deren Entfernungen durch primäre Methoden bekannt sind, geeicht wurden. Hierzu gehören die Supernovae, die bei ihrem Ausbruch so hell werden wie die gesamte Galaxie, in der sie stehen.

Sie sind bis zu einigen Milliarden Lichtjahren Entfernung zu beobachten. Weitere Kriterien sind die Gesamthelligkeit der Galaxien oder die Helligkeit der hellsten Galaxie in einem Galaxienhaufen. Um hier exotische Fälle zu vermeiden, läßt man besser die hellsten Objekte unberücksichtigt und wählt z. B. das dritt- oder fünfthellste Objekt in einem Haufen. Ferner kann man den Durchmesser von Galaxien, insbesondere von Spiralsystemen heranziehen. Eine ganz neue Methode haben vor einigen Jahren Tully und Fischer vorgestellt. Sie fanden eine lineare Beziehung zwischen der absoluten Leuchtkraft eines Spiralsystems und der Breite der 21-cm-Linie. Einmal geeicht, ist dies eine schöne Methode zur Bestimmung der Leuchtkraft. Alle Entfernungsbestimmungen bauen also aufeinander auf und dabei pflanzen sich natürlich auch alle Fehler fort. Die Ergebnisse werden also mit zunehmender Entfernung immer unsicherer.

Die wichtigste sekundäre Methode ist schließlich die *Rotverschiebung* der Spektrallinien infolge der Expansion des Kosmos. Die Fluchtbewegung der Galaxien ist dabei proportional zur Entfernung. Aus der Größe der Rotverschiebung folgt also sofort die Entfernung. Dies ist das einzige Entfernungskriterium, das mit wachsender Entfernung prozentual immer genauer wird. Das Problem ist die Eichung, also die Festlegung der Konstanten in dieser linearen Beziehung. Hierauf werden wir im letzten Kapitel (→15.2) ausführlich zurückkommen.

14.5 Doppel- und Mehrfachsysteme

Wie bei den Sternen gibt es auch bei den Galaxien *Doppel-*
und *Mehrfachsysteme*, Gruppen und große *Galaxienhaufen*.
Rund 50% aller Galaxien sind Mitglieder von Doppel- und
Mehrfachsystemen, auch das entspricht etwa den Verhältnissen bei den Sternen. Manchmal sind es nur kleine Begleiter von großen Galaxien. So sind zum Beispiel die beiden
Magellanschen Wolken am Südhimmel, zwei kleine irreguläre Sternsysteme, Begleiter unserer eigenen Galaxis. Das
Andromedasystem hat ebenfalls zwei kleine Begleiter, die
Systeme NGC 205 und NGC 221, zwei elliptische Zwerggalaxien. Oft sind die Mitglieder der Systeme aber auch von
gleicher Größenordnung. Nach dem Erscheinungsbild kann
man drei Typen unterscheiden: (1) weit getrennte Paare,
ohne Anzeichen einer Wechselwirkung. Zu dieser Gruppe
gehören natürlich auch viele optische Paare, also Galaxien,
die am Himmel nur scheinbar dicht beieinander, in Wirklichkeit aber weit hintereinander stehen; (2) enge Paare, die
eine deutliche gegenseitige Wechselwirkung erkennen lassen, und (3) kollidierende Paare, also solche, bei denen die
Hauptkörper direkt in Kontakt miteinander stehen und
starke Störungen der inneren Strukturen vorliegen. Auch
die Galaxien mit *doppeltem Kern* gehören hierher.
Die Art der Wechselwirkung benachbarter oder kollidieren-
der Galaxien zeigt sehr reichhaltige Formen. Da gibt es getrennte Systeme, die durch größere, bogenförmige oder
auch durch kurze, hantelförmige Lichtbrücken miteinander
verbunden sind. Man nennt sie darum auch *Hantel-Systeme*
(engl. *dumb-bell*). Die bogenförmigen Lichtbögen sind
manchmal die Verlängerung eines Spiralarms. Die Lichtbrücken bestehen aus einzelnen Sternen und interstellarer
Materie, und das ganze Phänomen entsteht durch gegenseitige Gezeitenkräfte. Auf der abgewandten Seite zeigen
manche Systeme einen *Gegenarm*, der auch auf Gezeiten-
störungen zurückzuführen ist. Gelegentlich beobachtet man

sogar eine einzelne Galaxie mit einer intergalaktischen Spur, vielleicht der Rest eines früheren Doppelsystems? Die Mitglieder von Mehrfachsystemen sind häufig auch in ein allgemeines, schwach sichtbares intergalaktisches Medium eingebettet.

Bei Zusammenstößen kann eine große Galaxie sich eine kleinere einverleiben, man spricht von *Galaxien-Kannibalismus*. Auf diese Weise kann eine dominierende Galaxie in einem Galaxienhaufen auf Kosten zahlreicher sie umgebender Zwerggalaxien immer mehr anwachsen und sich zu einer *Supergalaxie* entwickeln. Noch nicht eindeutig geklärt ist die Frage, ob es sich bei den Galaxien mit mehrfachem Kern auch um die letzte Phase einer Galaxienverschmelzung handelt, oder ob sich hier durch interne Vorgänge die Kerne aufgespalten haben, ob hier also gerade ein Doppelsystem entsteht. So ist auch die grundsätzliche Frage ungeklärt, ob Doppel- und Mehrfachsysteme durch Zusammenstöße und enge Begegnungen entstehen, oder ob es sich um die Expansion gemeinsam entstandener Galaxien handelt. Vermutlich kommt beides vor.

Schon 1838 behauptete Friedrich Herschel, in klaren Nächten eine Verbindung zwischen der Milchstraße und der großen Magellanschen Wolke gesehen zu haben. Für solch eine Verbindung dieser beiden Systeme gibt es einige weitere Indizien, von denen aber keines wirklich beweiskräftig ist. Auch diese Frage ist noch offen.

14.6 Galaxienhaufen

Schon eine grobe Analyse der Verteilung der Galaxien läßt eine Tendenz zur Haufenbildung erkennen. Von den 35 hellen Galaxien, die im Messierkatalog enthalten sind, liegen allein 16 in einem kleinen Feld im Sternbild Jungfrau; sie bilden den Kern des *Virgohaufens*. Die große photographische Himmelsdurchmusterung, der Palomar-Sky-Atlas (s. Einleitung des Kapitels), enthält über 30000 Galaxienhaufen. Vermutlich kann man jede Galaxie einem Haufen oder einer Gruppe zuordnen.

Die Erscheinungsformen sind dabei sehr unterschiedlich. Manche Haufen werden von einer hellen zentralen Riesengalaxie dominiert, die vermutlich durch den oben beschriebenen *Kannibalismus* (→14.5) entstanden ist. Manchmal sind es auch mehrere helle Galaxien, die den Haufen beherrschen, während es in anderen keine beherrschenden Mitglieder gibt. Wie bei den Sternhaufen gibt es auch bei den Galaxienhaufen sehr lockere Ansammlungen mit weniger als 100 Mitgliedern (man spricht dann von *Galaxien-Gruppen*) und auf der anderen Seite sehr kompakte Haufen mit Tausenden von Mitgliedern. Je reicher und kompakter ein Haufen ist, um so größer ist der Anteil an elliptischen Systemen im Vergleich zur allgemeinen Verteilung. Die Ursache hierfür sind häufigere Zusammenstöße der Galaxien in einem kompakten Haufen. Bei einem Zusammenstoß passiert den einzelnen Sternen praktisch nichts. Die Galaxien durchdringen einander wie zwei lockere Mückenschwärme, aber die interstellare Materie zwischen den Sternen wird bei solchen Zusammenstößen aus den Galaxien »herausgefegt«. Ereignet sich dies im Frühstadium einer Galaxie, kann sie sich nicht mehr zu einem Spiralsystem entwickeln. In der Tat beobachten wir in etlichen Galaxienhaufen Gasmaterie zwischen den einzelnen Galaxien, also *intergalaktische Materie*.

Unsere eigene Milchstraße gehört zu einem kleinen Galaxienhaufen, den wir die *Lokale Gruppe* nennen. Rund 30 Mitglieder der Lokalen Gruppe sind bekannt. Die Mitgliedschaft ist noch nicht bei allen endgültig gesichert, auf der anderen Seite gibt es sicher weitere, bisher noch nicht entdeckte oder von uns aus nicht sichtbare Mitglieder.

Die 17 schon lange bekannten und genauer untersuchten Mitglieder der Lokalen Gruppe teilen sich folgendermaßen auf: 3 Spiralsysteme (es sind auch die größten und hellsten

Mitglieder), 10 elliptische Systeme (meist Zwerggalaxien) und 4 irreguläre Systeme. Die drei großen Spiralsysteme sind einmal unsere eigene Galaxis, die mit ihren beiden Begleitern, der großen und der kleinen *Magellanschen Wolke*, ein Tripelsystem bildet; dann das *Andromedasystem*, mit seinen beiden kleinen Begleitern ebenfalls ein Tripelsystem, und der *Spiralnebel M33* im Sternbild Dreieck. Unsere beiden Begleiter, die Magellanschen Wolken, sind leider nur am Südhimmel zu sehen. Sie haben am Himmel einen Durchmesser von mehreren Grad und sind etwa so hell wie das Band der Milchstraße. Diese Systeme sind einerseits so weit entfernt, daß man sie als Ganze überblicken kann, andererseits aber noch so nahe, daß man viele Einzeluntersuchungen durchführen kann; darin liegt ihre Bedeutung für die Beobachtung. Auf den ersten Blick erscheinen sie als irreguläre Systeme. Genauere Untersuchungen lassen aber bei der großen Magellanschen Wolke Strukturen einer gestörten Balkenspirale erkennen. Die Störung ist vermutlich durch Gezeitenkräfte seitens unseres eigenen Systems verursacht.

Der uns nächste große Galaxienhaufen ist der schon erwähnte *Virgohaufen*, von dem wir etwa 3000 Mitglieder kennen. Der Zentralbereich dieses Haufens liegt im Sternbild Jungfrau und erstreckt sich am Himmel über etwa 7°. Der Haufen reicht aber wesentlich weiter, und seine Ausläufer erstrecken sich über den ganzen Himmel nördlich der galaktischen Ebene. Vermutlich erstreckt sich der Haufen sogar noch über unsere Lokale Gruppe hinweg. Das bedeutet: auch die Lokale Gruppe und damit natürlich auch unser eigenes Milchstraßensystem gehören noch zu den Ausläufern dieses Superhaufens. Es gibt sogar Indizien dafür, daß unsere ganze Lokale Gruppe mit einer Geschwindigkeit von rund 200 km/s in das Zentralgebiet des Virgohaufens »hineinstürzt«. Alle diese Daten sind natürlich noch sehr unsicher, sie spielen aber eine wichtige Rolle bei der Eichung der Hubble-Konstanten (→15.2).

Ein extrem kompakter, symmetrisch aufgebauter Galaxienhaufen mit über 1000 bekannten Mitgliedern in ca. 300 Millionen Lichtjahren Entfernung ist der *Coma-Haufen*.
Für die *Massenbestimmung* der Galaxienhaufen gibt es zwei
ganz unterschiedliche Methoden. Man kann einmal nach
den früher beschriebenen Methoden (etwa mittels der Masse-Leuchtkraft-Beziehung) die Massen der einzelnen Haufenmitglieder bestimmen und addieren. Auf der anderen
Seite kann man die Geschwindigkeitsstreuung der einzelnen
Galaxien innerhalb des Haufens messen und daraus die Gesamtmasse des Haufens bestimmen. Dabei muß man vor-
aussetzen, daß der Haufen durch die gegenseitigen Gravitationskräfte stabil zusammengehalten wird und sich im
Gleichgewicht befindet (d. h. Gültigkeit des *Virialsatzes*).
Dabei ergibt sich eine merkliche Diskrepanz. Die zweite
Methode liefert eine deutlich größere Gesamtmasse als die
erste Methode. Dafür gibt es zwei Deutungsmöglichkeiten:
Entweder der Virialsatz ist nicht erfüllt, d. h. die Haufen befinden sich nicht im Gleichgewicht, sondern expandieren,
laufen auseinander, etwa wie die O-Assoziationen bei den
Sternhaufen ($\rightarrow$10.3). Allerdings müßten sich die Haufen
dann schon sehr viel weiter aufgelöst haben. Oder aber –
und das wird heute eher angenommen – ein wesentlicher
Teil der Masse liegt in nicht beobachtbarer Form vor (man
spricht von dem Problem der *missing mass*). Diese nicht
sichtbare Masse wird bei der Geschwindigkeitsstreuung (Virialsatz) mit erfaßt, nicht aber bei der ersten Methode der
Addition der Einzelmassen. In Betracht kommen nicht beobachtete Zwerggalaxien, nicht sichtbare intergalaktische
Materie oder ausgedehnte Halos, wie sie schon durch die
Rotationskurven der Galaxien ($\rightarrow$14.3.3) angedeutet werden.

14.7 Aktive Galaxien

Aktive Galaxien ist ein Sammelbegriff für verschiedene Typen von Galaxien mit leuchtkräftigen Kernen, von denen nicht-stellare und nicht-thermische Strahlung hoher Energie ausgesandt wird. In der heutigen Literatur spricht man kurz von AGN (= *active galactic nuclei*). Galaxien gehören dann zur Gruppe der AGN, wenn mindestens ein, möglichst aber mehrere der folgenden Kriterien erfüllt sind:

- Ein kompakter Kern hoher Leuchtkraft, die sehr viel höher ist als bei normalen Galaxien gleichen Typs. Ein starker Helligkeitskontrast zwischen der Kernregion und der umgebenden Struktur.
- Eine kontinuierliche Emission nicht-thermischen und nicht-stellaren Ursprungs; ein Strahlungsüberschuß im Radio-, Infrarot-, UV-, Röntgen- oder Gammabereich im Vergleich zur optischen Leuchtkraft und damit im Vergleich zu normalen Galaxien.
- Rotverschobene breite und/oder schmale Emissionslinien nicht-stellaren Ursprungs.
- Kurzzeitige Variabilität des Kontinuums und/oder der Emissionslinien im Bereich von einigen Minuten bis zu Jahren.
- Explosive Erscheinungen oder jet-ähnliche Ausschleuderungen im Radio-, im optischen und im Röntgenbereich.

Für die sehr verschiedenartigen aktiven Galaxien gibt es bisher keine einheitliche Systematik. Die von verschiedenen Autoren vorgeschlagenen und verwendeten Definitionen und Klassifizierungen beruhen auf ganz unterschiedlichen (morphologischen, spektroskopischen oder photometrischen) Kriterien und überschneiden sich weitgehend. Im folgenden sollen die wichtigsten Typen kurz beschrieben werden.

14.7.1 Radiogalaxien

Als *Radiogalaxien* bezeichnete man ursprünglich alle Galaxien, deren Radiostrahlung wesentlich höher ist als nach der optischen Helligkeit zu erwarten, unabhängig von ihren sonstigen Eigenschaften. Heute versteht man darunter speziell Galaxien, deren starke Radiostrahlung letztlich ihre Ursache im Kern der Galaxie hat, auch wenn dieser nicht unbedingt Quelle der heute beobachteten Radiostrahlung ist. Man unterscheidet zwei Gruppen. Erstens die *kompakten Quellen*, bei denen die Radiostrahlung direkt aus einem relativ kleinen Kern kommt. Die eigentliche Quelle ist oft so klein, daß sie selbst bei Beobachtung hoher Auflösung punktförmig erscheint. Wo eine Auflösung gelingt, handelt es sich manchmal um Galaxien mit einem doppelten Kern oder anderen komplexen Strukturen. Zu diesen kompakten Radiogalaxien gehören etliche der später zu besprechenden Typen, wie etwa die radio-lauten, quasistellaren Objekte

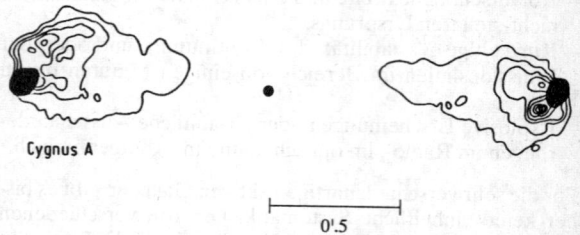

Cygnus A

0'.5

Abb. 27 Radioisophoten der Radio-Galaxie Cyg A. Der Punkt im Zentrum charakterisiert die optisch sichtbare Galaxie.

oder die BL-Lacertae-Objekte und andere. Zweitens ausgedehnte *Doppelquellen*, bei denen die Radiostrahlung nicht aus dem Kern, sondern aus zwei *Radioblasen* in großem Abstand und symmetrisch zum Kern stammt. Abb. 27 zeigt das typische Bild (eine Radio-Isophotenkarte) einer solchen Doppelquelle, in diesem Falle der Quelle *Cygnus A*. Insgesamt kennen wir heute rund 500 derartige Doppelquellen. Im Zentrum zwischen den Blasen oder Radioflügeln sitzt die eigentliche optisch sichtbare Galaxie. Es handelt sich hier um die ausgedehntesten Einzelobjekte im Kosmos, die wir kennen, mit Ausdehnungen bis zu einigen Millionen Lichtjahren.

Den Mechanismus dieser Quellen kann man sich etwa folgendermaßen vorstellen: Aufgrund explosiver Vorgänge im aktiven Kern gibt es einen kontinuierlichen Fluß von Teilchen, Strahlung und Magnetfeld aus dem Kern heraus in die Flügel. Gelegentlich werden jet-artige Gebilde direkt beobachtet. Die aus dem Kern in entgegengesetzter Richtung herausgeschleuderten schnellen Elektronen nebst Magnetfeld erzeugen eine Synchrotronstrahlung (→11.2.1). Die Helligkeitsmaxima außen in der Plasmawolke werden möglicherweise durch eine Stoßwelle im intergalaktischen Gas verursacht. Gelegentlich beobachtet man mehrere Blasenpaare in verschiedenen Abständen, aber stets in derselben Richtung, also perlschnurartig hintereinander. Da gab es im Kern mehrere Ausbrüche, aber mit einem »Richtungsgedächtnis«. Viele Details in diesem groben Bild bedürfen noch der näheren Untersuchung, und noch sind längst nicht alle Fragen gelöst.

14.7.2   Quasare, quasistellare Objekte

Quasar ist ein Kunstwort und bedeutete ursprünglich *quasistellare Radioquelle*. Es handelt sich um starke kompakte Radioquellen, die im optischen Bereich »wie Sterne« aussehen, also punktförmig und ohne erkennbare Struktur. Später fand man, daß es viele gleichartige Objekte, aber ohne Radiostrahlung gibt. Man spricht darum von *radio-lauten* und *radio-ruhigen* Quasaren oder zusammenfassend von *quasi-*

stellaren Objekten (QSO = quasi-stellar object). Die radio-ruhigen QSOs sind inzwischen sogar in der Überzahl. Es handelt sich bei diesen Objekten um die leuchtkräftigsten, die wir im Kosmos überhaupt kennen und bis in die größten bisher erreichbaren Entfernungen (an die 13 Milliarden Lichtjahre) beobachten können. Ihnen kommt daher auch für kosmologische Fragen eine besondere Bedeutung zu (→Kap. 15).

Die ausgestrahlte Energie der Quasare übertrifft diejenige normaler Galaxien im optischen Bereich um das 1000- bis 10000fache, im Radio- und im Röntgenbereich sogar bis zum Zehnmillionenfachen.

Die meisten Quasare sind nach wie vor nicht aufzulösen, also punktförmig. Bei einigen näheren Quasaren konnte man inzwischen die unterliegende Galaxie erkennen, ein normales elliptisches oder Spiralsystem mit normaler Helligkeit und mit dem enorm hellen Quasarkern im Zentrum. Das Verhältnis von Kernhelligkeit zur Helligkeit der gesamten Galaxie ist um mehr als einen Faktor 100 größer als bei normalen Galaxien. Etwa die Hälfte der radio-lauten Quasare zeigt eine symmetrische Radio-Doppelquelle.

Die Spektren der Quasare zeigen einmal eine kontinuierliche Synchrotronstrahlung, die sich vom Radiobereich über das gesamte Spektrum der elektromagnetischen Wellen bis in den Röntgenbereich erstreckt. Dieser kontinuierlichen Strahlung überlagert sind breite Emissionslinien, vorwiegend des Wasserstoffs, Sauerstoffs, Stickstoffs und anderer Elemente. Die Spektren zeigen wegen der Expansion des Kosmos (→15.2) eine starke Rotverschiebung der Spektrallinien. Bei den größten bisher beobachteten Rotverschiebungen haben sich die Wellenlängen vervierfacht. Das heißt: Linien, die normalerweise im fernen UV liegen, sind nun im sichtbaren Spektralbereich zu beobachten, z. B. die Wasserstofflinie Lyman Alpha (→5.5.3). Neben diesen stark rotverschobenen Emissionslinien beobachtet man oft mehrere Gruppen von Absorptionslinien mit geringerer Rotverschiebung. Diese stammen aus Vordergrundgalaxien, durch die das Licht der Quasare bei seinem weiten Weg zu uns hindurchgegangen ist.

Einige Quasare zeigen eine langsame Helligkeitsabnahme, die auf eine kurze Lebensdauer der Objekte von einigen 100000 Jahren führt. Bei anderen beobachtet man starke Helligkeitsschwankungen innerhalb von Monaten, geringe Schwankungen sogar schon innerhalb von Tagen. Das bedeutet, daß diese Quellen höchstens eine Ausdehnung von einigen Lichtmonaten haben können; das ist nur ein Bruchteil der Entfernung des nächsten Fixsterns von der Sonne. Für eine so hohe Energieausstrahlung bedeutet das eine extrem kompakte Quelle.

Die eigentliche Energiequelle dieser aktiven Kerne ist noch nicht wirklich geklärt. Am plausibelsten erscheint gegenwärtig ein extrem großes Schwarzes Loch (→7.3.3), das aus der ihn umgebenden Materie (Akkretionsscheibe; →9.6) etwa 10 Sonnenmassen pro Jahr aufsammelt und verschluckt. Ähnliches vermutet man, wenn auch nur in kleinem Ausmaß, im Zentrum unseres eigenen Systems (→13.6). Diskutiert werden aber auch: ein rotierender magnetischer Superstern (sog. *Spinar*); oder ein sehr dichter Sternhaufen mit sehr viel Sternkollisionen; oder eine Supernova-Kettenreaktion; oder ein Gravitationskollaps; oder andere mehr oder weniger spekulative Vorschläge.

1979 wurde ein *Quasar-Zwillingspaar* entdeckt, zwei dicht beieinander liegende Objekte mit gleichen Spektren und gleicher Rotverschiebung. Zwischen beiden entdeckte man später eine schwache Vordergrundgalaxie. Sehr wahrscheinlich handelt es sich um ein und dasselbe Objekt. Das Licht wird beim Passieren der Vordergrundgalaxie durch deren Schwerkraft abgelenkt, so daß Lichtstrahlen, die an den beiden Seiten der Galaxie vorbeigehen, in unser Auge gelangen. Wir sehen dieses Objekt dann scheinbar doppelt, einmal links und einmal rechts von der Vordergrundgalaxie. Man spricht in diesem Fall von einer *Gravitations-*

linse. Inzwischen kennen wir mehrere derartige Phänomene.
Nach diesen beiden wichtigsten Gruppen aktiver Galaxien
nun noch einige spezielle Typen.

14.7.3 Seyfert-Galaxien

Seyfert-Galaxien sind Systeme, meist Spiralsysteme, mit einem hellen Kern und hochangeregten breiten Emissionslinien. Besonders kräftig sind Linien vom Wasserstoff, Neon, Schwefel, Eisen, Argon u.a. Etwa 1% aller Spiralsysteme sind Seyfert-Galaxien. Das kann man natürlich auch so interpretieren, daß Spiralsysteme etwa 1% ihrer Lebenszeit in einem Seyfert-Stadium verbringen. Nach den spektroskopischen Eigenschaften unterscheidet der Fachmann zwei Untergruppen: Seyfert-Galaxien vom Typ 1 und Typ 2, jedoch soll auf diese Details hier nicht weiter eingegangen werden.
Manche Seyfert-Galaxien würden in großer Entfernung, wenn das Spiralsystem selbst nicht mehr zu sehen ist, wie schwache Quasare erscheinen. Sie sind in gewisser Hinsicht eine schwächere Ausgabe der Quasare.

14.7.4 BL-Lacertae-Objekte

BL-Lac-Objekte ähneln den Radio-Quasaren, sind also auch sternförmige Objekte, aber ohne (oder nur mit ganz schwachen) Emissionslinien, so daß im allgemeinen keine Rotverschiebung gemessen werden kann. Es handelt sich um Quasare ohne genügend Gas in der Umgebung, das zum Leuchten angeregt werden könnte. Die nicht-thermische Kontinuumsstrahlung ist in allen Spektralbereichen vom infraroten bis zum Röntgenbereich stark polarisiert und die Helligkeit variiert innerhalb von Tagen bis Monaten bis zum

Faktor Hundert; dazwischen gibt es ruhige Phasen. Sie sind die Hauptvertreter der *violent variables*. Wegen des sternförmigen Aussehens und dieser Variationen hielt man BL Lacertae, den Prototyp dieser Gruppe, ursprünglich für einen veränderlichen Stern; daher auch die ungewohnte Namensgebung (→8.1).

Die extremen Klassen aktiver Galaxien, nämlich die Quasare mit starken, kurzzeitigen Helligkeitsschwankungen, die stark polarisierten Quasare und die BL-Lac-Objekte werden gelegentlich zusammenfassend als *Blazers* bezeichnet.

14.7.5 Markarian-Galaxien; Arakelian-Galaxien; Haro-Galaxien

Bei den *Markarian-Galaxien* (Mkn) handelt es sich um Galaxien, die bei einer Objektivprismen-Durchmusterung von Markarian eine starke UV-Strahlung zeigten, die unterschiedliche Ursachen haben kann. »Mkn« ist daher eher eine Katalog-Bezeichnung UV-heller Galaxien als ein Klassifikationsmerkmal eines bestimmten Typs. Ähnlich bezeichnen *Arakelian-Galaxien* solche mit einer sehr hohen Oberflächenhelligkeit. Die *Haro-Galaxien*, diffuse Galaxien mit einem UV-Exzeß, bilden eine Untergruppe der Markarian-Galaxien.

15 Das Universum, Kosmologie

Im letzten Kapitel betrachten wir das Universum als Ganzes, seine gegenwärtige Struktur und seine Entwicklung, insbesondere den Ursprung des Universums, die Kosmologie. Hier stoßen wir an die Grenzen der wissenschaftlichen Forschung, und wohlbegründete Theorien, Arbeitshypothesen und Spekulationen sind für den Laien oft nicht leicht zu unterscheiden, zumal die Übergänge fließend sind und die Tageszeitungen oft gerade die Spekulationen hervorheben und als neue Ergebnisse der Wissenschaft hinstellen.

15.1 Aufbau des Universums im Großen

Die Verteilung der Galaxien am Himmel ist in kleinen Bereichen, nach Korrektur wegen der interstellaren Absorption, sehr unregelmäßig. Da gibt es Einzelsysteme, Doppel- und Mehrfachsysteme, Gruppen und Galaxienhaufen. All dies ist im vorigen Kapitel beschrieben. Im Großen jedoch, das heißt über Gebiete von etlichen Grad Durchmesser am Himmel gemittelt, ist die Verteilung recht gleichmäßig. Nord- und Südkappe zeigen keine merklichen Unterschiede, es gibt keine systematische Änderung mit der galaktischen Länge und Breite. Daraus schließt man, daß es keinen Dichtegradienten im Universum gibt und daß die Galaxien im Großen räumlich homogen verteilt sind.

Im Zwischenbereich ergeben statistische Analysen eine starke Tendenz zur Haufenbildung, und hier hat sich unser Bild des Kosmos in den vergangenen Jahrzehnten merklich geändert. Die Zahl der Felder mit zu geringer Galaxienzahl ist größer als es bei einer zufälligen Verteilung sein sollte. Es gibt anscheinend große Leerräume im Universum (engl. *voids*) und eine vermehrte Zahl von Galaxien an deren Rändern. Der Kosmos scheint eher wabenförmig aufgebaut zu sein. Der größte bisher bekannte, sehr langgestreckte Galaxienhaufen (ca. 500 Millionen Lichtjahre) läuft unter dem Namen *Die große Mauer*. Wir werden später sehen, daß diese großräumigen Strukturen den Kosmologen einige Probleme bereiten. Alle diese Beobachtungen sind noch mit Unsicherheiten behaftet, aber die Tendenz zur Wabenbildung wird immer deutlicher; man spricht auch von einem »klumpigen« Universum.

15.2 Die Expansion

Als Anfang des Jahrhunderts klar wurde, daß unser Kosmos aus einzelnen Galaxien aufgebaut ist, und man sich Gedanken über den Bau des Kosmos machte, war es bald deutlich, daß solch ein Kosmos eigentlich nicht stabil im Gleichgewicht existieren kann. Entweder muß er wegen der gegenseitigen Anziehungskräfte in sich zusammenfallen, also kontrahieren. Oder es muß eine Kraft geben, die der Gravitation entgegenwirkt und den Kosmos auseinandertreibt, also ein expandierendes Universum. Einstein hielt zunächst an einem stabilen Kosmos fest und führte darum in seinen Gleichungen die berühmte *kosmologische Konstante Lambda* (Λ) ein, eine Abstoßungskraft, die gerade so groß ist, daß sie der Gravitation das Gleichgewicht hält. Im Rahmen kosmologischer Modelle gibt es alle drei Möglichkeiten: Expansion, Kontraktion und Stabilität. Hier konnte also nur die Beobachtung entscheiden, wie es mit »unserem« Kosmos steht.

Diese Frage nach der Struktur des Kosmos war einer der Gründe für den Bau des 2,5-m-Spiegels auf dem Mount Wilson in Kalifornien, er war zwei Jahrzehnte lang das größte Teleskop der Welt. Edwin Hubble nahm damit Spektren entfernter Galaxien auf und bestimmte ihre Radialgeschwindigkeiten (V_r). Die Belichtungszeiten erstreckten sich dabei

manchmal über mehrere Nächte. Nach mehrjähriger Beobachtungszeit hatte Hubble 1929 so viel Material zusammen,
daß er sagen konnte: Unsere Welt expandiert. Die Spektren
der Galaxien zeigen mit wachsender Entfernung eine zuneh-
mende Rotverschiebung der Spektrallinien (Dopplereffekt,
→5.5.2), und die Expansionsgeschwindigkeit V_r ist proportional zur Entfernung r, also kurz:

$$V_r = H_0 \times r$$

Die Proportionalitätskonstante H wird zu Ehren des Entdeckers *Hubble-Konstante* genannt (der Index Null besagt,
daß es sich um ihren gegenwärtigen Wert handelt, denn es ist
nicht a priori gesagt, daß diese Konstante zu allen Zeiten den
gleichen Wert gehabt hat oder haben wird, ja, es ist nicht
einmal anzunehmen, wie wir später sehen werden). Geschwindigkeiten werden in der Astronomie meist in km/s
angegeben, die Entfernungen extragalaktischer Objekte in
Mpc (= Megaparsec = Millionen parsec; →12.2). Damit ergibt sich für die Hubble-Konstante die zunächst ungewohnte
Dimension Kilometer pro Sekunde pro Megaparsec, oder
kurz (km/s)/Mpc. Im Grunde ist es aber sehr anschaulich,
es besagt, um wieviel die Geschwindigkeit zunimmt, wenn
die Entfernung um Millionen pc wächst. Nehmen wir z.B.
$H_0 = 75$, dann heißt das, eine Galaxie in 1 Mpc Entfernung
entfernt sich von uns mit 75 km/s; eine Galaxie in 2 Mpc
Entfernung mit 150 km/s, eine in 100 Mpc Entfernung mit
7500 km/s usw.

Das große Problem ist die Eichung, also die Festlegung der
Hubble-Konstanten, denn dazu muß man unabhängig voneinander die Geschwindigkeit und die Entfernung möglichst
weit entfernter Galaxien bestimmen. Die Messung der Geschwindigkeit ist kein Problem, sie folgt direkt aus der Rotverschiebung, wohl aber die Bestimmung der Entfernung,
die mit wachsender Entfernung immer schwieriger und unsicherer wird (→14.4). Hubble hatte damals für H_0 einen Wert
von 500 angegeben. Dieser hat sich im Laufe der Zeit immer

weiter verringert. Die heutigen verschiedenen Methoden liefern Werte zwischen 50 und 80.

Die Tatsache, daß sich infolge der Expansion alle Galaxien von uns entfernen und je entfernter sie sind, um so schneller, erweckt die Vorstellung, als ständen wir im Mittelpunkt dieser allgemeinen Fluchtbewegung. Mit einer kurzen Vektorrechnung kann man mathematisch streng, aber leider nicht unmittelbar anschaulich, schnell zeigen, daß dies nicht der Fall ist, daß vielmehr jeder andere Beobachter im Kosmos den gleichen Eindruck hat, alles bewege sich von ihm fort. Anschaulich sehen wir es sofort, wenn wir ein zweidimensionales Analogon betrachten, nämlich eine Erdkugel aus Gummi, die aufgeblasen wird. Auf einer solchen sich aufblähenden Erde hat ein Beobachter in Berlin den Eindruck, alle anderen Orte würden sich von ihm entfernen, und zwar um so schneller, je weiter sie entfernt sind. Ein Beobachter in München hat demgegenüber aber den Eindruck, daß München ruht und sich alle anderen Orte, einschließlich Berlins, von ihm entfernen, und ebenso jeder andere Beobachter auf der Erde. Es gibt keinen ausgezeichneten Punkt auf der expandierenden Erdoberfläche. So hat auch jeder Beobachter im Kosmos den gleichen Anblick, wir sprechen von einer *isotropen Welt.* – Dieser Vergleich mit der sich aufblähenden Erde macht auch deutlich, daß die Orte nicht auf einer festen Oberfläche »herumwandern«, sondern daß die Fläche als solche sich vergrößert und die Orte dann zwangsläufig mit der expandierenden Fläche mitschwimmen, in bezug auf die Fläche also ortsgebunden bleiben. Genauso ist es mit der Expansion des Kosmos. Die Galaxien bewegen sich nicht in einem a priori vorhandenen Raum, sondern der Raum als Ganzer expandiert (→15.5).

Die Expansion des Kosmos führt uns zum ersten Mal auf so etwas wie ein *Alter der Welt.* Wenn der Kosmos gegenwärtig expandiert, dann kann man im Prinzip diese Expansion zurückrechnen und berechnen, wann das Ganze auf einem Haufen gewesen sein muß, wann also die Expansion begonnen hat. Unter der vereinfachten Annahme, daß die Hubble-Konstante immer den gleichen Wert gehabt hat wie heute, ist das eine einfache Rechnung. Der reziproke Wert der Hubble-Konstanten ($1/H$) gibt dann direkt das Alter der Welt an. Für $H=50$ ergibt sich ein Alter von 20 Milliarden, für $H=80$ ein Alter von 12,5 Milliarden Jahren; wir nennen dies die *Hubble-Zeit*. Wenn die Expansion jedoch durch die Gravitationswirkung aller Galaxien aufeinander abgebremst, verzögert wird, dann ist der Kosmos zunächst schneller expandiert. Die Hubble-Konstante wurde dann im Laufe der Zeit kleiner, und wenn wir dies berücksichtigen, erhalten wir ein Weltalter, das kürzer ist als die Hubble-Zeit. Gibt es dagegen eine allgemeine Abstoßungskraft, so daß die Expansion zunächst langsamer begann und im Laufe der Zeit immer schneller wurde, dann rückt der Ursprung immer weiter zurück, die Welt wird älter. Diese Frage, ob der Kosmos verzögert, gleichmäßig oder beschleunigt expandiert, ist bisher nicht endgültig entschieden. Die Frage des Weltalters ist immer noch offen. Natürlich gibt es untere Grenzen. Die Welt kann nicht jünger sein als die ältesten Objekte, die wir kennen, und das sind etwa 10 bis 12 Milliarden Jahre. Das setzt Grenzen für eine mögliche Abbremsung. – Wenn die Astronomen in diesem Zusammenhang vom Alter der Welt sprechen, so meinen sie genauer, das »Alter des heutigen Zustands«, denn ob damals eine Schöpfung, etwa im Sinne des christlichen Glaubens, stattfand, oder ob die Welt vorher schon in anderen Zuständen existierte (z.B. ein großer Zusammensturz, genannt *Big Crunch*), das ist eine offene und möglicherweise nie eindeutig zu beantwortende Frage.

Das Zurückrechnen der Expansion führt auf einen Anfangszustand von extrem hoher Dichte und extrem hoher Temperatur, und vermutlich ist das Ganze damals in einer gewaltigen Anfangsexplosion auseinandergerissen, der Ursprung der heutigen Expansion. Diesen explosionsartigen Anfang nennen wir den *Urknall* (engl. *Big Bang*). Wir kommen auf ihn im übernächsten Abschnitt zurück.

15.3 Die Hintergrundstrahlung

1948 sagte Gamow theoretisch voraus: Wenn die Theorie vom heißen Urknall stimmt, dann verteilt sich die anfängliche Strahlungsdichte auf einen immer größeren Raum, die Temperatur muß abnehmen (*adiabatische Abkühlung*; manche Kühlschränke funktionieren nach diesem Prinzip; Abkühlung durch Expansion). Darum, so Gamow, müßte der ganze Raum mit einer heute sehr niedrigen Temperaturstrahlung erfüllt sein. Er berechnete einen Wert von etwa 6 K, also 6 Grad über dem absoluten Nullpunkt (−273°C). Eine thermische Strahlung so geringer Temperatur hat das Maximum ihrer Ausstrahlung bei einigen Millimetern Wellenlänge, also im Mikrowellenbereich.

Man kann den Sachverhalt auch anders ausdrücken: Wenn wir in immer weitere Entfernung schauen, schauen wir gleichzeitig auch immer weiter in die Vergangenheit zurück. Schließlich schauen wir bis nahe an den Urknall heran und »sehen« dessen heiße Temperatur. Infolge der Expansion ist diese Strahlung jedoch stark rotverschoben, bis ins ferne Infrarot und in den Radiobereich. Wir sehen, wie Kippenhahn es im Titel eines seiner Bücher ausdrückt, »Licht vom Rande der Welt« (→15.4). Beide Aussagen sind physikalisch einander äquivalent.

1965, also 17 Jahre später, wurde diese allgemeine, den ganzen Raum gleichmäßig erfüllende *Hintergrundstrahlung* von A. A. Penzias und R. W. Wilson entdeckt, eine Temperaturstrahlung von 2,73 K. Penzias und Wilson erhielten hierfür 1978 den Nobelpreis. Diese Strahlung ist, nach der Sonnenstrahlung, die größte die auf die Erde auftreffende Energie. Nur wegen ihrer völligen Isotropie hat man ihre Existenz lange Zeit nicht erkannt, sondern die Signale für ein »Rauschen« der Apparatur gehalten. Neben der Expansion ist die Hintergrundstrahlung das stärkste Indiz seitens der Beobachtung für den Urknall.

Auf der anderen Seite stellt uns die Hintergrundstrahlung

vor ein neues Problem. Sie ist extrem gleichmäßig (homogen), bis zu 4 Stellen hinter dem Komma sind keine Unterschiede in den verschiedenen Richtungen zu erkennen (nachdem die Messungen wegen der Bewegung der Erde relativ zu diesem Strahlungsfeld und wegen zusätzlicher Vordergrundstrahlung aus dem Milchstraßenband korrigiert sind). Bei einer so hohen Isotropie ist schwer zu verstehen, wie sich innerhalb von 12 bis 20 Milliarden Jahren die Galaxien und vor allem die großräumigen Strukturen, von denen oben die Rede war, die großen Leerräume, die große Mauer und dergleichen bilden konnten. Die Welt ist inhomogener, und man sollte deswegen Schwankungen in der Richtungsverteilung der Hintergrundstrahlung beobachten können. Neueste Beobachtungen, 1993, vom Satelliten COBE (= **CO**smic **B**ackground **E**xplorer) aus, deuten auf Unterschiede in der Hintergrundstrahlung in der 5. Stelle hinter dem Komma hin. Wir kommen auf dieses Problem noch zurück.

15.4 Der Urknall

Die Theorie vom *Urknall* ist nach wie vor eine Theorie, aber sie ist die plausibelste Theorie, die alle bisherigen Beobachtungen, insbesondere Expansion und Hintergrundstrahlung, am einfachsten erklären kann. Mit ziemlicher Sicherheit können wir jedoch sagen, daß unsere gegenwärtige Welt, zumindest der von uns überschaubare Teil, aus einem sehr dichten und heißen Zustand hervorgegangen ist.

Wenn die Theorie vom Urknall richtig ist, können wir seinen Ablauf relativ gut beschreiben, weil es sich um weitgehend bekannte physikalische Vorgänge handelt. Offen bleibt – zumindest gegenwärtig und vielleicht sogar prinzipiell – der »Punkt Null«. Warum? Wenn wir die Expansion, und das heißt genauer, die hier benutzten physikalischen Gleichungen, bis zum Zeitpunkt Null zurückrechnen, kommen wir auf einen Anfangspunkt mit unendlich hoher Dichte und unendlich hoher Temperatur, eine sogenannte *Singularität*. So etwas gibt es in der Natur nicht. Unser Fehler ist folgender: Schon ehe der Punkt Null erreicht ist, herrschen im Kosmos Zustände, für die unsere Physik und damit die benutzten Gleichungen gar nicht mehr gelten – und dann darf man sie auch nicht mehr benutzen und nicht bis zum Punkt Null extrapolieren.

Und noch etwas blockiert gegenwärtig den Zugang zum Ursprung. Im Makrokosmos (also auch für die Expansion) ist die Gravitation die vorherrschende Kraft, und die Relativitätstheorie ist zuständig. Andererseits erreichen wir nahe dem Ursprung Zustände, die in den Bereich des Mikrokosmos gehören. Hier gilt die Quantenmechanik, und beherrschend sind die Kernkräfte. Beide, Relativitätstheorie und Quantentheorie, sind in sich gut fundierte und geschlossene Systeme, aber noch gibt es keine allgemein umfassende Theorie, aus der beide als Grenzfälle hervorgehen. Die theoretischen Physiker arbeiten seit langem an diesem Problem, sie sprechen von der *Grand Unified Theory* (GUT). Ob und wann sie gelingen wird, ist eine offene Frage. Der Ursprung des Kosmos ist aber vernünftig erst zu fassen, wenn die Vereinigung der beiden Theorien gelungen ist. – Es ist eine analoge Situation wie Anfang des 19. Jahrhunderts: Damals standen Elektrizität und Magnetismus als zwei verschiedene Gebiete nebeneinander, bis sie im Elektromagnetismus (z.B. durch die Maxwellschen Gleichungen) zu einer einheitlichen Theorie zusammengefügt werden konnten.

Natürlich machen sich auch heute schon Kosmologen Gedanken über dieses Problem, über den Punkt Null selbst, über mögliche Zustände »vor dem Urknall« und dergleichen. Bei all dem handelt es sich aber vorerst um Hypothesen und Spekulationen. Man versucht abzutasten, was es überhaupt im Rahmen der Physik an Möglichkeiten gibt. Es sind sozusagen »gehobene Übungsaufgaben« der theoretischen Physik, bei denen bisher nicht zu sehen ist, wie sie durch die Beobachtung gestützt oder widerlegt werden könnten. Gerade solche zunächst noch spekulative Überlegungen werden von der Tagespresse gerne aufgenommen, im Rahmen dieser Reihe »Reclam Wissen« bleiben sie außer Betracht.

Und nun zum Ablauf des Geschehens *nach* dem Urknall. Die erste Phase, die *Quark-Ära*, ist noch weitgehend hypothetisch. Die Dichte ist so hoch, daß die strukturlosen Teilchen eng aneinandergequetscht sind und sich nicht miteinander zu strukturierten Teilchen verbinden können. Es existieren große Mengen von *Quarks*, das sind im Experiment bisher noch nicht nachgewiesene, also noch hypothetische, subnukleare Teilchen, die nach unserem gegenwärtigen Wissen die grundlegenden Bausteine der schweren Elementarteilchen bilden. In dieser Zeit separieren sich »irgendwie« die vier Grundkräfte (zunächst die Gravitation, dann die starke, die schwache und die elektromagnetische Wechselwirkung) aus der großen, noch nicht faßbaren vereinheitlichten Theorie, sie *entkoppeln* sich, wie man sagt.

Es folgt etwa nach einer Millionstel Sekunde die *Hadronen-Ära*. Die Abstände sind nun so groß, daß sich strukturierte Teilchen bilden können; vorherrschend sind dabei die Hadronen. So bezeichnet man die aus Quarks aufgebauten schweren Elementarteilchen, die durch die starke Wechselwirkung (Kernkräfte) zusammengehalten werden. Die bekanntesten und wichtigsten Hadronen sind die *Protonen* und *Neutronen*, also die Bausteine der Atomkerne, zusammenfassend auch *Nukleonen* genannt. Es herrschen Temperaturen von einigen Billionen Grad. Bei so hohen Temperaturen besteht ein vollständiges thermodynamisches Gleichgewicht zwischen den vorhandenen Hadronen und dem Strahlungsfeld. Das bedeutet, ständig bilden sich aus der Energie des Strahlungsfeldes neue Teilchen und ihre Antiteilchen, und ständig reagieren Teilchen und Antiteilchen miteinander und zerfallen dabei wieder zu Energie. Während die Temperatur weiter sinkt, wird die Vernichtung der Nukleonen zunehmend stärker als die Neuentstehung, und am Ende der Hadronen-Ära sind praktisch alle Nukleonen und ihre Antiteilchen wieder verschwunden. Aber aus irgendwelchen Zufälligkeiten oder einem uns bisher nicht bekannten Grund existiert ein ganz kleiner Überschuß von Teilchen gegenüber den Antiteilchen (auf Milliarden Teilchenpaare kommt *ein* zusätzliches Teilchen ohne Partner). Dieser kleine Rest entgeht der Vernichtung und bleibt übrig. Das ist die Materie unserer heutigen Welt.

Das fast vollständige Verschwinden der schweren Elementarteilchen charakterisiert den Übergang zur nun folgenden *Leptonen-Ära*. Die Energie steckt jetzt in den verbleibenden leichten Teilchen, den *Leptonen*, d.h. in den Elektronen, Positronen, Gamma-Quanten und vor allem in den Photonen, also weitgehend in elektromagnetischer Strahlung. Die Leptonen-Ära dauert etwa 10 Sekunden, die Temperatur sinkt von Billionen auf Milliarden Grad ab. In dieser Phase entkoppeln die *Neutrinos*, die nun keine Wechselwirkung mehr eingehen und bis heute erhalten bleiben.

Die Strahlung beherrscht nun das Universum, wir befinden uns in der *Strahlungs-Ära*, die einige hunderttausend Jahre andauert. Die Temperatur sinkt von Milliarden auf 3000 Grad ab. Nach etwa 200 Sekunden bildet sich Helium, und innerhalb von rund 3 Minuten sind 25% der Protonen (also Wasserstoffkerne) in Helium umgewandelt. Das beginnt mit einem ständigen Entstehen und Zerfallen von Deuterium. Unterhalb von Milliarden Grad ist die Temperatur zu niedrig, um das Deuterium wieder in Protonen und Neutronen zu trennen, aber noch hoch genug, um Deuterium zu Helium zu verbrennen. Wird die Temperatur zu niedrig, hört auch dieser Prozeß auf. Man kann nun aus dem Temperaturverlauf berechnen, wieviel Helium sich in der verfügbaren Zeit gebildet haben kann. Der theoretische Wert beträgt 23,5%. Die Beobachtungen liefern heute im Kosmos einen Heliumanteil von 23 bis 24,5%, im Rahmen der Beobachtungsgenauigkeit also eine erstaunlich gute Übereinstimmung. Dieser richtige Heliumgehalt ist nach Expansion und Hintergrundstrahlung der dritte Hinweis seitens der Beobachtung für die Theorie des Urknalls.

Bei der Expansion vergrößert sich der Raum mit der dritten Potenz der Entfernung, die Materiedichte nimmt also mit der dritten Potenz ab. Die Strahlungsdichte nimmt einerseits ebenfalls infolge des wachsenden Volumens mit der dritten Potenz der Entfernungen ab. Wegen der Rotverschiebung nimmt aber die Energie der Strahlung zusätzlich proportional zur Geschwindigkeit und damit proportional zur Entfernung ab, insgesamt vermindert sie sich daher mit der vierten Potenz. Die Strahlungsdichte nimmt also schneller ab als die Materiedichte, und irgendwann – einige hunderttausend Jahre nach dem Urknall – sinkt sie unter die Materiedichte. Die Strahlungs-Ära hört auf, es beginnt die letzte Phase, die *Materie-Ära*, in der wir uns heute noch befinden.

Etwa gleichzeitig mit diesem Ende der Strahlungs-Ära tritt ein weiteres wichtiges Ereignis ein (über die genaue Reihenfolge streitet man sich noch): Der Wasserstoff rekombiniert, d.h. die Protonen fangen sich freie Elektronen ein und bilden richtige Wasserstoffatome. Die Elektronen sind gebunden und können nicht mehr als freie Elektronen ständig mit den Photonen wechselwirken. Wir sagen: Strahlung und Materie entkoppeln sich. Das heißt anschaulich: Der Kosmos wird durchsichtig, die freie Weglänge der Photonen entspricht nun dem Weltradius. Das ist der Punkt, bis zu dem wir in sehr großer Entfernung in die Vergangenheit zurückschauen können. Und in der Tat: Die damalige Temperaturstrahlung von 3000 Grad »sehen« wir heute (rotverschoben) als kosmische Hintergrundstrahlung von 2,7 K.

Von der Hintergrundstrahlung war oben bereits die Rede. Sie ist einerseits ein starkes Indiz für den Urknall, wirft aber auch ein Problem auf. Sie ist so homogen, daß man im Rahmen des hier dargestellten Standardmodells des Urknalls schwer verstehen kann, wie sich innerhalb der verfügbaren

Zeit Galaxien und großräumige Strukturen im Kosmos bilden konnten. Einige Kosmologen verwerfen aus diesem Grunde die ganze Urknall-Theorie, aber das hieße wohl, das Kind mit dem Bade auszuschütten. Doch man muß das einfache Modell möglicherweise verfeinern und abändern. Eine Möglichkeit, die von den Kosmologen in Bonn untersucht und favorisiert wird, wollen wir kurz andeuten. Sie nehmen an, daß die von Einstein einmal eingeführte kosmologische Konstante ($\rightarrow$15.2) doch nicht Null ist, wie meist angenommen wird, sondern einen kleinen positiven Wert hat. Ein endlicher Wert dieser Konstanten bedeutet eine Abstoßungskraft. Dann war die Expansion des Kosmos zunächst kleiner und nahm mit wachsendem Weltalter zu, und die Welt wird älter als bisher angenommen. Man kommt hiermit auf ein Alter von 30 bis 35 Milliarden Jahren – und das ist genug Zeit, um großräumige Strukturen zu bilden. Vielleicht reichen aber die durch COBE entdeckten Schwankungen ($\rightarrow$15.3) doch aus, die Kontroverse zwischen Homogenität und großräumigen Strukturen in Einklang zu bringen. Hier sind die Dinge im Fluß.

15.5 Raumstruktur und Zukunft des Universums

Im vorigen war öfter von der Raumstruktur die Rede. Die verschiedenen Weltmodelle stellen nicht nur die Objekte in Raum und Zeit dar, sondern beschäftigen sich auch mit der Frage nach Raum und Zeit überhaupt. Da gibt es *expandierende Räume* und *gekrümmte Räume*. Hierüber wollen wir uns noch ein paar Gedanken machen.

Die Relativitätstheorie hat ergeben, daß unsere Vorstellungen von Raum und Zeit, die wir von Natur aus mit uns tragen, für diese Fragen nicht mehr ausreichen. Der Raum ist kein »absoluter Raum, der« – wie Newton definierte – »vermöge seiner Natur und ohne Beziehung auf irgendeinen

äußeren Gegenstand stets gleich und unbeweglich bleibt«.
Ein Beispiel soll Newtons Vorstellung veranschaulichen. Ein
Reisender geht in einem Zug von seinem Abteil zum Speisewagen mit einer Geschwindigkeit von 3 Metern pro Sekunde. Der Bahnwärter aber sagt, das sei nicht seine »wahre«
Geschwindigkeit, denn der Zug fährt mit 120 km/Stunde
durch die Gegend, und die Bewegung des Reisenden addiert
sich noch dazu. Er betrachtet also die Bewegung relativ zur
Erde. Der Astronom führt dies weiter: Auch die Erde dreht
sich und bewegt sich um die Sonne, und die Sonne um das
galaktische Zentrum, und sicher bewegt sich auch die ganze
Galaxis. Welches ist die »wahre Bewegung« des Reisenden,
der da zum Speisewagen geht? Newton würde sagen: Es ist
die Bewegung »relativ zum absoluten Raum«. Eine solche
»absolute« Bewegung müßte mit optischen Mitteln nachweisbar sein. Die im Labor gemessene Lichtgeschwindigkeit
müßte verschieden sein, je nachdem, ob man in Richtung der
absoluten Bewegung oder senkrecht dazu mißt. Der entsprechende Versuch – der berühmte *Michelson-Versuch* – verlief
eindeutig negativ. Man kann ihn heute so genau durchführen, daß selbst ein Tausendstel des zu erwartenden Effekts
nachweisbar wäre.

Das Ergebnis läßt sich vereinfacht so formulieren: Raum
und Zeit sind keine Absoluta, sondern sind physikalische Eigenschaften wie z.B. Farbe und Temperatur. Raum ist nur,
wo etwas ist, und Zeit ist nur, wo etwas geschieht. Fragen
nach Raum und Zeit, wo nichts ist und nichts geschieht, sind
nicht »nicht beantwortbare« Fragen, sondern »sinnlose«
Fragen, etwa wie die Frage nach der Farbe des Nichts oder
der Temperatur des Nichts. – Wo nichts ist, sind Farbe und
Temperatur gar nicht definiert, und wo nichts ist und nichts
geschieht, sind Raum und Zeit nicht definiert. Und so, wie
die Temperatur verschiedene Werte annehmen kann, so
kann auch der Raum verschiedene Strukturen besitzen.

Das Problem liegt nun darin, daß wir uns nur den »normalen«
dreidimensionalen euklidischen Raum anschaulich vorstel-

len können, nicht aber gekrümmte oder vierdimensionale Räume. Aber wir können diese Dinge »denken«, mathematisch handhaben, das heißt: unser Geist reicht weiter als unser Vorstellungsvermögen. Dieses ist durch die Evolution an die Dimensionen gebunden, in denen wir leben, es versagt im Makro- und es versagt im Mikrokosmos.

Aber einige Eigenschaften gekrümmter Räume können wir uns veranschaulichen, wenn wir eine Dimension zurückgehen und gekrümmte Flächen betrachten. Unserer euklidischen Raumvorstellung entspricht hier die nach allen Seiten unendlich weit ausgedehnte, ebene Tischplatte. Wir nennen darum den euklidischen Raum auch einen »ebenen« Raum oder einen Raum mit der Krümmung Null. Eine positiv gekrümmte Fläche ist z. B. die Erdoberfläche, die wir oben (→15.2) schon zur Veranschaulichung der Expansion herangezogen haben, oder eine Apfelsinenschale. Eine negativ gekrümmte Fläche wäre z. B. ein Sattel. An diesen Beispielen wird sofort klar, wie die Fläche mit wachsender Entfernung zunimmt: wenn man eine Apfelsinenschale in die Ebene drückt, reißt sie auseinander, eine positiv gekrümmte Fläche hat *weniger* Fläche als die Ebene; wenn man dagegen einen Sattel in die Ebene drückt, schiebt er sich übereinander; ein Sattel, eine negativ gekrümmte Fläche, hat *mehr* Fläche als eine Ebene. Dasselbe gilt für positiv und negativ gekrümmte Räume.

Etwas mathematischer ausgedrückt: ein positiv gekrümmter Raum wächst langsamer, ein negativ gekrümmter Raum dagegen schneller als mit der dritten Potenz der Entfernung. Die gekrümmten *nicht-euklidischen* Räume sind keine Erfindung unseres Jahrhunderts. Das mathematische Rüstzeug war längst parat. Neu ist, daß möglicherweise unsere Welt solch eine seltsame Struktur hat.

Auch ein paar andere Eigenschaften können wir uns an der Analogie klarmachen. Die Erdoberfläche ist »endlos« (es gibt nirgends ein Ende, einen Rand, man kann von jedem Punkt nach allen Seiten gehen), aber sie ist nicht »unend-

lich«, sie hat einen ganz bestimmten Flächeninhalt, eine feste
Zahl von Quadratkilometern. So ist auch ein positiv gekrümmter Raum endlos (die Welt ist nirgendwo mit Bret-
tern zugenagelt), aber nicht unendlich, sondern hat einen bestimmten Rauminhalt.

Wie sieht es mit unserer Welt im Großen aus? Welche Struktur hat sie? Diese Frage ist noch offen. Wir wissen es nicht,
aber einige Möglichkeiten wollen wir uns an Hand der
Abb. 28 veranschaulichen, die uns gleich etwas über die mögliche Zukunft des Universums aussagt. Hier ist nach oben
ein Skalenfaktor (ein Maß für die Entfernungen) aufgetragen und nach rechts die Zeit. Der senkrechte Pfeil charakterisiert die Gegenwart. Die Kurven geben verschiedene Möglichkeiten an. Die unmittelbare Beobachtung liefert uns die
Expansion im gegenwärtigen Zeitpunkt, und das bedeutet
hier die Steigung der Kurve oder – was dasselbe ist – die
Tangente an der Kurve. Am einfachsten ist eine in Vergangenheit und Gegenwart konstante Expansion. Das ergibt
eine gerade Linie, deren Steigung der gegenwärtigen Expansion entspricht. Der rückwärtige Schnittpunkt mit der Zeitachse liefert das Alter der Welt, die Hubble-Zeit (→15.2).
Dieser Fall ist jedoch unwahrscheinlich, denn zumindest
die Gravitation wirkt der Expansion entgegen, und dadurch
wird die Expansion abgebremst, verzögert. Wenn die Explo-
sionskraft am Anfang hinreichend groß war, so wird die Expansion durch die Gravitation zwar langsamer werden, aber
sie wird doch immer die Überhand behalten. Der Kosmos
wird für alle Zeiten weiter expandieren. Diesem Fall entspricht die Kurve »Hyp«. Die Steigung der Kurve gibt die
jeweilige Expansionsgeschwindigkeit, die jeweils geltende
Hubble-Konstante, an. Nennen wir ihren gegenwärtigen
Wert wieder H_0, so wird die Expansion in der Zukunft langsamer ($H < H_0$), in der Vergangenheit war sie schneller
($H > H_0$), und der Schnittpunkt mit der Zeitachse rückt näher an die Gegenwart heran, das Weltalter wird kleiner. Wir
sprechen, wenn die Expansion für alle Zeiten weitergeht,

von einem »offenen Kosmos«. Die Kurve stellt mathematisch eine Hyperbel dar, und darum spricht man von einer hyperbolischen Expansion, und der Raum hat in diesem Fall, wie oben der Vergleich mit der Sattelfläche veranschaulichte, eine negative Krümmung.

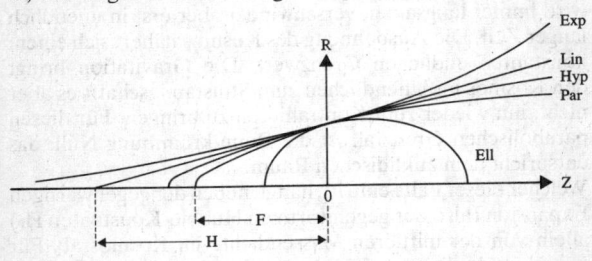

Abb. 28   Zur Raumstruktur des Universums.
Vertikal: R = Skalenfaktor. Horizontal: Z = Zeitachse
(links: Vergangenheit; 0: Gegenwart; rechts: Zukunft).
Die beobachtete Expansion (Hubble-Konstante H_0) liefert die
gegenwärtige Steigung der jeweiligen Kurve.

Exp = Exponentielle Expansion	Ell = elliptische Expansion
Lin = lineare Expansion	F = Friedman-Zeit für das »Weltalter«.
Hyp = hyperbolische Expansion	H = Hubble-Zeit
Par = parabolische Expansion	Weitere Erläuterungen im Text.

Ganz anders ist es, wenn auf lange Sicht die Gravitation überwiegt. Dann wird die Expansion immer weiter abgebremst, kommt schließlich kurzzeitig zum Stillstand und geht dann in eine immer schneller werdende Kontraktion über. Die Gravitation bringt die Welt wieder zum Zusammensturz. Dies ist die Kurve »Ell«. Die mathematische Form dieser Kurve ist eine Ellipse, und wir sprechen darum von einer elliptischen Expansion, die Welt ist »geschlossen« und der Raum hat eine positive Krümmung (analog zur geschlossenen Erdoberfläche). Der Grenzfall zwischen diesen beiden Möglichkeiten ist die parabolische Expansion (so wie die Parabel den Grenzfall zwischen Ellipse und Hyperbel bildet), in der Abbildung die Kurve »Par«. Die Expansion wird immer langsamer, verschwindet aber erst in unendlich langer Zeit. Die Ausdehnung des Kosmos nähert sich einem konstanten endlichen Grenzwert. Die Gravitation bringt den Kosmos im Unendlichen zum Stillstand, schafft es aber nicht, ihn wieder zum Kontrahieren zu bringen. Für diesen parabolischen Grenzfall ist die Raumkrümmung Null, das entspricht dem euklidischen Raum.

Welcher dieser Fälle eintritt, hängt, neben der gegenwärtigen Expansion (also der gegenwärtigen Hubble-Konstanten H_0) allein von der mittleren Massendichte im Kosmos ab. Für $H_0 = 75$ ist der kritische Grenzwert für die Dichte 10^{-31} g/cm^3, also ein sehr geringer Wert. Bei größerer Dichte überwiegt auf lange Sicht die Gravitation, und der Kosmos wird wieder zusammenfallen; bei geringerer Dichte geht die Expansion, wenn auch verzögert, stets weiter. Die im Kosmos direkt sichtbare Materie würde etwa nur 1 % dieser kritischen Dichte liefern. Das spräche also für einen hyperbolischen, offenen Kosmos. Wir haben aber bereits gesehen, daß es offenbar sehr viel nicht-sichtbare Materie gibt, z. B. große Wasserstoffwolken in den Außenbereichen der Galaxien, die zur Erklärung der Rotationsverläufe notwendig sind ($\rightarrow$13.3.4/14.3.3), Schwarze Löcher, intergalaktische Materie usw. Ob dies alles ausreicht, den Kosmos zu schließen, ist gegenwärtig nicht zu entscheiden. Sollten, was einige Physiker für denkbar halten, die Neutrinos eine endliche Ruhemasse haben, dann würde dies bei der ungeheuer großen Zahl von Neutrinos ausreichen, den Kosmos zu schließen. Auch das ist gegenwärtig noch unentschieden. Das zu dem Grenzfall gehörende Weltalter nennen wir (nach einem anderen berühmten Kosmologen) die *Friedman*-Zeit; sie beträgt genau ⅔ der Hubble-Zeit. Es sieht gegenwärtig so aus, als läge der Wert recht nahe dem kritischen Grenzwert, und es gibt Kosmologen, die tiefere kosmologische Gründe dafür vermuten, daß der Urknall gerade so verlief, daß die Welt sich im euklidischen Grenzfall befindet. Dann wäre dies also kein Zufall, sondern hätte sich zwangsläufig so ergeben. Andererseits kommen wir dann mit dem sehr kleinen Weltalter in andere Schwierigkeiten.

Es gibt im Prinzip Möglichkeiten, die Krümmung des Raumes direkt aus der Beobachtung zu bestimmen. Wir haben uns oben klar gemacht, daß mit zunehmender Entfernung der hyperbolische Raum schneller, der elliptische Raum langsamer wächst als der euklidische, der mit der dritten Potenz der Entfernung anwächst. Damit würde auch die Zahl der Galaxien mit wachsender Entfernung langsamer oder schneller als mit der dritten Potenz der Entfernung anwachsen. Galaxienzählungen zu immer schwächeren Objekten könnten dies also im Prinzip entscheiden. Aber noch sind die Fehler solcher Beobachtungen größer als die zu erwartenden Effekte. Hier liegen seitens der Beobachtung noch interessante Fragen vor uns.

Wenn, wie früher angedeutet, die kosmologische Konstante nicht Null ist, sondern einen kleinen positiven Wert hat, so bedeutet das physikalisch eine zusätzliche Abstoßungskraft. Dann würde die Expansion des Kosmos immer schneller werden, wir erhalten eine exponentielle Expansion. Das ist die Kurve »exp«, die natürlich erst recht einen »offenen Kosmos« liefert. Vor allem aber liegt dann der Schnittpunkt mit der Zeitachse weiter links, das Universum wird älter als die Hubble-Zeit, und wir haben früher gesehen, daß damit etliche Probleme des Standardmodells gelöst werden könnten. Aber noch gibt es seitens der Beobachtung keine Hinweise darauf, ist es eine – vielleicht plausible – Hypothese.

Hier sind die Dinge also voll im Fluß, und da es nicht Aufgabe dieses Büchleins ist, alle spekulativen Möglichkeiten aufzuzählen, wollen wir es mit diesen offenen Fragen bewenden lassen. Sicher liest sich ein Kapitel über die Kosmologie in zehn Jahren schon wieder ganz anders.

Register

Über den Autor

HANS-HEINRICH VOIGT (geb. 1921) studierte Astronomie, Physik und Mathematik in Göttingen. Dr. rer. nat. Bis 1963 wissenschaftlicher Mitarbeiter an verschiedenen Universitäts-Sternwarten des In- und Auslandes, zuletzt als Hauptobservator in Hamburg-Bergedorf. 1963–86 Professor für Astronomie und Astrophysik an der Universität Göttingen, bis 1982 Direktor der Universitäts-Sternwarte, 1969/70 Rektor der Universität. Bau des Sonnenobservatoriums in Izaña auf Teneriffa, gemeinsam mit den Instituten in Freiburg i. Br. und Würzburg, Einweihung 1985. Seit 1986 Emeritus. Hauptarbeitsgebiet: Spektroskopie, angewendet auf die Sonne und auf Sternatmosphären. – Buchveröffentlichung u. a.: *Abriß der Astronomie* (1969, ^{5}1991). Zahlreiche wissenschaftliche Arbeiten, Übersichtsartikel und allgemeinverständliche Darstellungen in verschiedensten Zeitschriften. 1975–83 Chief editor der europäischen Zeitschrift *Astronomy and Astrophysics*. – Mitglied der Akademie der Wissenschaften zu Göttingen (1978–80 Präsident der Akademie), der Deutschen Akademie der Naturforscher, Leopoldina, der International Astronomical Union u. a. 1993 Carl-Friedrich-Gauß-Medaille der Braunschweigischen wissenschaftlichen Gesellschaft.

Abbildungsnachweis: Die Vorlagen für die Abbildungen im vorliegenden Band wurden dem Verlag vom Autor zur Verfügung gestellt. Abb. 1, 2, 5, 6, 7, 8, 12, 16, 17, 18, 21 und 28 zeichnete Theodor Schwarz, Urbach, nach Vorlagen des Verfassers.

Reclam Wissen

Heinrich Laag: Kleines Wörterbuch der frühchristlichen Kunst und Archäologie. 277 S. Mit einem Anhang altgriechischer Fachwörter und Abbildungen. UB 8633

Johanna Lanczkowski: Kleines Lexikon des Mönchtums. 280 S. UB 8867

Peter Niehenke: Astrologie. Eine Einführung. 277 S. Mit Abbildungen. UB 7296

Sven Pieper / Bärbel Schmidt: Kartenspiele. Vorwort von Detlef Hoffmann. 287 S. UB 4216

Annemarie Schimmel: Der Islam. Eine Einführung. 159 S. UB 8639

Hans Schmoldt: Das Alte Testament. Eine Einführung. 266 S. UB 8940
– Kleines Lexikon der biblischen Eigennamen. 247 S. UB 8632

Wolfgang Trapp: Kleines Handbuch der Maße, Zahlen, Gewichte und der Zeitrechnung. 303 S. Mit Abbildungen. UB 8737

Hans-Heinrich Voigt: Das Universum. Planeten – Sterne – Galaxien. Mit 28 Abbildungen und 8 Tabellen. 301 S. UB 5228

Joachim Wehler: Grundriß eines rationalen Weltbildes. 285 S. UB 8680

Philipp Reclam jun. Stuttgart